电工技术基础与技能

（电气电力类）

（第3版）

张兆河　孙立津　主编

電子工業出版社·

Publishing House of Electronics Industry

北京·BEIJING

内 容 简 介

本书根据职业院校的《电工技术基础与技能教学大纲》编写而成，参考了职业院校电类专业相关教学指导意见和有关行业的职业技能鉴定规范及技术工人等级考核标准。

本书共 8 个单元，包括"走进电工技术""数字化技术应用""直流电路""电容和电感""单相正弦交流电路""三相正弦交流电路""用电保护""综合实验：万用表的组装与调试"。

本书可以作为职业院校电类相关专业的教学用书，也可以作为相关专业的岗位培训用书，还可以作为电工技术从业人员的自学参考书。

图书在版编目（CIP）数据

电工技术基础与技能：电气电力类／张兆河，孙立
津主编. --3 版. --北京：电子工业出版社，2025. 2.
ISBN 978-7-121-49725-4

Ⅰ. TM

中国国家版本馆 CIP 数据核字第 2025WN9642 号

责任编辑：蒲　玥
印　　刷：大厂回族自治县聚鑫印刷有限责任公司
装　　订：大厂回族自治县聚鑫印刷有限责任公司
出版发行：电子工业出版社
　　　　　北京市海淀区万寿路 173 信箱　　邮编：100036
开　　本：880×1230　1/16　印张：19. 25　字数：492 千字
版　　次：2010 年 8 月第 1 版
　　　　　2025 年 2 月第 3 版
印　　次：2025 年 2 月第 1 次印刷
定　　价：59. 00 元

凡所购买电子工业出版社图书有缺损问题，请向购买书店调换。若书店售缺，请与本社发行部联系，联系及邮购电话：(010) 88254888，88258888。

质量投诉请发邮件至 zlts@ phei. com. cn，盗版侵权举报请发邮件至 dbqq@ phei. com. cn。

本书咨询联系方式：(010) 88254485，puyue@ phei. com. cn。

前　言

在全面推进职业教育现代化的背景下，以适应社会经济发展需要和人才培养要求为导向，本书紧密结合职业教育特点，密切联系职业院校电类专业（电气电力类）教学实际，突出技能训练和动手能力培养，满足职业院校学生学习电工技术基础与技能的要求。本书秉持职业教育理念，引入数字化元素，探索新的教学模式，在满足企业和社会对人才需求的基础上进行修订。

本书从学与教的实际出发，针对目前职业院校学生学习现状、学习特点及各地区教学软硬件环境的不同，以及职业岗位的需求，在内容深度、广度和适用度方面尽量符合职业院校学生的认知结构、职业院校的教学条件及学生未来就业的起点。学生在学习过程中，可根据自身情况适当延伸书中内容，以达到开阔视野、强化职业技能的目的。

在本书编写的过程中主要遵循以下原则。

（1）注重课程思政。落实课程思政是国家对所有课程教学的基本要求，本书将课程思政贯穿教学全过程，帮助教学者将思政元素融入教学，以课程思政引导学生树立正确的世界观、人生观和价值观。

（2）落实立德树人根本任务。本书遵循电工技术技能人才成长规律和学生身心发展规律，围绕培养学生电工技术与技能核心素养的目标，在教材结构、教材内容、教学方法、呈现形式、配套资源等方面进行有益探索，旨在让职业院校学生牢牢掌握电工技术基础知识与基本技能，提升学生的专业综合素质和终身学习能力，提高专业技术技能人才培养质量。

（3）贯穿核心素养。本书以提高学生实际操作能力、培养学生专业理论与实践并重的核心素养为目标，强调动手能力和互动教学，更能引起学生共鸣，逐步提升学生数字化信息素养。

（4）跟进最新知识，强化专业技能。本书紧贴数字化技术应用与改革要求，横向紧密联系数字化仿真软件技术应用，体现多元化学习；联系工作实际设计实训环节，突出仿真技术应用，增强教学吸引力。

（5）以"做中学、学中做"为教学突破口。本书编有"观察与认识""问题与探究""分析与讨论""做中学""活动与练习""想一想""试一试"等环节，紧扣专业核心素养培养目标，满足职业岗位技能综合素质要求。

（6）在编写形式上：为适应专业基础课的特点与需要，本书采用单元模式进行编排；各单元开篇设有本单元内容简介，通过实例介绍本单元将要学习些什么；遵循"先感性、后理性"原则，配合每一个知识点建立物理模型或仿真实验等；遵循"理论联系实际"原则，把教学内容与生产生活中的实际应用紧密结合，实现"做中学、学中做"；遵循"详略有别、深浅适度"原则，淡化理论推导，注重结论应用及仿真验证，图文并茂，增强感染力，具有趣味性；增添大量数字化仿真实验，以拓展数字化技术应用知识面。

（7）在内容编排上：考虑职业院校学生知识现状，本书尝试融入数字化技术应用，重构传统知识内容，遵循"必需、好用、数字化引领"等原则，突出电工技术基本理论的学习与基本技能的训练，体现"四新五性"，即体现电工技术领域中的新知识、新技术、新工艺、新设备，以及先进性、趣味性、应用性、实用性、前瞻性，充分反映产业发展和时代特征。

（8）配备丰富的数字化资源库，包括微课视频、教学演示课件、阅读小资料、仿真实验源文件等，为教师备课、学生学习提供全方位服务。可借助网络平台实现资源共享、学习交流，有利于促进学生可持续发展，培养学生的再学习能力，引领学生树立终身学习的思想。

本书教学内容参考学时分配见下表。

单元	教学内容	建议学时	单元	教学内容	建议学时
1	走进电工技术	4	5	单相正弦交流电路	23
2	数字化技术应用	6	6	三相正弦交流电路	8
3	直流电路	15	7	用电保护	4
4	电容和电感	12	8	综合实验：万用表的组装与调试	4
合计					76

本书由张兆河、孙立津担任主编，尤晓云参与编写。在本书编写过程中参考了相关资料，在此向相关人员表示衷心的感谢。

为了方便学校与教师实现教学改革和信息化教学，本书还配有数字化资源库，请有此需要的教师、读者在华信教育资源网免费注册后进行下载。同时，通过扫描每个单元后面的二维码可查阅每个单元的辅助教学微视频。在下载或使用教学资源的过程中，若遇到问题，请在华信教育资源网留言板留言或与电子工业出版社联系（E-mail：hxedu@phei.com.cn）。

限于编者水平，书中难免会存在不足之处，敬请读者提出宝贵意见，以便在修订时进行改正。

编　者

目　录

单元 1

走进电工技术

电工实验室

随着科学技术的不断发展，电工技术对人类社会的作用和影响日益重要。掌握电工技术基础与技能可为今后学习后续课程，以及从事电气电力类专业的工程技术工作和科学研究工作打下一定的基础。学习电工技术，实验是重要的一环。上图是某学校电工实验室的一角。

通过本单元，让我们走进电工实验室，从了解电工实验室的电源配置开始，认识交、直流电源插座及常用电工工具与基本电工仪表，了解实验规则与安全电压、触电与触电防护、电气火灾的防范与扑救等，为本课程的学习做好准备。

本单元综合教学目标

1. 了解电工实验室的电源配置，认识交、直流电源插座，了解常用电工工具与基本电工仪表。

2. 熟悉电工实验室安全用电操作规程与安全电压的规定与选用，树立安全用电与规范操作的职业意识。

3. 了解人体触电类型及常见原因，掌握防止触电事故发生的防护措施，熟知触电事故现场处理措施。

4. 了解电气火灾的防范与扑救，能正确选择处理方法。

职业岗位技能综合素质要求

1. 熟知电工电子（含电气电力）实验台交、直流电源插座。
2. 熟悉常用电工工具与基本电工仪表。
3. 熟悉电工实验室安全用电操作规程与安全电压的规定与选用。
4. 掌握防止触电事故发生的防护措施，熟知触电事故现场处理措施。
5. 熟悉电气火灾的防范与扑救，能正确选择处理方法。

数字化核心素养与课程思政目标

1. 增强电工技术信息意识，发展分层思维。
2. 深刻认识电工技术对国家先进制造业的重要性，增强技术创新自信。
3. 树立"安全第一"的意识，珍爱生命，珍惜青春，强化安全用电社会责任，为实现中国梦贡献青春力量。
4. 贯彻党的二十大精神，自觉践行社会主义核心价值观。

1.1 认识电工实验室

电工实验室因地域的不同而有所不同，但都具有如下基本配置。

1.1.1 电工实验室的电源配置

电源是电工实验室的主要配置之一，其基本配置如图 1.1 所示。

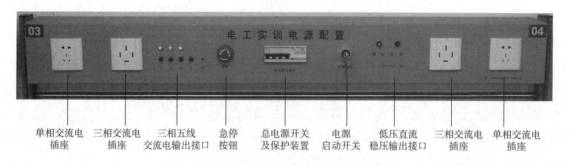

图 1.1 电工实验室电源基本配置

电工实验室配置有不同种类多个规格的电源，且备有三相漏电开关和熔断器两级保护。

（1）三相交流电源：提供 380V 三相交流电（带中性线）。

（2）单相交流电源：提供 220V 单相交流电（市电）。

（3）低压直流稳压电源：提供 3V、6V、12V、24V、36V 等多挡直流电压，最大输出电流为 0.5A。

有些实验还需要配置如下电源。

（1）单相可调交流电源、三相可调交流电源：分别提供 0~240V 连续可调的单相交流电、0~380V 连续可调的三相交流电，由交流电压表指示输出电压。

（2）低压交流电源：提供 3V、6V、9V、12V、24V、36V 等多挡交流电压，最大输出电流为 1.5A。

（3）双路恒流稳压电源：输出电压为 0～30V，通过电位器实现连续可调，最大输出电流为 1.5A，具有预设式限流保护功能，每组输出由电流表、电压表指示。

1.1.2 常用电工工具与基本电工仪表

1. 常用电工工具

电工工具是进行电气操作的基本工具，这里所说的电工工具是指专业电工随时可能使用的常备工具。

 观察与认识 ▶▶▶▶

图 1.2 所示为电工常备工具。仔细观察这些工具，哪些是你见过的？你能说出它们的名称吗？你用过哪些工具？你能说出它们的用途吗？

图 1.2 电工常备工具

1）试电笔（见图 1.3）

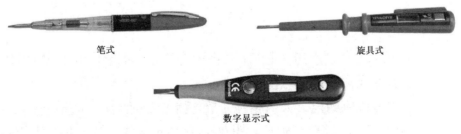

笔式　　　　　　　　　　　　旋具式

数字显示式

图 1.3 试电笔

试电笔又称验电笔（简称电笔），是用来检测线路或电气设备是否带电的工具，通常被制成笔式、旋具式和数字显示式。试电笔的结构和使用方法将在单元 5 进行介绍。

2）螺钉旋具（见图1.4）

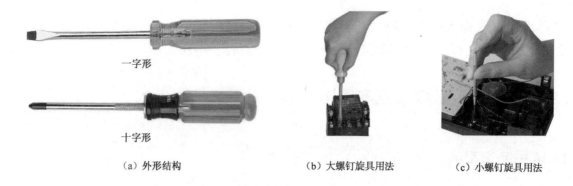

（a）外形结构　　　　　　（b）大螺钉旋具用法　　　　　（c）小螺钉旋具用法

图1.4　螺钉旋具

　　螺钉旋具又称螺丝刀、改锥、起子或旋凿，是用来紧固或拆卸带槽螺钉的工具。按头部形状不同，螺钉旋具分为一字形和十字形两种，如图1.4（a）所示。大螺钉旋具用法、小螺钉旋具用法分别如图1.4（b）、（c）所示。

3）钢丝钳（见图1.5）

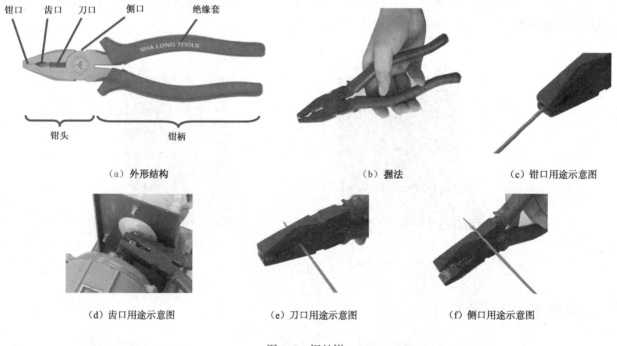

（a）外形结构　　　　　　（b）握法　　　　　　（c）钳口用途示意图

（d）齿口用途示意图　　　（e）刀口用途示意图　　　（f）侧口用途示意图

图1.5　钢丝钳

　　钢丝钳又称克丝钳、老虎钳，其外形结构如图1.5（a）所示。电工用的钢丝钳钳柄上套有绝缘套，具有一定的绝缘作用和耐压能力。

　　在使用钢丝钳时，刀口应朝内，大拇指在上钳柄上方，食指、中指、无名指在下钳柄下方，小拇指在下钳柄上方，大拇指固定上钳柄，其余四指自由活动以使钳口开、闭，如图1.5（b）所示。

　　钳口用来弯绞和钳夹导线线头或其他物体；齿口用来紧固或旋松螺母；刀口用来剪切导线、剥削导线绝缘层或拔起铁钉；侧口用来铡切硬度较大的金属丝，其各部位用途示意图如

图 1.5 (c) ~ (f) 所示。

4）尖嘴钳（见图 1.6）

尖嘴钳主要用来剪切直径较小的导线、金属丝，弯曲单股导线端头，剥削塑料绝缘层，以及夹持小零件等。

5）断线钳（见图 1.7）

断线钳又称斜口钳，主要用于剪切直径较大的导线、金属丝及电缆。电工用的带绝缘手柄的断线钳的耐压值为 500V。

6）剥线钳（见图 1.8）

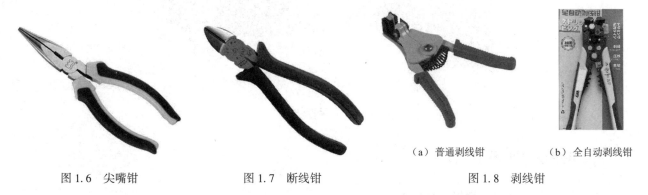

图 1.6 尖嘴钳	图 1.7 断线钳	（a）普通剥线钳　（b）全自动剥线钳
		图 1.8 剥线钳

普通剥线钳是用来剥离直径较小导线绝缘层的工具。

在使用剥线钳剥离导线绝缘层时，要先将所剥离导线的绝缘层长度用标尺确定，然后把导线放入相应的刀口（比导线直径稍大），用手握紧手柄，导线的绝缘层即可被剥离，并自动弹出。

全自动剥线钳是一种专门用于剥离导线绝缘层的工具，使用方便、快捷，有利于提高工作效率。其具有自动调节剥线深度的功能，可以根据导线直径的大小和导线绝缘层的厚度自动进行剥线，不需要手动调节剥线深度。此外，全自动剥线钳还可以根据需要调整剥线范围，兼有压线、剪切线等功能，可以满足不同需要。

7）电工刀（见图 1.9）

电工刀是用来剖削导线绝缘层、切割木台缺口、削制木棒的工具。

由于电工刀的刀柄不绝缘，因此不能使用电工刀直接在带电体上进行操作。在使用电工刀进行剖削操作时，应将刀口朝外，以免伤到手；在剖削导线绝缘层时，应使刀面与导线呈较小的锐角，以免割伤线芯。

8）活动扳手（见图 1.10）

活动扳手又称活络扳手，是用来紧固和旋松螺栓、螺母的工具。其扳口大小可在规格所定范围内任意调整，其外形结构如图 1.10 (a) 所示。

在扳动较大螺栓、螺母时，需要使用较大力矩，手应握住手柄尾部，如图 1.10 (b) 所示；在扳动较小螺栓、螺母时，为防止扳口处打滑，手可握住接近手柄头部的位置，如图 1.10 (c) 所示。

图 1.9 电工刀

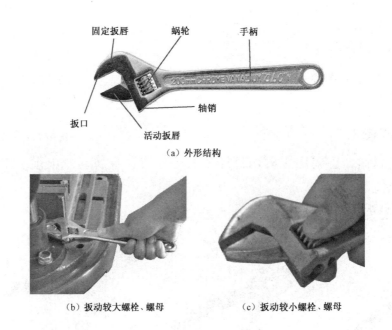

（a）外形结构

（b）扳动较大螺栓、螺母　　　　　　　（c）扳动较小螺栓、螺母

图 1.10　活动扳手

9）电烙铁（见图 1.11）

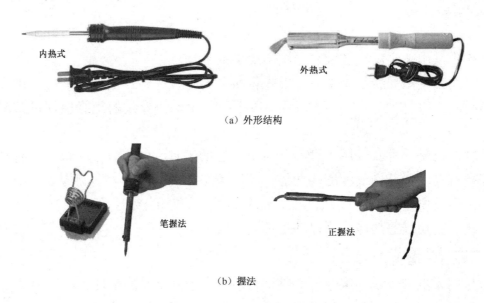

（a）外形结构

（b）握法

图 1.11　电烙铁

电烙铁是进行手工焊接的重要工具，主要由发热元器件、烙铁头和手柄三部分组成。电烙铁按结构可分为内热式和外热式两种，如图 1.11（a）所示。电烙铁的握法有笔握法（适用于 PCB 和小型电子设备的焊接）和正握法（适用于电气设备和大型电子设备的焊接），如图 1.11（b）所示。

2. 基本电工仪表

在电气线路及用电设备的安装、使用与维护中，电工仪表对整个电气系统的监视、控制和检测起着极为重要的作用。常用的电工仪表有电流表、电压表、钳形电流表、万用表、兆欧表、直流单臂电桥等。其中，万用表是一种综合性的电工仪表，使用较为广泛。

图1.12~图1.17所示为一些基本电工仪表，仔细观察，看一看有没有你认识的。

1）电流表（见图1.12）

电流表也称安培表，是用来测量电路中电流的仪表。电流表分为直流电流表和交流电流表。

2）电压表（见图1.13）

图1.12　电流表　　　　　　　　　　　　　　　　图1.13　电压表

电压表也称伏特表，是用来测量电路中电压的仪表。电压表分为直流电压表和交流电压表。

3）钳形电流表（见图1.14）

在用普通电流表测量电流时，需要断开电路将电流表接入才能进行测量，但有时正常运行的电路不允许这样做。使用钳形电流表可以在不断开电路的情况下测量电流。在进行电气检修时，使用钳形电流表非常方便。钳形电流表简称钳形表，分为指针式钳形电流表和数字式钳形电流表。

4）万用表（见图1.15）

万用表是一种多功能、多量程的测量工具，它能够测量多种物理量，包括直流电流、交流电流、

（a）指针式钳形电流表　　　（b）数字式钳形电流表

图1.14　钳形电流表

直流电压、交流电压、电阻、音频电平、电容、电感，以及半导体器件的一些参数（如晶体管的电流放大倍数）等。万用表有很多种类，按读数方式可分为模拟式万用表和数字式万用表。模拟式万用表是通过指针在表盘上摆动的幅度来指示被测量的数值的，因此也称为机械指针式万用表；数字式万用表是应用模/数转换技术，直接以数字形式显示测量结果的，具

有准确度高、稳定性好、测量速度快、抗干扰能力强、使用方便等特点。

（a）模拟式万用表

（b）数字式万用表

图1.15　万用表

5）兆欧表（见图1.16）

兆欧表又称摇表、高阻计、绝缘电阻测定仪等，是一种测量高值电阻的仪表，一般用来检测供电线路、电气设备等的绝缘电阻，以便判断其绝缘程度。

6）直流单臂电桥（见图1.17）

直流单臂电桥又称惠斯通电桥，是一种精确测量中值电阻的仪表，它是利用电桥平衡原理将被测电阻与已知标准电阻进行比较来确定被测电阻的。

图1.16　兆欧表

图1.17　直流单臂电桥

1.1.3　实验规则与安全电压

中等职业学校电气电力类专业的学生作为未来的电气电力工程操作人员，应当严格遵守各项安全工作规程，在校期间应接受相关培养和训练，树立"安全第一"的思想，培养"文明作业"的作风。

1. 电工实验室安全用电操作规程

（1）实验前，应仔细阅读实验任务书，熟悉实验所需要的元器件及电路情况。

（2）操作前，应明确操作要求、操作顺序、所用设备的性能指标。

（3）连接线路前，检查本组实验设备，若有缺损，及时报告。

（4）按照原理图连接电路。在连接电路时，先连设备，后接电源；在拆卸电路时，先拆电源，后卸设备。

（5）连接好电路后，学生先认真自查，然后请教师复查。在确认无误后，再给实验台送电，绝对不允许学生擅自合闸送电。

（6）实验台送电、停电操作流程。

①送电操作流程。合上实验台总低压断路器→合上实验台各分路开关→合上实验电路控制开关。

②停电操作流程。断开实验电路控制开关→断开实验台各分路开关→断开实验台总低压断路器。

（7）观察、记录、分析相关电路，在操作过程中应确保人身及设备安全。

（8）在实验过程中有异常情况发生时，应当立即切断电源并进行检查，在故障排除后，经指导教师同意，方可重新送电。禁止带电操作。

（9）实验完成后，先断开本组电源，经教师检查并认定实验结果后，方可拆线。

（10）实验结束，要切断电源，将设备恢复至原有的功能状态，清点器材并归还原处，若有丢失或损坏应及时向教师报告，经教师允许后，方可离开。

2. 安全电压的规定及选用

从保护人身安全的角度来讲，人体接触而不致引起伤害的电压值称为安全电压。从电气安全技术规范的角度来讲，安全电压是为了防止发生触电事故而采用的由特定电源供电的电压系列。

国际电工委员会规定接触电压的限定值为50V，并规定在25V以下时，不需要考虑防止电击的安全措施；我国规定的安全电压等级有42V、36V、24V、12V、6V五个额定值级别，目前较多采用的是36V和12V。

安全电压等级的选用必须考虑用电场所和用电器具对安全的影响。凡高度不足2.5m的照明装置、移动式或携带式用电器具（如手提照明灯、手电钻等）及潮湿场所的电气设备，一般采用36V为安全电压；凡工作地点狭窄、周围有大面积接地体或金属结构（如金属容器内）及环境湿热场所（如电缆沟、隧道内、矿井内等），应采用12V为安全电压。

活动与练习 ▶▶▶▶

1.1-1 试述常用电工工具及基本电工仪表。

1.1-2 熟记电工实验室安全用电操作规程及安全电压的规定。

1.2 安全用电

安全用电，是指在保证人身及设备安全的前提下，正确地使用电力，以及为达到此目的而采取的科学措施和手段。安全用电既是科学知识，又是专业技术，还是一种制度。

随着我国各行各业的不断发展，机械化、自动化程度不断提高，用电的地方不断增多，用电量不断加大，为了确保用电的安全性、可靠性，防止人身触电事故的发生，用电的安全防护显得尤为重要。

1.2.1 触电与触电防护

人体触电是指人体接触或接近带电体而引起的受伤或死亡现象。

生活用电中的开关、插头、插座、灯口等，家用电器中的电风扇、电熨斗、电冰箱、洗衣机等，生产用电中的供电线路、电动机、电炉等，如果其绝缘损坏，带电部分裸露，那么其外壳、外皮就会带电，当人体接触到这些部件、设备时，就会触电。

1. 触电的类型及常见原因

1）人体触电类型

人体触电有电击和电伤两类。

电击是指电流通过人体时内部器官在生理上产生反应和病变而造成的内伤，如发热、发麻、痉挛、麻痹等，使肌肉抽搐、组织损伤，严重时将引起昏迷、窒息，甚至导致心脏停止跳动、血液循环终止，最终造成死亡。日常所说的触电多指电击，触电死亡事故绝大部分系电击所致。

电伤是指电流的热效应、化学效应、机械效应及电流本身作用造成的人体外伤，如烧伤、烙伤、皮肤金属化等。

2）人体触电方式

人体触电方式主要有单相触电、两相触电、跨步电压触电，除此之外还有高压电弧触电、静电触电、雷击触电等。

（1）单相触电。

人体某一部位接触一相带电体的同时，另一部位与大地或中性线（供电线路的零线）相接，电流流经人体到大地或中性线形成回路，这种触电称为单相触电，如图1.18（a）所示。单相触电是最常见的触电事故。

（2）两相触电。

人体不同部位同时接触两相带电体，电流从一相带电体流经人体到另一相带电体形成回路，这种触电称为两相触电，如图1.18（b）所示。两相触电是最危险的触电事故，因为两相间的电压较高，流经人体的电流较大。

（3）跨步电压触电。

在高压线断开落到地面上、电气设备发生接地故障或雷电流流入大地时，接地电流以落地点为中心向外扩散，人在这个区域内行走时两只脚间将存在一定电压，称为跨步电压，由跨步电压引起的触电称为跨步电压触电，如图1.18（c）所示。

当跨步电压作用于人体时，电流将从一只脚经胯部到另一只脚与大地形成回路，触电者会因脚发麻而跌倒。在触电者跌倒后，电流可能改变路径流经人体重要器官，从而对人体造成致命伤害。

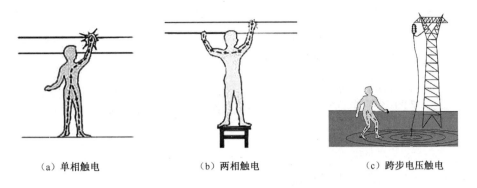

（a）单相触电   （b）两相触电   （c）跨步电压触电

图 1.18　人体触电方式

3）发生触电事故的常见原因

从发生过的触电事故来看，发生触电事故的常见原因有以下几个方面。

（1）电气设备的质量不符合安全标准，安装不符合安全要求，存在安全隐患。

（2）线路安装没有严格遵守电气技术规范，乱拉电线，乱接电气设备。

（3）电气设备及线路老化，有缺陷或破损严重，没有及时维护维修。

（4）作业人员缺乏安全意识，在作业时没有严格遵守电工安全操作规程。

2. 触电事故防护措施

针对几种人体触电方式，可采取如下防护措施。

1）单相触电的防护措施

保证对地绝缘，穿绝缘鞋或站在绝缘物上进行电工操作。

2）两相触电的防护措施

单线操作，防止身体不同部位同时接触两个带电体。

3）跨步电压触电的防护措施

远离危险区或单足着地；在必须进入断线落地区救人或排除故障时，应穿绝缘鞋。

3. 触电事故现场处理措施

一旦发生触电事故，应及时采取正确的现场处理措施，这是抢救触电者的关键。

针对触电事故，现场处理原则是迅速、就地、准确、坚持。

（1）迅速——争分夺秒地使触电者脱离电源。

可用"拉""切""挑""拽"的方法使触电者脱离电源。

"拉"是指就近拉断电源、拔出插销或瓷插保险。需要注意的是，有的开关是单极的，要确认是否已真正把相线断开。

"切"是指用有绝缘手柄的利器切断电源线，当电源开关、插座或瓷插保险距离触电事故现场较远时，可用有绝缘手柄的电工钳或有干燥木柄的斧头、铁锹等利器将电源线切断。

"挑"是指如果导线落在触电者身上或被触电者压在身下，那么可以用干燥的木棒、竹竿等挑开导线或用干燥的绝缘绳套拉开导线或触电者，使触电者脱离电源。

"拽"是指救护人员可戴上手套或在手上包缠干燥的绝缘物品拖拽触电者，使之脱离电源。

（2）就地——必须在离触电事故现场较近处就地抢救，以免耽误抢救时间。一般从触电时算起，在 5min 以内及时抢救，救生率为 90% 左右；在 10min 以内抢救，救生率为 60% 左右；超过 15min 再抢救，救生希望甚微。

（3）准确——采取的救护方法要得当，实施救护的动作要准确。

（4）坚持——只要有百分之一的希望就要尽百分之百的努力去抢救。

1.2.2　电气火灾的防范与扑救

大多数电气设备的绝缘材料属于易燃物。电气设备在运行过程中，通过电流的导体会发热，开关在切换动作时会产生电弧，而电路在断路状态、设备在接地不当或损坏时也会产生电弧及电火花。这些现象都可能将周围的易燃物引燃，从而引起火灾或爆炸。

1. 电气火灾的防范

（1）正确合理地选择和安装电路、电气设备及各种保护装置。

（2）大容量用电设备应使用专用线路，严禁超负荷用电。

（3）要根据用电设备的容量选择与之匹配的保险丝，不可任意加粗保险丝，严禁用铜丝等代替保险丝。

（4）加强日常维护工作，定期检查电气线路、电气设备及各种保护装置是否完好，使其始终保持良好状态。

（5）随时注意电路、电气设备的运行情况，若有异常，及时排除。

2. 电气火灾的扑救

一旦发生电气火灾，应立即组织人员采用正确方法进行扑救，同时拨打 119 火警电话，向消防部门报警，并且应通知电力部门派人到现场监护和指导扑救工作。

（1）在发生火情时，要先设法切断电源，以防火势蔓延和在灭火时造成触电事故。

（2）在无法断电或因生产需要不允许断电，必须带电灭火时，应选用适当的灭火装置，如二氧化碳灭火器、干粉灭火器等，这些灭火装置内的灭火剂是不导电的，可用于带电灭火。

（3）在灭火时，救火人员要穿绝缘鞋、戴绝缘手套，不可使身体或手持的灭火工具触及导线和电气设备，以防触电。

（4）充油设备（如电力变压器、多油断路器）如果只是外部起火，那么可用二氧化碳灭火器带电灭火。如果火势较大，就应立即切断电源，并用水灭火。

（5）发电机和电动机等旋转电气设备在着火时，为防止轴和轴承变形，可使其慢慢转动，用喷雾水灭火，并保证其均匀冷却，也可用二氧化碳灭火器灭火，但不宜用干粉、沙子、泥土灭火，以免增加修复难度。

近年来，国内消防企业通过增加科研投入，积极研发新型灭火产品，部分"黑科技灭火产品"已接近或达到国际同类产品的先进水平。中化蓝天集团有限公司自主合成研发了新一代洁净灭火剂——全氟己酮，并进一步联合中国航天系统科学与工程研究院、清华大学和火灾科学国家重点实验室共同研发了针对家用市场的全氟己酮下游衍生产品——冰象灭火宝，该产品具有真绝缘、灭火后药剂洁净无残留、方便携带、喷射距离远、对人体无害、可倒置喷射等优势，能够在多种场景中高效使用，成功打破了国外消防技术的垄断。

两种常用电气灭火器如图 1.19 所示，其使用方法如表 1.1 所示。

表 1.1　两种常用电气灭火器的使用方法

种类	使用方法
二氧化碳灭火器	拔出保险销，一只手握住喇叭筒根部的手柄，另一只手紧握启闭阀的压把，即可喷出高压气体
干粉灭火器	拔出保险销，一只手紧握喷枪，另一只手提起开启提环或压下压把（若为手轮式的，则向逆时针方向旋开并旋到最高位置），即可喷出干粉

（a）二氧化碳灭火器　　（b）干粉灭火器

图 1.19　两种常用电气灭火器

1.2.3　实验：模拟练习触电事故现场处理与灭火器的使用

 ▶▶▶▶

1. 实验目的

（1）模拟练习触电事故现场使触电者脱离电源的处理措施。

（2）模拟练习电气火灾常用灭火器的使用。

2. 实验器材

（1）电源开关，带绝缘手柄的利器，干燥的木棒、竹竿、绝缘绳等。

（2）二氧化碳灭火器、干粉灭火器。

3. 实验内容和要求

（1）学生在模拟的触电事故现场演练迅速使触电者脱离电源的几种方法。

（2）学生模拟练习二氧化碳灭火器、干粉灭火器等灭火装置的使用方法。

活动与练习 ▶▶▶▶

1.2-1　查阅资料，了解更多人体触电防护常识。

1.2-2　走访消防部门和消防器材商店，了解更多电气火灾的防范及扑救常识，以及电气火灾灭火装置。

单元小结

基础知识 ▶▶▶▶

（1）电工实验室：电源配置，常用电工工具，基本电工仪表；电工实验室安全用电操作规程。

（2）安全电压：通常为36V；在特殊环境中为12V。

（3）人体触电类型：电击和电伤。

（4）人体触电方式：单相触电、两相触电、跨步电压触电等。

（5）触电事故防护措施：保证对地绝缘；单线操作；远离危险区或单足着地。

（6）触电事故现场处理：迅速、就地、准确、坚持。

（7）电气火灾的防范：合理选择和安装电路、电气设备及各种保护装置；严禁超负荷用电；严禁用铜丝等代替保险丝；加强日常维护工作；随时注意电路、电气设备的运行情况，若有异常，及时排除。

（8）电气火灾的扑救：设法切断电源，采用可带电灭火的灭火装置（如二氧化碳灭火器、干粉灭火器等）。

单元复习题

1-1　电工实验室电源基本配置是怎样的？常用电工工具和基本电工仪表有哪些？

1-2　试述电工实验室安全用电操作规程。

1-3　什么是安全电压？安全电压是如何规定的？

1-4　试述人体触电类型、方式及常见原因。怎样预防触电？

1-5　如果遇到有人触电，应采取怎样的救护措施？

1-6　怎样防范电气火灾？一旦发生电气火灾，应该立即做什么？对于电气火灾应如何正确扑救？

▶ 教学微视频　　　　◀◀◀◀ 扫一扫

单元 **2**

数字化技术应用

计算机仿真实验室

党的二十大报告对办好人民满意的教育做出重要部署，指出要"推进教育数字化，建设全民终身学习的学习型社会、学习型大国"。

习近平总书记在主持中共中央政治局第五次集体学习时指出："教育数字化是我国开辟教育发展新赛道和塑造教育发展新优势的重要突破口。"习近平总书记的重要论述，深刻揭示了教育数字化的关键作用，为我们把握新一轮科技革命和产业变革深入发展的机遇、建设教育强国指明了方向和路径。

通过本单元我们先了解推进教育数字化的时代背景与意义，然后学习相关数字仿真软件的操作方法，为后续专业课程学习做准备。

本单元综合教学目标

1. 了解推进教育数字化的时代背景与意义。

2. 理解教育数字化转型是时代赋予我们的重要使命。

3. 熟悉计算机仿真实验室的一般软件、硬件要求。

4. 认识几款数字仿真软件，了解各自的特点，能利用 AutoCAD Electrical 进行电气简图绘制。

5. 能利用 NI Multisim 软件进行基本电路仿真设计与仿真运行等操作。

职业岗位技能综合素质要求

1. 对数字化技术、EDA 技术有初步认识，增强专业自信。

2. 熟悉北太天元、MWORKS、AutoCAD Electrical、NI Multisim 等仿真软件。

3. 能对相关专业知识（包括仿真软件应用）等资料进行筛选整理。

4. 初步掌握利用 AutoCAD Electrical 建立电气原理图、添加电气原理图符号、进行导线连接等基本编辑操作的方法。

5. 初步掌握利用 NI Multisim 软件进行电路设计、分析、调试等操作的技能。

数字化核心素养与课程思政目标

1. 了解中国数字化技术、EDA 技术的发展水平，增强民族自豪感。

2. 增强与仿真软件相关的技术信息意识，发展模式识别思维。

3. 增强专业工具软件中的英文识别能力与软件应用能力。

4. 培养数字仿真技术思维与意识，提高专业软件知行合一能力。

5. 初步树立良好的专业技能导向，立志成为国家需要的大国工匠。

6. 不忘初心、踔厉奋发，强化数字化技术信息社会责任。

7. 贯彻党的二十大精神，自觉践行社会主义核心价值观。

2.1 计算机仿真实验室

计算机仿真实验室因各地学校办学条件的不同会有所不同，但随着全国职业学校"教育信息化2.0行动计划"的推进，计算机软件、硬件条件得到了很大提高，基本配置应该可以满足本单元所述相关软件运行条件。

 数字化知识积累 ▶▶▶▶

计算机仿真实验室中的计算机软件、硬件参考配置如下。

（1）软件系统：Windows 7 Service Pack 1（32位或64位）、Windows Embedded Standard 7 Service Pack 1、Windows 8.1、Windows 10、Windows Server 2012 R2（64位）。

（2）硬件系统：参考配置如下。

· Intel Core 2 Duo（英特尔酷睿2双核系列）及以上 CPU（32位或64位）。

· 4GB 运行内存。

· 50GB 可用硬盘。

· 1024 像素×768 像素屏幕分辨率。

（3）配置多功能投影、电子白板、多媒体主机。

（4）（可以增配）电工电子实验台、测量仪器与仪表、电子元器件、导线等。

2.1.1 教育数字化转型

问题与思考 ▶▶▶▶

信息技术已经发展了几十年。特别是近几年，我国的互联网、大数据、云计算、人工智能、区块链等现代信息技术对人类社会的变革产生了极大影响，不断改变着人类的思维方式及生产生活方式。数字化技术的发展日新月异，移动互联网、物联网（Internet of Things, IoT）也在蓬勃发展，数字化技术被运用到越来越多的场景中。

职业教育教学必须跟上甚至引领信息化、数字化时代发展。现在，我们正站在一个新的起点，教育数字化转型是时代赋予我们的重要使命。教育数字化转型就是利用数字化、网络化和智能化技术及手段变革教育系统，这种转型不仅是教育教学技术的改革创新，更是育人理念、教学模式的全面改造升级，是对教育公平化、个性化、多元化的深入追求。

职业教育的数字化转型有助于提高教学资源的均衡性，使个性化教学活动成为现实。让学生拥有可以发挥的"实验场"，不仅能激发学生的学习热情、提高其学习效率，还能让学生开展自我评价、参与实验决策，从而发挥其学习的主体性，促进学生全面发展。同时，职业教育的数字化转型有助于推动学校教学的多元化。在传统教学模式中，学生们往往只能通过课堂和有限的教材进行学习，而职业教育的数字化转型带来了多元化的学习方式和丰富的学习内容。学生可以通过教材资源平台、数字化资源库、网络学习空间、个人计算机构建虚拟实验室等多种形式，更深入地参与学习与实验，更有助于其创新思维和实践能力的培养。

未来数字化工厂是工业4.0发展的必由之路。图2.1所示为工业4.0仿真与实验系统部分效果图。

图2.1 工业4.0仿真与实验系统部分效果图

教育数字化转型需要不断地进行实践，并非一蹴而就。在这个过程中，我们需要解决许多问题，如何让学生充分掌握计算机虚拟仿真操作，如何保证数字化教育的质量，以及如何解决理实一体融合问题等，都是在推动教育数字化转型中需要深入思考和解决的问题。

面向未来，数字仿真与实操并举，果断前行、大胆实践，只要我们不忘初心、踔厉奋发，数字化教育必将惠及每一所学校、每一名学生，进而促进教学模式改革，推动教育的高质量发展。

2.1.2 数字仿真软件简述

1. 数字仿真软件定义与起源

数字仿真软件是指通过计算机技术和数学模型，模拟实际物理系统或工程过程的软件，可以帮助工程师、科研人员等用户了解系统的性能特性、优化设计方案，以及进行故障预测等。它的起源可以追溯到计算机技术发展初期，随着计算机性能的提升和算法技术的发展，数字仿真技术逐渐成熟，并被广泛应用于航空、航天、汽车、电子、通信等领域。

2. 发展历程与趋势

数字仿真技术的发展经历了从简单的数值计算到复杂的物理过程模拟的过程。随着计算机硬件技术和算法技术的不断进步，数字仿真软件的精度和效率得到了显著提升。未来，数字仿真技术将朝着更高精度、更快速度、更广泛应用的方向发展，与人工智能、大数据等前沿技术相结合，形成更加智能和高效的仿真系统。

3. 主要功能与特点

数字仿真软件通常具有以下功能和特点。

（1）构建仿真模型：支持用户创建和编辑仿真模型，包括系统组件、连接方式、控制逻辑等。

（2）仿真运算：支持对构建的仿真模型进行数值计算，模拟系统的动态行为。

（3）结果展示：提供多种结果展示方式，如图形、图表、动画等，帮助用户直观理解仿真结果。

（4）分析与优化：支持对仿真结果进行分析和优化，并提供决策。

（5）实验高效性：通过计算机仿真，可以快速模拟实际系统的行为，缩短研发周期。

（6）实验安全性：在虚拟环境中进行仿真，可以避免实际实验中可能存在的风险，减少物理损耗，降低成本。

（7）实验灵活性：新版本的仿真软件有更全面的过程模拟功能，并支持多种系统的仿真场景，具有很强的通用性和可扩展性。

4. 软件分类

数字仿真软件按照应用领域和仿真对象的不同，可以分为多种类型，常见的分类方式包括系统仿真软件、过程仿真软件、结构仿真软件等。各种仿真软件各有特点，适用于不同的仿真需求。这里介绍以下几款仿真软件。

1）北太天元 V3.1

北太天元作为面向科学计算与工程计算的国产通用型科学计算软件（见图 2.2），自 2022 年 8 月发布 V2.0 以来，广受关注。北太天元 V3.1 的主体软件函数已超过 600 个，涵盖数学、语言、数据导入与分析、编程、绘图等，支持高校教学、科研工作，并应用于汽车、航空、航天、金融、生物等领域。其重量级工具箱——北太真元，引领了国产自主创新科学计算与系统仿真一体化潮流，助力了复杂系统优化与工程设计。

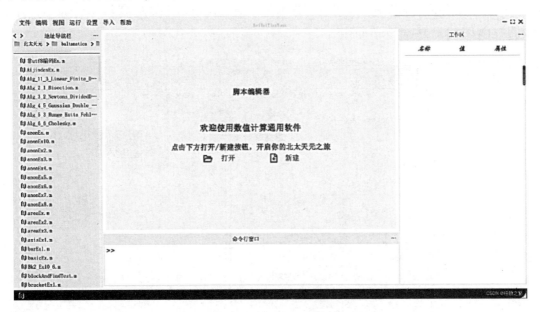

图 2.2　北太天元界面

北太真元是依托北太天元研发的科学计算与系统仿真一体化平台，可提供完善的模块化建模仿真环境，配备多类基础、行业模块库与定步长/变步长求解器，支持复杂系统的模块化建模、仿真与验证，可实现连续/离散系统及混合系统建模、多域多物理动态系统仿真、基于模型的系统工程设计等功能，支持用户构建、模拟、分析、优化相应的复杂动态系统。

2）MWORKS——科学计算与系统建模仿真平台

苏州同元软控信息技术有限公司将完全自主研发的核心软件产品汇集成新一代科学计算与系统建模仿真平台 MWORKS。MWORKS 由几大核心软件及一系列扩展工具箱和模型库组成，具体包括科学计算软件 MWORKS Syslab、系统协同建模与模型数据管理软件 MWORKS Syslink、系统建模仿真验证软件 MWORKS Sysplorer、系统架构设计软件 MWORKS Sysbuilder、工具箱 MWORKS.Toolbox、多领域工业模型库 MWORKS.Library。苏州同元软控信息技术有限公司全面掌握装备数字化关键技术；着眼于数字化技术在应用行业的实际落地，当前已经通过大量重大型号工程的锤炼和验证，是国家解决系统研发设计类工业软件"卡脖子"问题的典型代表。

苏州同元软控信息技术有限公司通过提供 MWORKS 平台软件工具集、科学计算与系统建模仿真工程技术服务、数字化交付解决方案，已深度融入航天、航空、能源、车辆、船舶、教育、通信、电子等行业的设计研发、测试实验及智能运维等阶段，为国家重大型号工程提供了先进的数字化设计技术支撑和深度技术服务保障。2024 年 2 月新一代 MWORKS 发布。MWORKS 暂不适合电工技术基础教学使用。

3）PowerFactory——大型电力系统综合仿真软件

PowerFactory 是德国 DIgSILENT GmbH 公司开发的大型电力系统综合仿真软件。DIgSILENT 这一名称来源于数字仿真和电网（Digital Simulation and Electrical Network）计算程序。PowerFactory 是一款全能的电力系统仿真软件，覆盖了当前电力系统规划和运维的主要仿真分析功能，其仿真运行界面如图 2.3 所示。PowerFactory 具有结果准确、行业认可度高的优势，目前已服务于 160 多个国家和地区，全球用户超过 12000 人。随着中国电力走向世界，PowerFactory 作为仿真平台已被国内各科研单位、检测认证机构及高校广泛应用。PowerFactory 暂不适合电工技术基础教学使用。

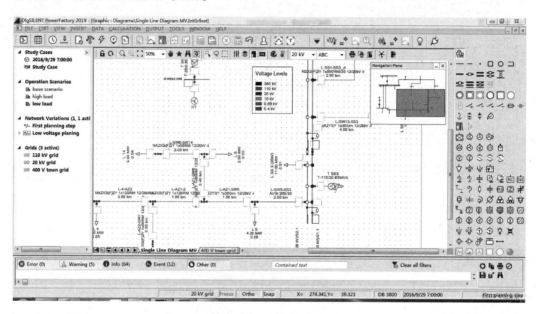

图 2.3　PowerFactory 仿真运行界面

4）NI Multisim——电路仿真软件

NI Multisim 是一个专门用于电路仿真与设计的 EDA（Electronic Design Automation，电子设计自动化）软件工具。Multisim 自 20 世纪 80 年代诞生以来不断升级。2010 年年初，NI 公司正式推出了 NI Multisim 11，该版本新增了 Microchip、Texas Instruments、Linear Technologies 等公司的 550 多种元器件，元器件总数有 17000 余种。2012 年，NI 公司正式推出了 NI Multisim 12，该版本添加了新 SPICE 模型，LabVIEW 和 Multisim 结合得更加紧密，虚拟仪表和实际仪表面板完全相同，能动态交互显示。2013 年 NI 公司正式推出了 NI Multisim 13，2015 年 4 月 NI 公司推出了 NI Multisim 14，2022 年 4 月 NI 公司更新发布了 NI Multisim 14.3。Multisim 14.3 除保持操作界面直观、操作方便、易学易用等优点外，还完善了电路仿真功能，主要特点如下。

（1）主动分析模式，可快速进行仿真分析。

（2）不断引入先进半导体制造商的元器件仿真模型，来扩展模拟电路和混合信号电路设计模式的应用。

（3）符合最新工业设计标准，具有 SPICE 仿真环境。

（4）电路设计套件含有 NI Multisim 和 NI Ultiboard，能够实现电气原理图符号的输入、电路硬件描述语言的输入、电子线路和单片机的仿真、虚拟仪器的测试、多种性能的分析、PCB 的布局布线和基本机械 CAD 的设计等功能。

（5）借助全新的 iPad 版 NI Multisim，可随时随地进行电路仿真。

（6）使用全新的基于云端的网页访问技术 MultisimLive，用户可以在 Multisim 官网上免费地进行电路仿真、分析、存储和共享。

（7）提供了全球主流元器件提供商的超过 56900 种元器件，提供了 20 多种功能强大的用于电路动作测量的虚拟仪器，具有静态工作点分析、交流分析、瞬态分析等多种电路分析功能。

NI Multisim 14.3 启动界面如图 2.4 所示。

图 2.4 NI Multisim 14.3 启动界面

2.1.3 AutoCAD Electrical 2024 软件简述

AutoCAD 软件是一种计算机辅助设计软件，最初于 1982 年发布，用于二维绘图、设计文档和基本三维设计。AutoCAD 软件在全球范围内被广泛应用，是业界标准的绘图工具之一。它提供了丰富的绘图和设计功能，可以帮助用户完成各种设计任务，如建筑设计、机械设计、简单的电气设计等。

1. AutoCAD Electrical 软件特点

AutoCAD Electrical（以下简称 ACE）是一款面向电气控制设计师的 AutoCAD 软件。ACE 软件专门用于创建和修改电气控制系统图，是自动完成电气控制工程设计任务的工具，如创建原理图、为导线编号、生成物料清单等，具有 AutoCAD 软件的基本平台功能，可以自动完成众多复杂的电气设计、电气规则校验和优化任务，可以帮助用户创建精确的、符合行业标准的电气控制系统，从而显著提高设计和生产效率。用 ACE 2024 软件绘制的三相电动机控制电气原理图如图 2.5 所示。

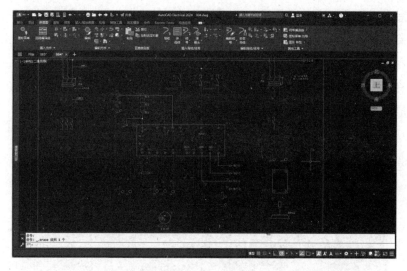

图 2.5　用 ACE 2024 软件绘制的三相电动机控制电气原理图

ACE 2024 软件提供了一个约含 70 万个电气原理图符号和元器件的数据库，同时具有实时错误检查功能。电气设计团队与机械设计团队利用 ACE 2024 软件能够实现高效协作。另外，电气原理图是一种特殊的专业技术图，除了必须遵守 GB/T 6988、GB/T 4728、GB/T 5465，还要严格遵守 GB/T 50786—2012 等方面的有关规定。

2. 安装 ACE 2024 软件、硬件要求

ACE 2024 软件（含专业化工具组合）系统要求如表 2.1 所示。

表 2.1　ACE 2024 软件（含专业化工具组合）系统要求

项目	要求
操作系统①	64 位 Microsoft® Windows® 11 或 Windows 10 1809 版本或更高版本
处理器	基本要求：2.0~2.9GHz 处理器（基础版），不支持 ARM 处理器 建议：3GHz 以上处理器（基础版），4GHz 以上处理器（Turbo 版）
内存	基本要求：8GB 建议：32GB
显示器分辨率	传统显示器：1920 像素×1080 像素真彩色显示器 高分辨率和 4K 显示器：支持高达 3840 像素×2160 像素的分辨率
显卡	基本要求：2GB GPU，具有 29GB/s 带宽并兼容 DirectX 11 建议：8GB GPU，具有 106 GB/s 带宽并兼容 DirectX 12
磁盘空间	10.0GB（建议使用 SSD）
. NET FRAMEWORK	4.8 版本或更高版本

①更多关于操作系统的支持信息，请参见 Autodesk 的产品支持生命周期。

3. ACE 2024 软件主要更新内容

（1）ACE 2024 软件可以利用原理图报告创建原理图符号表，并且原理图报告在表格中列出了项目中使用的符号及其描述，用户可以浏览项目中不同位置使用的特定符号。

（2）对于图形中使用相同信号代号的网络中的所有导线，可以同步更新导线类型。在早期版本中，不同步更新。在 ACE 2024 工具集中，可以同步更新。如果目标图形不包含新导线类型，那么系统将会创建新导线图层及其特性。

（3）活动见解功能让用户可以了解自己或其他人过去针对该图形做的操作。

（4）智能块功能可以根据用户之前在图形中放置该块的位置提供放置建议。块放置引擎会学习现有块实例在图形中的放置方式，以推断相同块下次的放置方式。在插入块时，块放置引擎会提供接近用户之前放置该块的类似几何图形的放置建议。

（5）标记辅助。早期的 AutoCAD 版本包括标记输入和标记辅助。ACE 2024 软件对标记辅助做出改进，从而可更轻松地将标记输入图形。

（6）跟踪更新：跟踪环境不断改进，ACE 2024 软件的工具栏中包含新的 COPY-FROMTRACE 命令和新的设置控件。

（7）"开始"选项卡更新：ACE 2024 软件中的"开始"选项卡得到改进，包括用于对最近使用的图形进行排序和搜索的新选项。

（8）"文件"选项卡菜单：ACE 2024 软件中的"文件"选项卡可以用来实现切换图形、创建或打开图形、保存所有图形、关闭所有图形等功能。

（9）"布局"选项卡菜单：ACE 2024 软件中的"布局"选项卡可以用来实现切换布局、从模板创建布局、发布布局等功能。

4. ACE 2024 软件操作基础

ACE 2024 软件的主要菜单及其面板如表 2.2 所示。

表 2.2　ACE 2024 软件的主要菜单及其面板

菜单	面板
"项目"菜单	"项目工具"面板、"其他工具"面板、"疑难解答"面板
"原理图"菜单	"快速拾取"面板、"插入元件"面板、"编辑元件"面板、"回路剪贴板"面板、"插入导线/线号"面板、"编辑导线/线号"面板、"其他工具"面板、"电源检查工具"面板
"面板"菜单	"插入元件示意图"面板、"端子示意图"面板、"编辑示意图"面板、"其他工具"面板、"导管工具"面板
"报告"菜单	"原理图"面板、"面板"面板、"其他"面板
"输入/输出数据"菜单	"输入"面板、"输出"面板
"机电"菜单	"设置"面板
"转换工具"菜单	"工具"面板、"原理图"面板、"面板"面板、"属性"面板

下面以利用图标菜单插入电气原理图符号的方法为例，简述绘制一个基本电气原理图的核心操作。

（1）双击桌面上的 ACE 2024 软件快捷方式图标，启动 ACE 2024 软件。第一次运行时的 ACE 2024 软件界面如图 2.6 所示。

图 2.6　第一次运行时的 ACE 2024 软件界面

（2）单击"新建"按钮，系统自动生成一个名为 Drawing1.dwg 的文件。

（3）单击"原理图"菜单，在"插入元件"面板中单击 图标（见图 2.7），打开"插入元件"对话框，如图 2.8 所示。

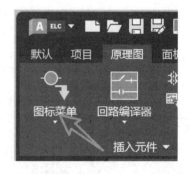

（4）根据要绘制的电气原理图，在"插入元件"对话框左侧的"菜单"窗格中单击具体原理图符号库，并在原理图符号显示区进一步进行选择。这里添加按钮库中的"照明按钮"，单击选择"具有常闭触点但无自动复位的按钮开关块：VPB12S76"（以下简称开关）原理图符号。

图 2.7　图标菜单

（5）单击"确定"按钮，返回电气原理图编辑界面，指定插入点。电气原理图符号方向会尝试与基础导线方向一致。如果电气原理图符号位于导线上，导线将自动断开。在绘图区中单击，确定元器件插入点，完成电气原理图符号的添加。添加开关原理图符号的过程和结果如图 2.9 所示。

图 2.8　"插入元件"对话框

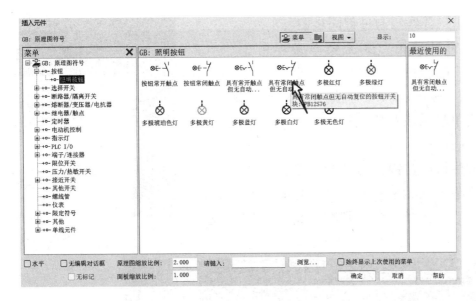

(a) 选择开关原理图符号　　　　　　　　　　(b) 添加结果

图 2.9　添加开关原理图符号的过程和结果

（6）参照步骤（4）和步骤（5）添加直流电动机，其过程和结果如图 2.10 所示。

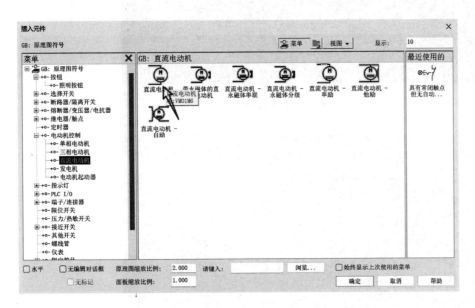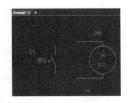

(a) 选择直流电动机原理图符号　　　　　　　(b) 添加结果

图 2.10　添加直流电动机原理图符号的过程和结果

（7）其他元器件电气原理图符号添加过程同样参照步骤（4）和步骤（5）。

（8）绘制导线。打开"原理图"菜单下的"插入导线/线号"面板。当鼠标指针指向"导线"选项后会弹出如图 2.11 所示的说明内容。选择"导线"选项，利用鼠标就可以绘制导线了。移动鼠标指针至直流电动机下端，单击，如图 2.12（a）所示，拖动鼠标，绘制导线至开关下端，在出现绿色叉号时单击，完成导线绘制，如图 2.12（b）所示。

（9）其他元器件的电气导线绘制过程同步骤（8）。

（10）电气原理图符号编辑。这个操作必不可少。ACE 2024 软件用标记菜单的方式替换了 ACE 工具集对象的直线型上下文菜单。使用方法：其一是标准方法，在某个 ACE 工具集对象上右击，标记菜单显示该对象类型的常用命令，单击命令节点即可，如图 2.13 所示；其二是手势方法，将鼠标指针放置在电气对象上，按住鼠标右键并沿着命令节点的方向快速拖动鼠标，有一条轨迹跟随鼠标指针，在合适位置释放鼠标即可。若想关闭标记菜单且不选择命令，则在标记菜单中心或外部单击即可。

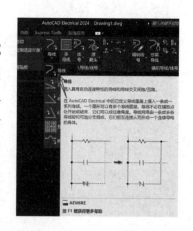

图 2.11 "导线"选项说明内容

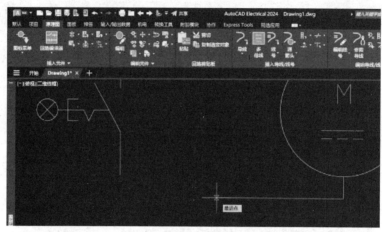

（a）单击直流电动机下端

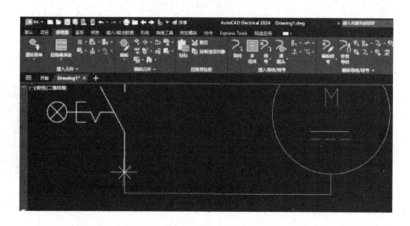

（b）导线与开关下端连接

图 2.12 绘制导线连接直流电动机下端与开关下端

（11）添加电气标注。通常电气原理图中的标注形式是按设备类别来定义的，每类设备可以定义多种标注形式，用户可以直接调用设备标注功能。

（12）对电气原理图进行 Electrical 核查、输出报告等操作。至此，电气原理图绘制基本完成。

（13）最后保存文件。右击"Drawing1"标签，在快捷菜单中选择"保存"选项，如

图 2.14 所示。提示：在编辑电气原理图操作过程中，应养成及时保存文件的良好习惯。

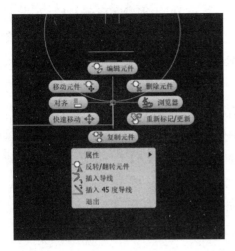

图 2.13 标记菜单

图 2.14 文件保存

因篇幅有限，本书不再对标题行、菜单功能区、工作空间、浮动面板、常用工具栏、快速访问工具栏、绘图区域、浮动命令窗口、状态栏等进行详细介绍，感兴趣的同学可利用业余时间多加练习，强化实践操作能力。另外，再说一点，在使用 ACE 2024 软件时，还可以自定义以上元素，以很好地改善软件工作环境，实现个性化的私人定制，具体操作步骤及定义方法参见 ACE 2024 软件的帮助系统或其他 ACE 软件相关书籍等。

活动与练习 ▶▶▶▶

2.1-1 试述数字仿真软件的主要功能和特点。

2.1-2 简述几款仿真软件各自的应用方向。

2.1-3 试利用 ACE 2024 软件绘制一个手电筒电气原理图。

2.2 NI Multisim 14.3 操作基础

NI Multisim 14.3 进一步提炼了 SPICE 仿真的复杂内容，用户无须深入理解 SPICE 技术就可以进行捕获、仿真和设计分析，因此 NI Multisim 14.3 很适合电工电子基础课程的数字仿真教学。

2.2.1 操作界面及元件库

数字化知识积累 ▶▶▶▶

NI Multisim 14.3 启动后默认的菜单栏包括文件（File）、编辑（Edit）、视图（View）、

绘制（Place）、仿真（Simulate）、转移（Transfer）、工具（Tools）、报告（Reports）、选项（Options）、窗口（Window）和帮助（Help）11 个菜单。NI Multisim 14.3 设计界面（见图 2.15）最上边是文件标题栏，其下的主界面通常有 10 个区域，为了便于说明图 2.15 中各对应区域的功能，对其进行编号。区域①为 NI Multisim 的菜单栏，包含进行电路仿真的各种命令；区域②为文件标准工具栏；区域③为元器件快捷工具栏，主要包含绘制仿真电路图常用的快捷命令；区域④为设计工具箱；区域⑤为 NI Multisim 的电路仿真工具栏；区域⑥为电路设计工作区域；区域⑦为 NI Multisim 的电子表格视窗，当仿真电路存在问题（或错误）时该视窗用于显示检验结果，同时该视窗也是当前仿真电路文件中所有元器件的属性统计窗口；区域⑧为 NI Multisim 的电子表格视窗的选项卡，主要包括结果（Results）、网络（Nets）、元器件（Components）、敷铜层（Copperlayers）、仿真（Simulation）；区域⑨为 NI Multisim 的仿真仪器仪表工具栏；区域⑩为 NI Multisim 主工具栏。

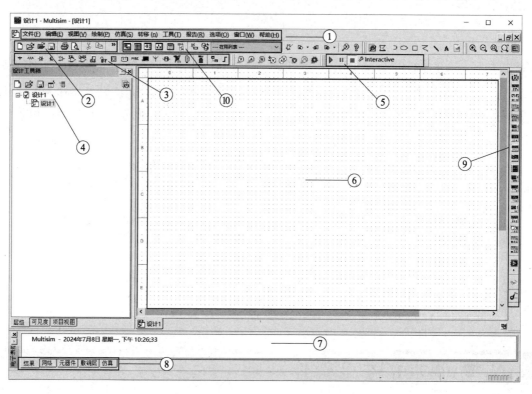

图 2.15　NI Multisim 14.3 设计界面

　　NI Multisim 14.3 的操作界面就像一个电路实验工作台，用户可以使用各种工具及鼠标（键盘）交互式地搭建电路图，并对电路进行仿真。电路所需元器件和仿真所需测试仪器均可直接拖放到屏幕上，轻点鼠标即可用导线将它们连接起来，虚拟仪器的控制面板和操作方式与真实仪器十分相似，测得的电压/电流数据、各种波形和特性曲线与在真实仪器上看到的几乎一样。

　　利用 NI Multisim 进行虚拟仿真实验的各种元器件被存放在三种不同的数据库中，依次选择"工具"→"数据库"→"数据库管理器"选项，打开"数据库管理器"窗口，如图 2.16 所示。

图 2.16 "数据库管理器"窗口

"系列树"框中包括主数据库（Master Database）、企业数据库（Corporate Database）和用户数据库（User Database），这三种数据库的功能分别如下。

·主数据库：存放 NI Multisim 14.3 提供的所有元器件。

·企业数据库：存放被企业或个人修改、创建和导入的元器件。其中存放的元器件既能被选择了该数据库的企业或个人使用和编辑，也能被其他用户使用。

·用户数据库：存放个人修改、创建和导入的元器件。其中的元器件只能被用户个人使用和编辑。

注意：在第一次使用 NI Multisim 14.3 时，企业数据库和用户数据库是空的。

1. 常见元件库

主数据库中包括 19 个元件库，如表 2.3 所示。

表 2.3 主数据库中包含的元件库

英文	中文含义	英文	中文含义
Sources	放置源库	Basic	基本元件库
Diodes	二极管库	Transistors	晶体管库
Analog	模拟集成元件库	TTL	TTL 元件库
CMOS	CMOS 元件库	Advanced_Peripherals	先进外围设备元件库
Mixed	混合类元件库	Misc Digital	其他数字元件库
Indicators	指示元件库	Power	电力元件库

英文	中文含义	英文	中文含义
Misc	杂项元件库	Electro_Mechanical	机电类元件库
RF	射频元件库	PLD Logic	PLD 逻辑器件库
Ladder_Diagrams	电气原理图符号库	NI_Components	NI 元件库
Connectors	连接器元件库		

2. 电气电力类元件库

（1）电力元件库如图 2.17 所示。

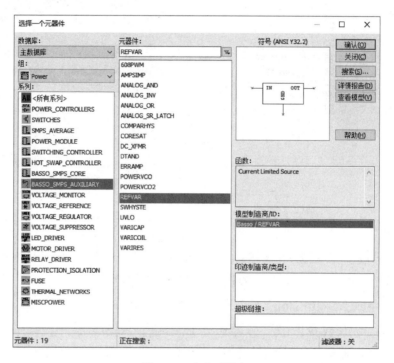

图 2.17　电力元件库

电力元件库包括 19 个系列，重点系列是 POWER_CONTROLLERS（电源控制器）、SWITCHING_CONTROLLER（开关控制器）、BASSO_SMPS_CORE（主开关电源）、BASSO_SMPS_AUXILIARY（辅助开关电源）、VOLTAGE_REFERENCE（基准电压源）、VOLTAGE_REGULATOR（稳压器）、VOLTAGE_SUPPRESSOR（限压器）、LED_DRIVER（LED 驱动器）、MOTOR_DRIVER（电机驱动器）、RELAY_DRIVER（继电器驱动器）、FUSE（熔断器），各系列又含有多种具体型号的元器件。

（2）机电类元件库如图 2.18 所示。

机电器件库包括 MACHINES（机械设备）、MOTION_CONTROLLERS（运动控制器）、SENSORS（传感器）、MECHANICAL_LOADS（机械载荷）、TIMED_CONTACTS（定时接触器）、COILS_RELAYS（继电器）、SUPPLEMENTARY_SWITCHES（组合开关）、PROTECTION_DEVICES（保护装置）8 个系列，每个系列又含有多种具体型号的元器件。

其余元件库及元器件详见附录 A，部分元件库及元器件在中职阶段是用不到的。

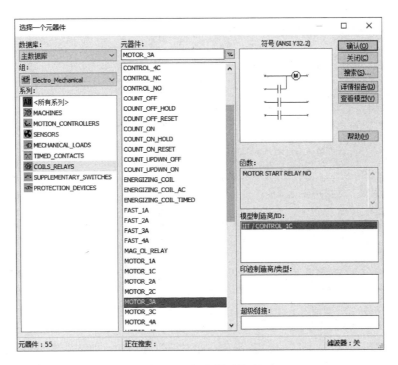

图 2.18　机电类元件库

2.2.2　实验仪器与分析方法

 观察与认识　▶▶▶▶

1. 仿真仪器工具栏（Instruments）

仿真仪器工具栏如图 2.19 所示，其中各图标的含义如表 2.4 所示。

仪器

图 2.19　仿真仪器工具栏

表 2.4　仿真仪器工具栏中各图标的含义

图标	含义	图标	含义
	数字万用表（Multimeter）		函数信号发生器（Function Generator）
	瓦特表（Wattmeter）		双踪示波器（Oscilloscope）
	4 通道示波器（Four Channel Oscilloscope）		波特图仪（Bode Plotter）
	频率计数器（Frequency Counter）		字信号发生器（Word Generator）

续表

图标	含义	图标	含义
	逻辑转换仪（Logic Converter）		逻辑分析仪（Logic Analyzer）
	IV 分析仪（IV Analyzer）		失真分析仪（Distortion Analyzer）
	频谱分析仪（Spectrum Analyzer）		网络分析仪（Network Analyzer）
	安捷伦函数信号发生器（Agilent Function Generator）		安捷伦数字万用表（Agilent Multimeter）
	安捷伦示波器（Agilent Oscilloscope）		泰克示波器（Tektronix Oscilloscope）
	Lab VIEW 仪器（LabVIEW Instrument）		NI ELVISmx 仪器（NI ELVISmx Instrument）
	电流探针（Current Clamp）		

2. 仿真分析方法

依次选择"仿真"→"Analyses and Simulation"选项，弹出"Analyses and Simulation"对话框，如图 2.20 所示，选择需要的分析方法。每种分析方法都有其具体的选项。对于每种分析方法一般都需要进行以下工作。

（1）设置分析参数，不同分析方法的默认值不同。

（2）设置输出变量，这个设置是必须的。

（3）设置分析标题，这个设置是可选的。

（4）设置分析选项的自定义值，这个设置是可选的。

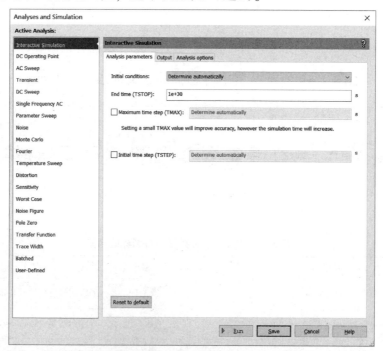

（a）NI Multisim 14.3 软件英文"Analyses and Simulation"对话框

图 2.20 NI Multisim 14.3 软件英文、中文"Analyses and Simulation"对话框

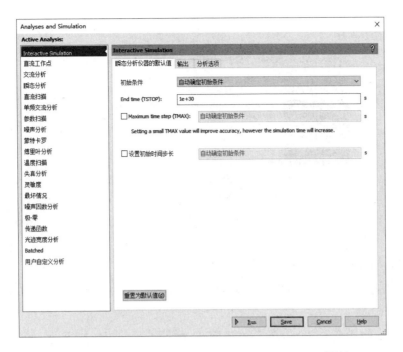

（b）NI Multisim 14.3 软件中文"Analyses and Simulation"对话框

图 2.20　NI Multisim 14.3 软件英文、中文"Analyses and Simulation"对话框（续）

（5）保存设置。

限于篇幅，具体分析方法这里不一一进行介绍。下文相关实验会结合实际应用，对涉及的分析方法进行详细说明。

最后，利用分析方法对电路进行仿真调试，主要过程可分为以下五步。

（1）建立文件：输入仿真电路图，显示电路节点，选择电路分析方法。

说明：为便于记忆，可以修改节点名称。修改方法：在输入的仿真电路图上，双击欲修改的节点序号所属连线，在弹出的对话框中输入新的节点名称即可。

（2）电路参数设置：程序自动检查输入内容，并对参数进行设置。

（3）仿真电路分析：分析运算输入数据，形成电路的数值解。

（4）仿真数据输出：运算结果以数据、波形、曲线等形式输出。

（5）电路调试和优化：根据仿真结果，识别电路中可能存在的问题，如电压过高、电流过大等，进一步调整元件参数，以改善电路性能，使电路满足设计要求。

2.2.3　实验：LED 测试

查阅知识　▶▶▶▶

1. 搜查材料

（1）上网查阅 LED 相关信息，如图 2.21 所示。

（2）筛选 LED 相关知识，现整理如下。

图 2.21　上网查阅 LED 相关信息

①LED（Light Emitting Diode，发光二极管）由含镓（Ga）、砷（As）、磷（P）、氮（N）等元素的化合物制成，是一种电流驱动的低电压单向导电的半导体器件，它可以直接把电能转化为光能。

②LED 可分为普通单色 LED、高亮度 LED、超高亮度 LED、变色 LED、闪烁 LED、电压控制型 LED、红外 LED、负阻 LED 等。LED 在现代社会中用途广泛，如照明设备、交通灯、广告牌、汽车灯等。

③LED 与传统灯具相比，具有节能、环保、显色性与响应速度好的优点。LED 可以发出红色、黄色、蓝色、绿色、青色、橙色、紫色、白色的光。

④为使 LED 正常工作，必须了解其基本特性，其中最主要的特性有以下几点。

· LED 像普通二极管一样，是一个含有 PN 结的半导体器件，具有单向导电性。

· LED 有一个门限电压，只有加在 LED 两端的电压高于这个门限电压时，LED 才会导通。LED 的门限电压与 LED 发出的光的颜色有关，发出红色、绿色、黄色等颜色光的 LED 的正向工作电压通常为 1.5~3.6V，而发出白色光的 LED 的正向工作电压通常为 3~4.2V。

· LED 的伏安特性曲线具有非线性，通过 LED 的电流与加在它两端的电压不呈正比关系。

· LED 采用直流电流或单向脉冲电流驱动，当驱动并联的 LED 或串联的 LED 时，要求恒流（不是恒压）供电。

注：LED 单向导电性的含义是电流只能在一个方向上通过器件，即从正极（阳极）流向负极（阴极）。当正向电流为 5~10mA 时，LED 能正常工作且使用寿命最长。当流过 LED 的电流方向为从负极到正极时，LED 不发光。LED 的原理图符号如图 2.22 所示。

图 2.22　LED 的原理图符号

2. LED 仿真实验

1）实验目的

（1）通过上述 LED 相关知识，对 LED 进行仿真，探究确定各种 LED 的正向压降、正向工作电流等特性。

（2）培养学生通过网络筛选数字化知识信息的意识，提高学生主动学习和使用相关数字技术的能力。

（3）培养学生整合数字化知识信息的能力，利用仿真软件，创新实践模式、改进教学活动、转变学生的学习方式。

（4）通过融合数字技术资源的教学活动，增强学生数字化核心素养，虚拟与实验协同育人，为将来掌握专业知识和综合技能打基础。

2）实验环境

（1）计算机仿真实验室（上网安全且可控）。

（2）Windows 7、Windows 8、Windows 10、Windows 11 操作系统。

（3）NI Multisim 9.0 及以上版本。

（4）＊实验室的温湿度符合实验要求。

＊3）实验设备

（1）（单独）可控变压器、电压表、电流表、功率表、数字万用表、导线、电阻等。

（2）电工电子实验台、实验仪器和仪表、各种普通 LED（直径为 5mm 或 3mm）、小灯泡等。

4）实验要求

主要依据筛选的 LED 知识，试利用 NI Multisim 对 LED 进行仿真，将各种颜色的 LED 的正向工作电压及电流记录在 LED 仿真实验学生工作页中。

5）实验步骤

本实验将详细介绍用 NI Multisim 绘制仿真电路图及进行仿真的操作，后面单元中对相关电路进行仿真的操作参照此部分即可。本实验操作步骤如下。

（1）新建仿真电路文档。

双击计算机桌面上的 NI Multisim 14.3 图标，打开 NI Multisim 14.3，弹出如图 2.15 所示的用户设计界面，系统自动建立一个名为"设计 1.ms14"的文档。

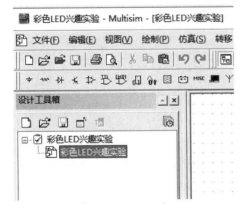

图 2.23 彩色 LED 兴趣实验的设计工具箱

（2）依次选择"文件"→"保存"选项或直接按 Ctrl+S 快捷键，将文件保存为名为"彩色 LED 兴趣实验.ms14"的文件，相应的设计工具箱如图 2.23 所示。初学者一定要记住该文件的存放位置。

（3）放置元器件。

在电路设计工作区中右击，弹出如图 2.24 所示的右键快捷菜单，选择"放置元器件"选项；或者依次选择"绘制"→"元器件"选项；又或者使用 Ctrl+W 快捷键，弹出如图 2.17 所示的"选择一个元器件"窗口。

（4）在"选择一个元器件"窗口中，将数据库设置为"主数据库"，将组设置为"Diodes"，在"系列"列表中选择"LED"选项，在"元器件"列表中选择"LED_red"选项，单击"确认"按钮，如图 2.25 所示。

（5）返回电路设计工作区域，会看到电路设计工作区域有一个 LED 原理图符号的虚影随着鼠标指针移动 [见图 2.26（a）]，将鼠标指针移动到相应位置后单击，这个红色 LED 就被放置在电路设计工作区域了，如图 2.26（b）所示。在放置后，系统自动将元器件命名为

LED1，一般不用修改命名的序号。

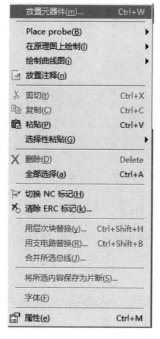

图2.24　右键快捷菜单

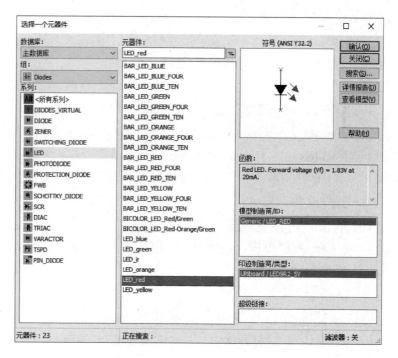

图2.25　"选择一个元器件"窗口

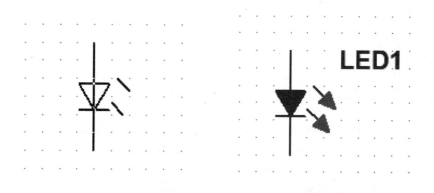

(a) LED虚影随鼠标指针移动的效果图　　　(b) LED确定位置后的效果图

图2.26　LED虚影随鼠标指针移动与确定位置后效果图

（6）红色LED放置结束后，系统自动返回如图2.25所示的窗口，用户可选择下一个要放置的元器件。在"元器件"列表中选择"LED_blue"选项，放置蓝色LED，操作步骤同步骤（4）和步骤（5）。

（7）添加电源。先在如图2.25所示的窗口中将组设置为"Sources"，再在"系列"列表中选择"POWER_SOURCES"选项，在"元器件"列表中选择"DC_POWER"选项，单击"确认"按钮，进入当前电路设计工作区域，在合适位置单击，放置电源符号后系统自动返回"选择一个元器件"窗口。单击"确认"按钮，再添加一个电源符号。返回"选择一个元器件"窗口后，单击"关闭"按钮。若还需要放置其他元器件，则按照此过程操作即可，仅仅是选择的组、系列及元器件不同而已。

（8）添加数字万用表。单击如图2.19所示的仿真仪器工具栏中的"数字万用表"图标，放置数字万用表，再次单击，可以再放置一个数字万用表，此处共放置两个数字万用表。至此，元器件准备完毕，效果图如图 2.27 所示。

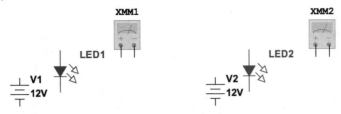

图 2.27　元器件准备完毕效果图

（9）各原理图符号布局还有很多具体操作，如相邻元器件的相对位置、横竖摆放方向、距离远近，相同元器件的复制等。这时右击某一原理图符号，弹出的右键中文快捷菜单如图 2.28（a）所示，弹出的右键英文快捷菜单如图 2.28（b）所示，通过该右键快捷菜单可以实现剪切（Cut）、复制（Copy）、粘贴（Paste）、删除（Delete）、水平翻转（Flip horizontally）、垂直翻转（Flip vertically）、顺时针翻转 90°（Rotate 90°clockwise）等操作。只要选择对应的选项，即可对该元器件进行相应操作。例如，在元器件放错时，右击该元器件，选择"删除"选项即可删除该元器件。当然，这些操作也有对应的快捷键。

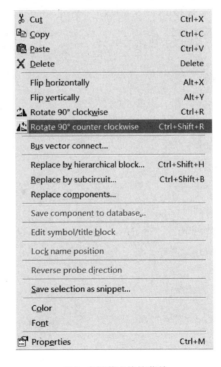

（a）右键中文快捷菜单　　　　　　　　　　　（b）右键英文快捷菜单

图 2.28　右键快捷菜单

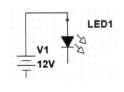

图 2.29　确定的 LED1 正极

（10）完成工作电路（元器件工作原理图）连线。依据筛选获得的 LED 相关知识，进行电路设计，让 LED 接上直流电源，即可开始仿真。注意 LED 的单向导电性。此时，在要连接的直流电源正极引脚处单击，鼠标指针变成黑色圆点（表示连接点）（见图 2.29），将鼠标指针移动到要连接的 LED1 正极，鼠标指针变成红色圆点（表示连接点），再次单击，即可完成一次导线连线操作，十分方便。其他导线连接操作亦如此。因为要测试电流，故增加了万用表。将万用表串联接入电路。两个 LED 测试电路导线连接完成效果图如图 2.30 所示。

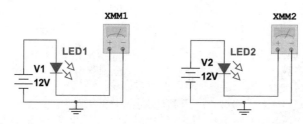

图 2.30　两个 LED 测试电路导线连接完成效果图

（11）修改各元器件属性。这是本实验操作中的关键步骤。由学生根据筛选获得的 LED 相关知识，对电源电压、LED 电流等参数进行设置，并完成实验，最终比较学生的实验数据，并选出最佳实验数据。认真填写表 2.5，最终由教师给出综合评价成绩。

（12）添加的元器件均有其默认的属性（值），根据筛选获得的 LED 相关知识，修改电源和数字万用表的属性。双击电源原理图符号，弹出如图 2.31 所示的"DC_POWER"对话框，根据 LED 工作电压修改电压属性。同理，双击万用表原理图符号，打开"万用表-XMM1"对话框，如图 2.32 所示，单击"A"（电流）按钮，设置数字万用表为直流电流模式。LED 采用默认通态电流 5mA。

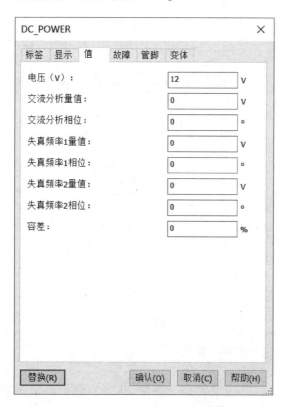

图 2.31　"DC_POWER"对话框

图 2.32　"万用表-XMM1"对话框

（13）按 Ctrl+S 快捷键或依次选择"文件"→"保存"选项或单击文件标准工具栏中的"保存"按钮，及时保存文件。养成及时保存文件的良好习惯。

（14）按 F5 键或单击电路仿真工具栏中的仿真运行按钮，运行电路仿真，观察结果。LED 测试电路仿真运行效果如图 2.33 所示。

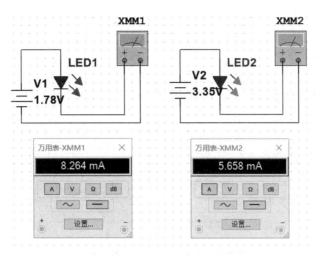

图 2.33　LED 测试电路仿真运行效果

通过单击元器件快捷工具栏中的"放置指示器"图标（ ），添加伏特计、安培计、小灯泡等仿真指示器，如图 2.34 所示。认识这些原理图符号并了解其相关参数。

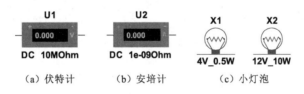

（a）伏特计　　　（b）安培计　　　（c）小灯泡

图 2.34　各种仿真指示器

在进行数字仿真实验的过程中可以很方便地更换测量仪器、仪表及各种元器件。试一试将本实验中的数字万用表换成伏特计、安培计，将 LED 换成普通小灯泡。这是数字化软件的优势——操作方便，无物理性损耗，无须承担任何实际用电设备带来的风险等，而且节约实验器材、电子器件、相关电子设备等，进而大幅提升电路设计的生产效率。

认真完成实验操作，填写数字仿真实验上机操作工作页 1（见表 2.5）。数字仿真实验上机操作工作页 2 详见数字化资源库。（文件名为 2.2.3LED 仿真实验-学生工作页）

表2.5　数字仿真实验上机操作工作页1

章节	2.2.3　LED 测试	我自信 我能行	
班级	姓名	学生操作完成情况	
		是（√）	否（×）
LED 仿真测试	启动 NI Multisim 14.3，将"设计1"文件保存为名为"彩色LED兴趣实验.ms14"的文件，并存在E盘下"自己姓名\数字化技术应用"文件夹中（10分）		
	添加2个LED（6分）		
	添加2个电源（6分）		
	添加2个数字万用表（6分）		
	添加导线（6分）		
	会修改电源的电压值 提示：筛选获得的LED相关知识中各种LED的工作电流范围（10分）		
	会设置数字万用表为直流电流模式（10分）		
	运行仿真程序（6分）		
	调试并修改电路图（参数）（10分）		

LED 仿真实验电压、电流实验数值（20分）

LED 颜色	LED 工作电流	最大工作电压	最小工作电压	工作电流范围

数字化信息素养培养方面：筛选LED相关知识，整理核心内容（10分）

活动与练习

2.2-1　上网查阅本节涉及的 NI Multisim 14.3 常规操作的快捷键有哪些。

2.2-2　实践安装 NI Multisim 14.3、ACE 2024 等软件，构建自己的数字化虚拟仿真实验台。

2.2-3　本仿真实验经教师指导或完成工作页中的任务后，同学们可以逐步进行LED物理性实验操作。

单元小结

基础知识 ▶▶▶▶

（1）教育数字化是我国开辟教育发展新赛道和塑造教育发展新优势的重要突破口。

（2）熟悉数字仿真实验对计算机软件、硬件配置的要求。

（3）职业教育数字化转型有助于提高教学资源的均衡性，推动学校教学多元化发展。

（4）数字仿真软件是指通过计算机技术和数学模型模拟实际物理系统或工程过程的软件。

（5）熟悉 NI Multisim 14.3 仿真仪器工具栏中的图标和其对应的含义。

（6）掌握 ACE 2004 软件用图标菜单插入电气原理图符号的操作方法，以及绘制电气原理图的基本操作步骤。

（7）熟知 NI Multisim 14.3 主数据库中各种元件库的中英文对应关系。

单元复习题

2-1　为什么要进行教育数字化转型？

2-2　试述本单元数字化核心素养与课程思政目标。

2-3　什么是数字仿真软件？常用分类方式有哪些？

2-4　ACE 2024 软件的特点有哪些？ACE 以图标菜单形式插入电气原理图符号的操作方法一般有哪几步？

2-5　NI Multisim 14.3 有哪几个菜单栏，有哪几种元件库？

2-6　NI Multisim 14.3 中的电力元件库主要包括哪些系列？

*2-7　试将如表 2.6 所示的内容补充完整。（操作提示：上机打开 ACE 2024 软件，打开"原理图"选项卡，对照各面板查看电气原理图符号，即可完成。）

表 2.6　ACE 2024 软件"原理图"菜单

"快速拾取"面板电气原理图符号	命令	描述
⊶		激活图标菜单并显示继电器页面
꒦		激活图标菜单并显示按钮页面
⊶∕		激活图标菜单并显示限位开关页面
⋈		激活图标菜单并显示指示灯页面
"插入元件"面板电气原理图符号	命令	描述
⋟		将图标菜单中选定的元器件插入图形

续表

"插入元件"面板电气原理图符号	命令	描述
		打开目录浏览器，通过选择目录值插入元器件，或者编辑目录数据库
		可以打开以逗号分隔的Excel电子表格或Access数据库文件并进行输入

"编辑元件"面板电气原理图符号	命令	描述
		编辑元器件、PLC模块、端子、线号和信号箭头
		将选定的元器件从图形中删除
		将现有元器件的副本插入图形并更新元器件标记
		沿选定元器件的连接导线快速移动元器件，或者沿母线快速移动整根导线（包括元器件）
		自动将选定元器件移动到新位置

▶ 教学微视频　　　　　　　　　　◀◀◀◀ 扫一扫

单元 3

直流电路

航天器上的太阳能电池板

　　直流电路在生产、生活实际中有着广泛应用，大到电力、通信、交通、建筑、采矿、医疗、航天、国防，小到日常生活用品，如手机、遥控器、照相机、电视机、电子血压计、电动车等，都有直流电路参与工作。直流电路的"主要成员"之一是电源。电池是一种电源。上图航天器上犹如翅膀的部分就是超大的太阳能电池板。

本单元综合教学目标

1. 认识简单的实物电路，理解电路模型，掌握简单电路图的绘制方法。
2. 识别常用电池及电池组实际应用。
3. 理解参考方向的含义和作用，并能解决电路中的实际问题。
4. 理解电动势、电位和电能的物理概念。
5. 理解电流、电压和电功率的概念，并能进行简单计算。
6. 掌握测量电流、电压的基本方法，并能测量小型用电设备的电流、电压。
7. 会计算导体电阻，能区别线性电阻和非线性电阻，会使用万用表测量电阻。

8. 掌握欧姆定律，以及电阻串联、并联及混联的连接方式，会计算等效电阻、电压、电流和功率。

9. 通过实验，掌握基尔霍夫电流定律、基尔霍夫电压定律，并能列出具有两个网孔的电路的回路电压方程和节点电流方程。

职业岗位技能综合素质要求

1. 熟练掌握测量一般用电设备电阻、电流、电压的方法。
2. 掌握电阻串联、并联及混联的连接方式，会计算等效电阻、电压、电流和功率。
3. 提高数字化软件学习与设计创新能力，强化数字化技术应用，发展计算思维。
4. 强化信息社会责任，增强软件中英文识别与应用的信息意识。
5. 能利用 NI Multisim 14.3 完成欧姆定律、基尔霍夫定律仿真实验。
6. 认识常用电池，熟知电池组的实际应用。
7. 进一步掌握仿真电路建立、编辑、仿真、调试的操作步骤与方法。

数字化核心素养与课程思政目标

1. 提高理论、实操与仿真实验理实一体的学习联动及综合应用能力。
2. 增强与仿真软件相关的数字化技术信息意识，发展模式识别思维。
3. 不忘初心、踔厉奋发，增强数字化应用意识。
4. 培养数字仿真技术思维，提高知行合一能力。
5. 初步树立良好操控习惯的专业技能导向，培养具有鲜明个性的技能工匠。

3.1 电路与电路模型

3.1.1 电路的组成与电路图

用电设备工作需要电流，电流经过的路径称为电路。图 3.1 所示的手电筒，实际上就是一个非常简单的电路。下面以它为例，来认识电路的组成及各部分的作用。

(a) 手电筒外观及电池

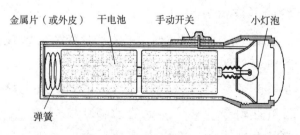

(b) 老式手电筒的组成

图 3.1 手电筒

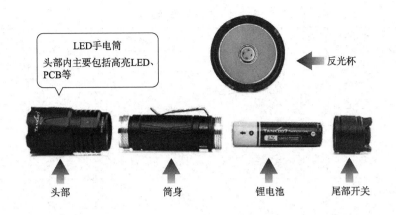

（C）LED 手电筒的组成部分

图 3.1   手电筒（续）

1. 电路的组成

手电筒在工作时是靠手电筒电路来实现电能的传输和转换的。

拆开手电筒，看一看它的内部结构，图 3.1（c）所示为 LED 手电筒的组成部分。仔细观察、认真思考你手中的手电筒由哪几部分组成，能说出各部分的作用吗？

手电筒电路由干电池、小灯泡、金属片（或外皮）、弹簧、手动开关等部分组成，如图 3.1（b）所示。

（1）干电池——电源。电源是向电路提供能量的设备，其作用是将其他形式能转换为电能，如干电池、蓄电池、光电池、发电机等。

（2）小灯泡——负载。负载是各种用电设备的总称，其作用是将电能转换为其他形式能，如电灯、电热器、电风扇、空调、电动机等。

（3）金属片（或外皮）、弹簧——导线。导线用于输送及分配电能，如铜线、铝线等。

（4）手动开关——控制器。控制器用于控制电路的通断或保护电路，常用控制器有开关、熔断器、继电器等。

综上所述，电路由电源、负载、导线和控制器等部分组成。需要指出的是，无论是简单电路，还是复杂电路，均由上述几部分组成，这几部分称为电路组成的基本要素。

可以将如图 3.1 所示的手电筒画成实物接线图，如图 3.2（a）所示。这样各部分之间的关系就一目了然了。

2. 电路图

在工程技术中，为了方便，常常用国家标准统一规定的原理图符号代表实物，由此绘制的表示电路结构的图形称为电路图。部分原理图符号如表 3.1 所示。

表3.1　部分原理图符号

名称	原理图符号	文字符号	名称	原理图符号	文字符号	名称	原理图符号	文字符号
导线连接	T形连接　双T连接		接地/接机壳			电阻		R
导线交叉	交叉不连接		电池/电池组			可调电阻		R
熔断器		FU	交流电源		AC	电位器		RP
开关		S	发电机	G	G	电容		C
灯泡		G	电动机	M	M	可调电容		C
电铃			电流表	A		空心线圈		L
蜂鸣器			电压表	V		铁芯线圈		L

图3.2（b）所示为手电筒电路图，图3.2（c）所示为手电筒仿真电路图。

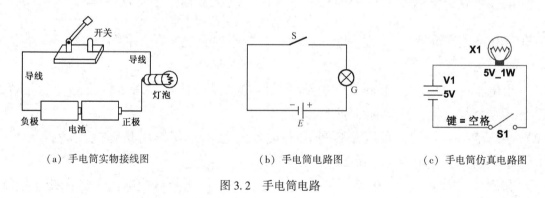

(a) 手电筒实物接线图　　　　(b) 手电筒电路图　　　　(c) 手电筒仿真电路图

图3.2　手电筒电路

3.1.2　电路模型及工作状态

1. 电路模型

由理想元件组成的与实际元件相对应的电路就是实际电路的模型，称为电路模型。电路模型是指理想状态下的电路。电路模型中的元件均是经过科学抽象的理想元件，就是把电路的一些参数理想化，不考虑一些弱因素（次要因素），如导线电阻、电源电阻、导线电容、漏感、分布参数等。

建立电路模型的意义在于忽略一些次要因素，以便抓住电路的本质特征，简化电路的分析过程，同时保证由此产生的误差在许可范围内。

2. 电路的工作状态

通过实验，熟悉电路的几种工作状态。按如图 3.3（a）所示的电路连接好实物电路，手电筒电路（加测直流电流）仿真效果图如图 3.3（b）所示，图 3.3（c）所示的手电筒仿真电路处于断路状态。注意，开关 S 先置于断开的位置，电流表的正极与电池的正极相接。（想一想为什么?）

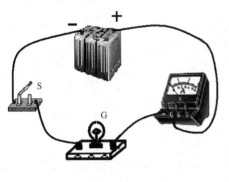

（a）实物电路接线图

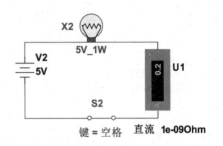

（b）手电筒电路（加测直流电流）仿真效果图

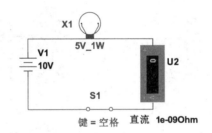

（c）手电筒仿真电路处于断路状态

图 3.3　探究电路工作状态的实验电路

（1）闭合开关 S，灯泡 G 发光、电流表指针偏转。这是因为电源与负载接通，构成闭合回路，电路中有电流。此时的电路被称为通路，又称闭路。

（2）断开开关 S 或让电路某处断开，灯泡 G 熄灭、电流表指针复位至零。这是因为电源与负载没有接通，电路中没有电流。除此之外，实际电路在工作中还有一种情况，即因为某种原因，电压突然过大，超过负载承受能力，负载被烧毁，如图 3.3（c）所示，10V 电压过高，远超灯泡 5V 额定电压，灯泡被烧毁，处于断路状态，形成断路（故障）。此时，电源电压仍然存在，有用电安全风险，必须先断开开关，再检修电路。此时的电路被称为断路，又称开路。

（3）接通电路，将电流表两端用导线短接，电流表指针复位至零，此时电流表中没有电流，称电流表处于短路状态。将灯泡 G 两端用导线瞬间短接，电流表指针大幅偏转，称为负载短路。将电池两端用导线瞬间短接，就是将电源短路，此时电路中的电流将会很大，这会导致电源的损坏，因此应避免出现这种情况。前两种情况属于局部短路，后一种情况属于全部短路。

由此可见，电路有三种工作状态：通路、断路和短路。

3.1.3 电池及应用

电池是将化学能转化成电能的装置，具有正极、负极之分。随着科技的进步，电池泛指能产生电能的小型装置，如太阳能电池。将电池作为能量来源，可以得到稳定的电压、电流。电池具有携带方便、充放电操作简便易行、性能稳定可靠的优点，在现代社会生活中发挥着非常大的作用。

1. 认识电池

图3.4所示为几种常见的电池，你认识或使用过其中哪几种？能说出它们的名称或实际应用吗？

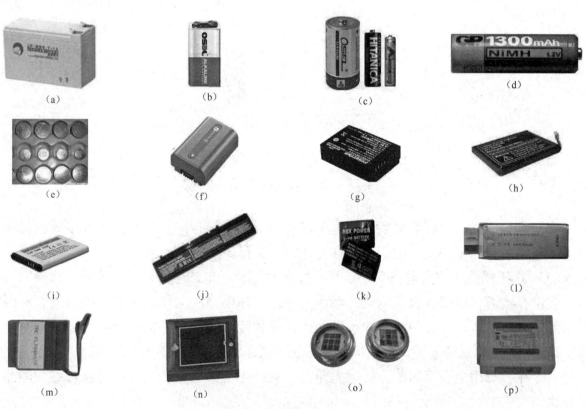

图3.4 几种常见的电池

图3.4所示的几种常见的电池分别为（a）蓄电池；（b）叠层干电池；（c）干电池；（d）镍氢充电电池；（e）扣式电池；（f）摄像机电池；（g）数码相机电池；（h）和（i）手机电池；（j）笔记本电脑电池；（k）MP3电池；（l）航模电池；（m）矿灯电池；（n）和（o）硅光电池；（p）智能电池。

2. 电池的分类

（1）按工作性质分：

原电池——一次电池，是指电池放电后不能用简单的充电方法使活性物质复原进而继续使用的电池，如锌-二氧化锰干电池、锂锰电池、锌空气电池、一次锌银电池等。

蓄电池——二次电池，是指电池在放电后通过充电可使活性物质复原进而可以继续使用的电池，这种充放电可以循环数十次到上千次，如镍镉电池、镍氢电池、铅酸电池、锂电池。

燃料电池——连续电池，是指只要参加反应的活性物质从电池外部连续不断地输入电池，就能连续不断地工作的电池，如氢-氧燃料电池、磷酸盐燃料电池。

储备电池——电池正极、负极与电解质在储存期间不直接接触，在使用前通过注入电液或使用其他方法使正极、负极接触，此后电池进入待放电状态，此过程称为"激活"，故又称激活电池，如镁电池、热电池等。

（2）按电解质分：酸性电池、碱性电池、中性电池、有机电解质电池、非水无机电解质电池、固体电解质电池。

（3）按电池的特性分：高容量电池、密封蓄电池、高功率电池、免维护蓄电池、防爆电池等。

（4）按正负极材料分：锌锰电池系列、镍镉/镍氢电池系列、铅酸电池系列、锂电池系列等。

3. 电池组

在实际使用电池时，为什么有的情况下只需要使用一个电池，而有的情况下却需要同时使用多个电池呢？

在负载要求电源提供较高电压或较大电流时，仅使用一个电池是不能满足要求的，此时可将多个电池连接在一起给负载供电。这些连接在一起的电池称为电池组。电池的连接方式有串联、并联与混联三种。

（1）把一个电池的正极与另一个电池的负极相连接，称两个电池为串联，组成的电池组被称为串联电池组。当负载需要的电压高于单个电池的额定电压时，可由串联电池组供电。

（2）把各电池的正极接在一起，负极接在一起，称这些电池为并联，组成的电池组被称为并联电池组。当负载需要的电流大于单个电池的额定电流时，可由并联电池组供电。

（3）若电池既有串联又有并联，则称为混联，组成的电池组被称为混联电池组。当负载同时需要较高电压和较大电流时，可使用混联电池组供电。

你知道吗

电池组应用——电动车电池组

（1）电动车电池组（人们习惯称之为电瓶）通常由几块电池组成，需要整体更换，不能单块更换，新、旧电池不要混用，因为新、旧电池的性能指标是不相同的。

（2）电动车电池组的几块电池必须统一品牌、规格。不同种类、不同厂家生产的电池不要混用。

（3）随着电动车的发展，电动车电池组也从以前的3块电池（36V）发展为现在的4块电池（48V）、5块电池（60V）、6块电池（72V）。电池数量的上升代表电动车行驶里程的增长和速度的提高，也代表电池安装要求的提高。正确的电池连接能够减少线路的磨损，降低发生火灾的风险，还能够提高电池的使用寿命。电动车电池组最常见的电池连接方式是串联。4块电池（48V）的电动车电池组导线连接效果图如图3.5所示，这样接线既不压线，也不浪费线。

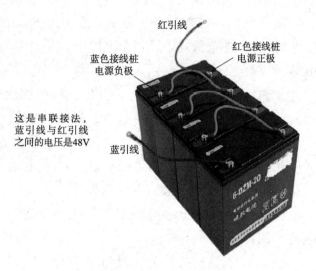

图3.5　4块电池（48V）的电动车电池组导线连接效果图

3.1.4　实验：识、画电路图和识别常用电池

 做中学　▶▶▶▶

1. 识、画电路图

（1）结合图3.3（b）和图3.5，试着绘制一个电源电压为48V的电路图。

（2）图3.3（a）所示为含有电流表的实物接线图，试着画出相应的电路图。注意，在电流表符号两端标明"+""−"（应保证直流电流从直流电流表的"+"端流入，从"−"端流出）。

2. 识别常用电池

教师和学生提前找一些新、旧电池，以供学生识别。让学生说一说它们的名称、特点和实际应用。

活动与练习 ▶▶▶▶

3.1-1　熟记常用的原理图符号。通过查阅资料，认识更多原理图符号。

3.1-2　找一些有电路图的小型家用电器或电子产品的使用说明书，试一试能看懂多少。

3.1-3　简述电路有哪几种工作状态，各有什么特点。

3.1-4　走访电气元件商场或查阅资料，了解更多电池及其特点和实际应用信息。

3.1-5　试举出电池单个使用或多个一起使用的例子。

3.1-6　识读如图 3.6 所示的电路图，说一说它的组成。

3.1-7　根据如图 3.7 所示的接线图，绘制相应的电路图，利用 NI Multisim 14.3 绘制仿真电路并运行调试。

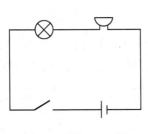

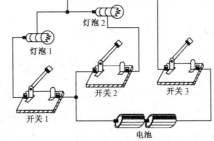

图 3.6　题 3.1-6 图　　　　　　　　图 3.7　题 3.1-7 图

3.2　电路的基本物理量及其测量

电路的基本物理量有电流、电动势、电压、电位、电功和电功率。

3.2.1　电流和参考方向

1. 电流

电流类似于水流，水珠的连续移动形成了水流，电荷的定向移动形成了电流。金属导体中的自由电子、电解液中的离子等的定向移动都可以形成电流。

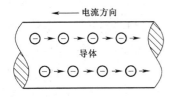

图 3.8　电流方向示意图

尽管通常是负电荷的定向移动形成电流，但规定电流的方向是正电荷定向移动的方向，所以电流的方向与负电荷定向移动的方向相反，如图 3.8 所示。

电流用 I 表示，其在数值上等于单位时间内通过某个截面的电荷转移量。单位时间内通过某个截面的电荷转移量越多，表示流过该截面的电流越大。设在时间 t 内通过某个截面的电荷转移量为 Q，则电流 I 为

$$I = \frac{Q}{t} \tag{3-1}$$

式中，Q 的单位为库仑（C）；t 的单位为秒（s）；电流 I 的单位为安培（A），简称安。电流的单位还有千安（kA）、毫安（mA）、微安（μA），它们之间的换算关系是

$$1kA = 1000A, \quad 1A = 1000mA, \quad 1mA = 1000\mu A$$

【例 3.1】 在 1min 内均匀流过导体某个截面的电荷转移量为 5.4C，则电流是多少安？多少毫安？多少微安？

解： $I = \dfrac{Q}{t} = \dfrac{5.4C}{60s} = 0.09A = 0.09 \times 10^3 mA = 90mA = 90 \times 10^3 \mu A = 9 \times 10^4 \mu A$。

通常，直流电流用直流电流表或万用表的直流电流挡来测量。在测量时，一定要将直流电流表串联在被测的电路中，并保证电流从直流电流表的"+"端流入，从"−"端流出；选择合适的量程（测量范围），以免烧坏电流表。

2. 电流的参考方向

所谓参考方向，是指对电量任意假定的方向，是为了对电路进行分析与计算而设定的。

在分析电路时，往往难以事先知道电流的实际方向，而且时变电流的实际方向是随时间不断变化的，在电路图上无法标出适用于任何时刻的电流实际方向。为了满足电路分析与计算需求，任意规定一个电流的参考方向，用箭头标在电路图上，若电流的实际方向与参考方向一致，则电流取正值；否则，电流取负值。同样，由相关电量计算出的电流值若为正，则说明电流的实际方向与参考方向一致；若为负，则说明电流的实际方向与参考方向相反。电流方向示意图如图 3.9 所示。

要特别指出的是，电流的实际方向和参考方向是两个不同的概念。电路中电流的实际方向是客观存在的，而参考方向是根据分析与计算的需要任意假定的。电流的参考方向一经选定，在电路分析与计算过程中均不允许变动。

【例 3.2】 电流的参考方向如图 3.10 所示。已知 $I_1 = 2A$，$I_2 = -3A$，试判断电流的实际方向和大小。

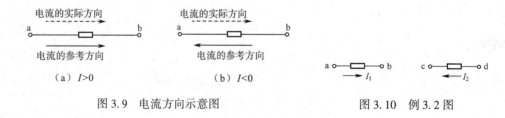

图 3.9 电流方向示意图　　　　图 3.10 例 3.2 图

解： 因为 $I_1 > 0$，所以 I_1 的实际方向与参考方向一致，是由 a 端流向 b 端的，大小为 2A。因为 $I_2 < 0$，所以 I_2 的实际方向与参考方向相反，是由 c 端流向 d 端的，大小为 3A。

3.2.2 电动势、电压和电位

1. 电动势

设有水池 A、B，其水面有一定的高度差，当打开阀门时，水在重力的作用下定向运动，

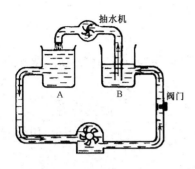

图 3.11　连续水流形成示意图

从水池 A 运动到水池 B，此时水管中有一个瞬时水流。但水池 A、B 之间的高度差很快消失，水流也随即停止。怎样才能使水管中有源源不断的水流呢？办法就是在水池 A、B 之间接入一台抽水机，将水池 B 中的水抽到水池 A 中，保证水池 A、B 的水面总有一定的高度差，从而使水管中有源源不断的水流（见图 3.11）。在电路中，相当于抽水机的就是前面提到的电源。

以如图 3.12（a）所示电池为例，来进行讲解。电池内部的化学反应产生一种非电场力（也叫非静电力）$F_{外}$，这个力可以使正电荷从电池的负极板移至正极板，进而正极板堆积大量的正电荷，负极板堆积大量的负电荷。因此，负极板和正极板之间形成电场，储存电能。在形成电场后，若非静电力再移动正电荷，就需要克服极板间的电场力 $F_{电}$，从而做功。非静电力做功的过程是能量转化的过程。电源做功的本领用电动势表示，即非静电力把单位正电荷从负极移到正极所做的功与该电荷量的比值，称为电源电动势，用公式表示为

$$E = \frac{W}{Q} \tag{3-2}$$

式中，W 是非静电力做的功，单位为焦耳（J）；Q 是被移动的电荷量，单位为库仑（C）；E 是电动势，单位为伏特（V）。

电源电动势的大小仅取决于电源本身，与外接电路的负载无关。不同电源的电动势不尽相同。

在电源内部，正电荷从负极移至正极，所以规定电源电动势的方向是从电源的负极经内部指向正极，如图 3.12（b）所示。

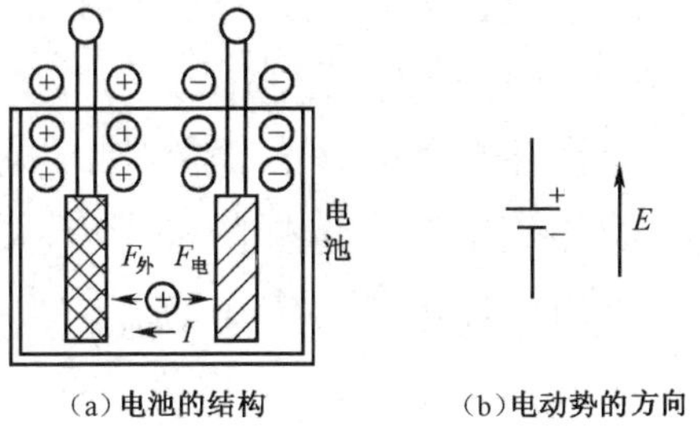

2. 电压

前面提到，保证水池 A、B 的水面总有一定高度差，能使水管中有源源不断的水流（见图 3.11）。类似地，若保证电路中总有一定的电位差，就能使电路中有源源不断的电流。

（a）电池的结构　　（b）电动势的方向

图 3.12　连续电流形成示意图

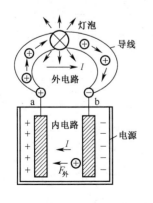

图 3.13　电源内、外部电路示意图

如图 3.13 所示，电源内部电路称为内电路，电源外部电路称为外电路。用导线将电源的两个极板分别与灯泡两端相接，则电源正极板的正电荷在电场力的作用下，从电源正极经过导线、灯泡（外电路）移向电源负极，形成电流，同时使灯泡发光（完成电→光能量的转换），这说明电场力做了功。为了衡量电场力的做功能力，引入电压这个物理量。

设正极板为 a、负极板为 b，则 a、b 极板间的电压在数值上等于电场力把单位正电荷从 a 极板移到 b 极板所做的功，可用下式表示：

$$U_{ab} = \frac{W_{ab}}{Q} \qquad\qquad (3-3)$$

式中，Q 是电荷量，单位为库仑（C）；W_{ab} 是电场力所做的功，单位为焦耳（J）；U_{ab} 是 a、b 两个极板间的电压，单位为伏特（V）。

实际中，a 与 b 不一定是电源的两个极板，可以是电路中任意两点，包括内电路。

电压与电动势的单位均是伏特（V），除此之外还有千伏（kV）、毫伏（mV）和微伏（μV），它们之间的换算关系为

$$1kV = 1000V, \quad 1V = 1000mV, \quad 1mV = 1000\mu V$$

通常，直流电压用直流电压表或万用表的直流电压挡来测量。在测量时，一定要将电压表并联在被测电路两端。应保证直流电流从直流电压表的"+"端流入，从"-"端流出；同时要选择合适的量程（测量范围），以免烧坏电压表。

【例 3.3】 120V 等于多少千伏？等于多少毫伏？

解：$120V = 120 \times 10^{-3}kV = 0.12kV = 120 \times 10^{3}mV = 1.2 \times 10^{5}mV$。

3. 电位

电位和水位相似，要衡量某处水位的高低，要有一个基准点（称为参考点）。同样，要衡量电路中某点电位的高低，也必须有一个参考点（通常以大地为参考点，即零电位点；在电子电路中，一般以金属外壳或某公共点为参考点）。电路中各点相对于参考点的电压叫作该点的电位，其单位为伏特（V）。例如，设电路中 c 点为参考点，则 a 点相对于 c 点的电压 U_{ac} 就是 a 点的电位，用 V_a 表示。

应当注意的是，在电路中，所选择的参考点不同，各点的电位就不同。这类似于在计算讲桌面的高度时，选择的参考点不同，讲桌面的高度也会不同：以地面为参考点，讲桌面高度为正值；以屋顶为参考点，讲桌面高度为负值；以讲桌面为参考点，讲桌面高度为零。由此类比可知，电位比参考点高的为正电位，电位比参考点低的为负电位。

有了电位的概念，电压的定义还可以表示为 a 与 b 两点间的电压等于 a 与 b 两点的电位之差，即

$$U_{ab} = V_a - V_b \qquad\qquad (3-4)$$

在外电路中，正电荷在电场力的作用下，从高电位处移动到低电位处并在此过程中做功，因此规定电压的方向为由高电位指向低电位。两点间的电压也被称为电位差、电位降或电压降。

提醒注意 ▶▶▶▶

（1）电压和电位都是表征电路能量特征的物理量，二者有联系也有区别。

（2）电位是相对的，它的大小与参考点的选择有关；电压是绝对的，它的大小与参考点的选择无关。

（3）参考点的选择是任意的。一个电路只有一个参考点。

【例 3.4】　试说明 $V_a = 6V$，$V_b = -9V$ 的含义。

解：$V_a = 6V$，因为 $V_a > 0$，所以 a 点电位比参考点电位高，高 6V。

$V_b = -9V$，因为 $V_b < 0$，所以 b 点电位比参考点电位低，低 9V。

【例 3.5】　已知电路中 A 点电位为 10V，B 点电位为 5V，U_{AB} 与 U_{BA} 各等于多少？二者有什么关系？

解：

$$U_{AB} = V_A - V_B = 10 - 5 = 5(V)$$
$$U_{BA} = V_B - V_A = 5 - 10 = -5(V)$$
$$U_{AB} = V_A - V_B = -(V_B - V_A) = -U_{BA}$$

学习了电动势、电压、电位，说一说它们之间的相同点与不同点。

3.2.3　电功和电功率

1. 电能和电功

风可以吹动风轮，就说风有能量——风能；水可以带动水轮，就说水有能量——水能，类似地，电可以使灯泡发光，可以使电炉丝发热，就说电有能量——电能。

电能被广泛应用在动力、照明、冶金、化学、纺织、通信、广播等领域，是推动科学技术发展、促进国民经济飞跃的主要动力。

电能可以和其他形式能相互转换。图 3.14 所示为水力发电站利用水能发电示意图。当水流通过水轮机时，水能转化为涡轮的动能，从而带动发电机的转子转动发电，即将动能转化为电能。

1—大坝；2—导水管；3—水轮机；4—发电机。

图 3.14　水力发电站利用水能发电示意图

在生产、生活中，当电流通过电灯时，电能转化为内能和光能。当电流通过电动机时，电能转化为机械能。电能转化为其他形式能的过程就是电流做功的过程。电流做多少功，就有多少电能转化为其他形式能。图3.15所示为电能与其他形式能相互转换的示意图。

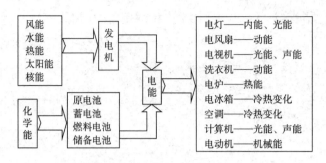

图3.15　电能与其他形式能相互转换的示意图

由电压定义式 $U = \dfrac{W}{Q}$，可得电功 $W = UQ$，又因为 $Q = I \cdot t$［见式（3-1）］，所以有

$$W = U \cdot I \cdot t \qquad (3-5)$$

式（3-5）说明，电流在一段电路上所做的功，与这段电路两端的电压、电路中的电流和通电时间成正比。

电能的单位是焦耳，简称焦，用字母 J 表示。电力工程中常用的电能单位是度，又称千瓦·时（kW·h），1度等于1kW·h，即

$$1\,度 = 1kW \cdot h = 1000W \times 3600s = 3.6 \times 10^6 J$$

【例3.6】　将一个电炉接至220V电源上，流过电炉的电流为1A，求1h内电流所做的功为多少？可换算为多少千瓦·时？

解： $W = U \cdot I \cdot t = 220 \times 1 \times 3600 = 7.92 \times 10^5 (J) = 0.22(kW \cdot h)$。

2. 电功率

电功率是指单位时间内电流所做的功，即在单位时间内有多少电能转化为其他形式能。如果负载电阻R两端的电压为 U，流过负载电阻R的电流为 I，在时间 t 内电流流过负载电阻R所做的功为 W，则电功率为

$$P = \dfrac{W}{t} \qquad (3-6)$$

将式（3-5）代入式（3-6）可得

$$P = UI \qquad (3-7)$$

上面两式中，U 的单位为 V；I 的单位为 A；t 的单位为 s；W 的单位为 J；P 的单位为瓦特，简称瓦，符号为 W。功率的单位还有千瓦（kW）和毫瓦（mW），它们之间的关系为

$$1kW = 1000W, 1W = 1000mW$$

【例3.7】　某台5kW的电动机，每天工作5h，问10天共用多少度电？

解： $W = P \cdot t = 5 \times 5 \times 10 = 250$（kW·h）。

从功率的定义可以看出，功率表示电能转换的速度，反映了一个用电设备的做功能力。用电设备的功率越大，做功能力就越强。

3.2.4　实验：直流电路电流、电压的测量

1. 实验目的

（1）学习如何选择和使用电工仪表。
（2）掌握测量电流、电压的基本方法。
（3）熟悉测量小型用电设备电流、电压的方法。

2. 实验器材

（1）实验电路板一块，工具一套。
（2）直流稳压电源（3~6V）或电池组。
（3）多量程直流电流表一只，多量程直流电压表一只。
（4）小灯泡两个，开关一个，导线若干。

3. 实验原理

直流电流用直流电流表或万用表的直流电流挡来测量。在测量时，要将直流电流表串联在被测电路中；保证电流从直流电流表的"+"端流入，从"−"端流出；同时选择合适的量程（测量范围），以免烧坏直流电流表。

直流电压用直流电压表或万用表的直流电压挡来测量。在测量时，要将直流电压表并联在被测电路两端；保证直流电流从直流电压表的"+"端流入，从"−"端流出；同时选择合适的量程（测量范围），以免烧坏直流电压表。

在不能预先估计电流和电压大小的情况下，可先从最大量程开始，用电路开关迅速试触，看指针的偏转是否在最大量程之内，如果超过最大量程，就要改用具有更大量程的直流电流表和直流电压表；如果指针的偏转较小，就要改用较小的量程，让指针的偏转尽量达到满刻度的 $\frac{2}{3}$，以获得更准确的测量结果。

4. 实验步骤

实验电路如图 3.16 所示。

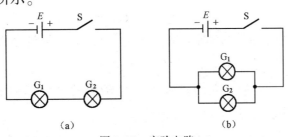

（a）　　　　　　　　　　（b）

图 3.16　实验电路

（1）将直流稳压电源的输出电压设置为3V，将电流表接入电路，分别测出如图3.16所示的两个电路图中的干路电流和流过各小灯泡的电流，并将实验数据填入表3.2。

表3.2　电流测量实验数据

测量值	图3.16（a）			图3.16（b）		
	干路	小灯泡 G_1	小灯泡 G_2	干路	小灯泡 G_1	小灯泡 G_2
电流/A						

（2）将直流稳压电源的输出电压设置为6V，将电压表接入电路，分别测出如图3.16所示的两个电路图中的总电路电压和各小灯泡两端的电压，并将实验数据填入表3.3。

表3.3　电压测量实验数据

测量值	图3.16（a）			图3.16（b）		
	总电路	小灯泡 G_1 两端	小灯泡 G_2 两端	总电路	小灯泡 G_1 两端	小灯泡 G_2 两端
电压/V						

5. 问题讨论

（1）电流表应怎样接入电路？若接错，会有什么后果？
（2）电压表应怎样接入电路？若接错，会有什么后果？
（3）若用万用表测量直流电路的电流、电压，应注意什么问题？
（4）总结测量小型用电设备电流、电压的方法及注意事项。

 活动与练习 ▶▶▶▶

3.2-1　完成下面的换算。

0.15A = _____ mA = _____ μA。

4.7mA = _____ μA = _____ A。

470000μA = _____ mA = _____ A。

3.2-2　电流的参考方向如图3.17所示。已知 $I_1 = 0.4A$，$I_2 = -1.5A$，试判断电流的实际方向和大小。

3.2-3　完成下面的换算。

图3.17　题3.2-2图

1.5kV = _____ V = _____ mV。

450mV = _____ V = _____ μV。

3.2-4　三极管有三个电极，分别为c、b、e。已知各电极电位分别为 $V_c = 12V$，$V_b = 6.7V$，$V_e = 6V$。求 U_{be}、U_{cb}、U_{ce}、U_{eb}、U_{ec}、U_{bc} 的值。

3.2-5　有人说："电源端电压方向与该电源电动势的方向正好相反。"此话是否正确？

3.2-6　试说明 $V_a = -12V$，$V_b = 24V$ 的含义。

3.2-7　将一个标有"220V，100W"的灯泡，接到220V电源上，流过灯泡的电流是多大？1h 内电流做功是多少？消耗多少度电？

3.2-8　某家庭有 60W 灯泡一个、25W 灯泡两个、150W 电视机一台。灯泡每天平均点亮 3h，电视机每天平均使用 2h，如果该月有 30 天，电费为每度 0.50 元，求该月应缴电费。

3.2-9　完成"实验：直流电路电流、电压的测量"的实验报告。报告内容包括：实验项目、实验目的、实验器材、实验原理、实验数据与处理、问题讨论。

3.3　电阻

3.3.1　电阻及其特性

1. 电阻

金属导体中的电流是自由电子定向移动形成的。自由电子在移动过程中要与金属正离子频繁碰撞，每秒钟的碰撞次数高达 10^{15}。这种碰撞阻碍了自由电子的定向移动，表示这种阻碍作用的物理量叫作电阻，用字母 R 表示。不仅金属导体有电阻，其他物体也有电阻。导体的电阻是由它本身的物理条件决定的。金属导体的电阻是由它的材料、长短、粗细（横截面积）及使用温度决定的。

电阻的单位是欧姆（Ω），简称欧。当导体两端的电压是 1V、导体内通过的电流是 1A 时，这段导体的电阻就是 1Ω。常用的电阻单位还有千欧（kΩ）、兆欧（MΩ），换算关系为

$$1k\Omega = 1000\Omega, \quad 1M\Omega = 1000k\Omega$$

2. 电阻定律

问题与思考 ▶▶▶▶

导体的电阻是客观存在的，那么导体电阻的大小由什么决定呢？

实验表明，导体的电阻不随导体两端电压大小的变化而变化，即使导体两端没有电压，导体中没有电流，导体仍然有电阻。在温度不变的情况下，决定导体电阻大小的因素有两个：一个因素是导体的导电性能，另一个因素是导体的几何尺寸。实验证明：同一种材料的导体，在温度不变时，其电阻 R 与导体的长度 L 成正比，与导体的横截面积 S 成反比。这个实验结论叫作电阻定律，可用下式表示

$$R = \rho \frac{L}{S} \tag{3-8}$$

式中，ρ 是导体材料的电阻率，反映了该材料的导电特性。如果 L 的单位为米（m），S 的单位为平方米（m^2），则 ρ 的单位为欧·米（Ω·m）。不同材料的电阻率不同。例如，在 20℃

时，银的电阻率为 $1.65 \times 10^{-8} \Omega \cdot m$，铜的电阻率为 $1.75 \times 10^{-8} \Omega \cdot m$，铝的电阻率为 $2.83 \times 10^{-8} \Omega \cdot m$。

【例3.8】 有一根长为500m、横截面积为20mm² 的铜导线，在20℃的环境中其电阻为多少？

解：$R = \rho \dfrac{L}{S} = 1.75 \times 10^{-8} \times \dfrac{500}{20 \times 10^{-6}} = 0.4375(\Omega)$。

 试一试 ▶▶▶▶

电阻率还有一个常用单位是 $\Omega \cdot mm^2/m$，试着推导一下它与 $\Omega \cdot m$ 的关系。如果用 $\Omega \cdot mm^2/m$ 作为电阻率的单位，那么上述几种导体的电阻率是多少？

你知道吗

导体的电阻与温度有关

有些材料的导体，其电阻率随温度的升高而上升，阻值也随温度的升高而增大；还有些材料的导体，其电阻率随温度的升高而下降，阻值也随温度的升高而减小。阻值随温度升高而增大的电阻称为正温度系数电阻；阻值随温度升高而减小的电阻称为负温度系数电阻。

在低温测量实验中发现汞在温度降到4.2K附近时会进入一种新状态。在该状态下，汞的电阻非常小，甚至超出了仪器测量范围（5~10Ω），科学家把汞的电阻消失的状态称为超导态，该状态下的汞具有超级导电性。超导现象是指某些物质在一定温度和磁场条件（一般为较低温度和较小磁场）下电阻降为零。另外，科学家对锡块进行实验发现，锡块在降温到1.6K变成超导态时，锡块周围的磁场突然发生变化，磁感线似乎一下子被排斥到超导体之外去了，人们将这种完全抗磁现象称为迈斯纳效应。零电阻和完全抗磁性是证明物质是否具有超导性的两个独立判据。目前，常压下处于液氮温区的高温超导体只有铜氧化物。

调查确定哪些家用电器应用了电阻与温度的关系。

3. 电阻的特性及应用

1）线性电阻

电阻两端的电压与通过它的电流成正比，其伏安特性曲线为直线，这类电阻被称为线性电阻，其阻值为常数。一般在常温下，金属材料的电阻是线性电阻，在电子产品中主要用于实现分流、分压、限流和降压，如用在高电压、大功率、大电流电路中的陶瓷管型启动式线绕电阻、电力铝壳电阻，如图3.18（a）、（b）所示。

2）非线性电阻

电阻两端的电压与通过它的电流不成正比，其伏安特性曲线不是直线，这类电阻被称为非线性电阻，其阻值不是常数。由于这类电阻几乎都是用半导体材料制成的，因此又称为半导体电阻，如光敏电阻［见图 3.18（c）］、热敏电阻［见图 3.18（d）］等，在不同的电压、电流情况下，其阻值不同。光敏电阻主要用于各种光电控制系统、光电自动开关门、声光控照明系统和报警器等。正温度系数（Positive Temperature Coefficient，PTC）热敏电阻一般用于电冰箱压缩机启动电路、彩色显像管消磁电路、电动机过压/过流/过热保护电路、限流电路和恒温加热电路等；负温度系数（Negative Temperature Coefficient，NTC）热敏电阻一般用于各种电子产品温度补偿电路、温度控制电路和稳压电路等。

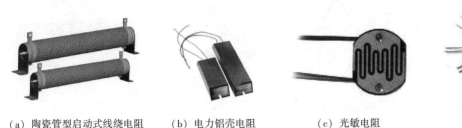

　（a）陶瓷管型启动式线绕电阻　　（b）电力铝壳电阻　　　　（c）光敏电阻　　　　　（d）热敏电阻

图 3.18　线性电阻和非线性电阻

3.3.2　电阻及其传感器应用

在实际生产中会用到各种各样的电阻，其阻值有大有小，可分为固定电阻和可调电阻两类，可调电阻（包括电位器）的阻值在一定范围内是可变化的。

1. 认识电阻

图 3.19 所示为常用电阻。你认识几种，都在什么电子或电气设备上见到过？

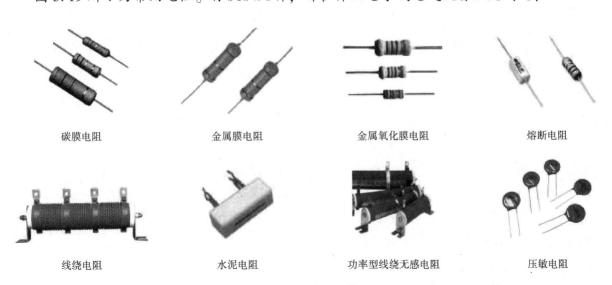

碳膜电阻　　　　　　金属膜电阻　　　　　金属氧化膜电阻　　　　熔断电阻

线绕电阻　　　　　　水泥电阻　　　　功率型线绕无感电阻　　　压敏电阻

图 3.19　常用电阻

塑封电阻　　　　　晶圆无脚电阻　　　　　贴片电阻1　　　　　贴片电阻2

排阻　　　　　　零欧姆电阻　　　　　厚膜电阻　　　　　可调电阻

旋钮式电位器　　　　直滑式电位器　　　　滑动变阻器　　　　电阻箱

图3.19　常用电阻（续）

几种电阻的原理图符号如表3.1所示。

2. 电阻的主要参数及标注方法

电阻有如下几个主要参数。

（1）标称电阻值：标在电阻上的阻值称为标称电阻值，常见的单位有 Ω、$k\Omega$、$M\Omega$。标称电阻值是根据国家制定的标准标注的，不可任意标定，即并非所有阻值都存在对应的标称值。

（2）允许误差：电阻的实际阻值对于标称电阻值的最大允许偏差范围称为允许误差，主要级别有±1%、±2%、±5%、±10%、±20%等，误差代码分别为 F、G、J、K、M。

（3）额定功率：在规定的环境温度下，假设周围空气不流通，在长期连续工作而不损坏或基本不改变电阻性能的情况下，电阻允许消耗的最大功率。常见的额定功率有1/16W、1/8W、1/4W、1/2W、1W、2W、5W、10W等。

电阻参数的标注方法有三种：直接标注法、文字符号标注法和色环标注法。

（1）直接标注法。

直接标注法是指在电阻表面用数字、单位符号和百分数直接标出电阻的阻值和允许误差，如图3.20（a）所示。

（2）文字符号标注法。

文字符号标注法是指将数字、单位符号按一定的方式组合，从而表示电阻的阻值的方法，遇到小数时，常以 Ω、k、M 代替小数点。例如，5Ω1 表示 5.1Ω，4k3 表示 4.3kΩ，9M1 表示 9.1MΩ 等。电阻的允许误差用字母表示：J 表示 ±5%，K 表示 ±10%，M 表示 ±20% 等，如图 3.20（b）所示。

（a）直接标注法　　　（b）文字符号标注法

图 3.20　电阻参数的标注方法

（3）色环标注法。

小功率电阻较多使用的是色环标注法。色环标注法是指用标在电阻上不同颜色的色环来标注电阻的阻值和允许误差。色环标注法因便于电阻的安装、调试、维修，而被广泛采用。普通电阻采用四色环标注法，精密电阻采用五色环标注法。四色环标注法和五色环标注法的色环含义如图 3.21 所示。

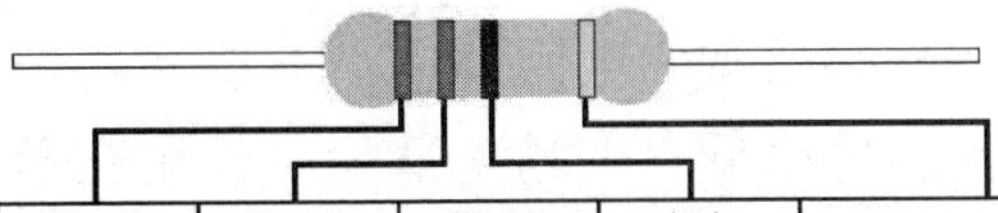

颜色	第一位有效数字	第二位有效数字	第三位有效数字	倍率（乘数）	允许误差	
黑	0	0	0	10^0		
棕	1	1	1	10^1	±1%	F
红	2	2	2	10^2	±2%	G
橙	3	3	3	10^3		
黄	4	4	4	10^4		
绿	5	5	5	10^5	±0.5%	D
蓝	6	6	6	10^6	±0.25%	C
紫	7	7	7	10^7	±0.10%	B
灰	8	8	8		±0.05%	A
白	9	9	9			
金				10^{-1}	±5%	J
银				10^{-2}	±10%	K
无					±20%	M

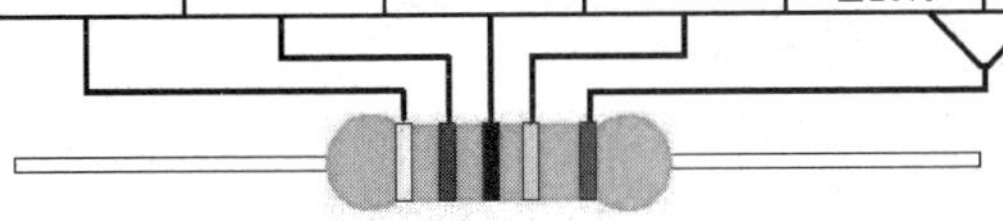

图 3.21　四色环标注法和五色环标注法的色环含义

例如：红、红、黑、金表示电阻的阻值为 22Ω，允许误差为 ±5%。

绿、蓝、绿、银表示电阻的阻值为 5.6MΩ，允许误差为 ±10%。

黄、紫、黑、橙、棕表示电阻的阻值为 470kΩ，允许误差为 ±1%。

红、红、绿、黄、银表示电阻的阻值为 2.25MΩ，允许误差为 ±10%。

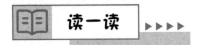

电阻的选用

（1）碳膜电阻（RT）：碳氢化合物在高温和真空中分解，沉积在瓷棒或瓷管上，形成一层结晶碳膜。通过改变碳膜厚度和长度，可得到不同阻值的电阻。碳膜电阻稳定性差、误差大，但成本较低、价格低廉，应用在要求不高的场合。

（2）金属膜电阻（RJ）：在真空中加热合金，合金蒸发，在瓷棒表面形成一层导电金属膜。通过改变金属膜的厚度，可得到不同阻值的电阻。与碳膜电阻相比，金属膜电阻具有体积小、噪声低、稳定性好等优点，但成本较高。

（3）金属氧化膜电阻（RY）：由锡和锑的金属盐溶液经过高温喷雾沉积在陶瓷骨架上制成，具有抗氧化、耐酸、抗高温等特点，使用色环标注法标注阻值，额定功率主要有1/4W、1/2W、1W、2W、3W、4W、5W、7W、10W等。

（4）线绕电阻（RX）：适用于低频且对精度要求高的电路。其阻值精确、工作稳定、温度系数小、耐热性能好、功率较大，一般阻值较小，但分布电感和分布电容较大，制作成本较高。

（5）大功率线绕电阻（RX）：额定功率一般在10W以上，由康铜或镍铬合金电阻丝在陶瓷骨架上绕制而成，具有工作稳定、耐热性能好、误差范围小的特点，适用于大功率场合。

（6）有机实心电阻：先把颗粒状导电物、填充料和黏合剂等材料混合均匀后热压在一起，然后装在塑料壳内，引线直接压塑在电阻体内。有机实心电阻的导电截面较大，故具有很强的过负荷能力，可靠性高，价格低，但精度低，一般用在负载不能断开且工作负荷较大的场合。

（7）贴片电阻：贴片电阻是金属玻璃釉电阻的一种，它的电阻体是由高可靠的钌系列玻璃釉材料高温烧结而成的，电极采用的是银钯合金浆料，具有体积小、精度高、稳定性好的特点，由于为片状元件，所以高频性能好。

（8）熔断电阻：平时用作电阻，但在电路过流时会熔断。

（9）水泥电阻：是一种熔断电阻，把电阻体放入长方形瓷器框内，由特殊不燃性耐热水泥充填密封而成，具有功率大、散热容易、稳定性高的特点。

（10）零欧姆电阻：阻值为0，电阻上无任何字，中间有一道黑线。PCB走线交叉时采用零欧姆电阻进行桥接，可防止直线兜圈。

（11）功率型线绕无感电阻：又称功率电阻，适用于大功率电路、恶劣磁场环境。该电阻通过采用特别的绕线方式，使电感仅为一般绕线电阻的几十分之一。其金属外壳有利于散热。

（12）电力铝壳电阻：以特殊的不燃性耐热水泥填充，并加封铝壳，不怕外来机械力量与恶劣环境，功率大而且坚固、耐震、散热良好，适用于产业机械、负载测试、电力分配系统、仪器设备、自动控制装置等。

（13）排阻：也就是网络电阻，通过将若干参数完全相同的电阻集中封装在一起组成，一般应用在数字电路、仪表电路和计算机电路中。

（14）热敏电阻：分为两大类，一类阻值随温度升高而增大，称为正温度系数热敏电阻；另一类阻值随温度升高而减小，称为负温度系数热敏电阻。热敏电阻上的标称电阻值一般指25℃条件下的阻值。

（15）光敏电阻：无光时，其阻值接近无穷大；有光时，其阻值随光照强度的增强迅速减小。

（16）压敏电阻：以氧化锌为主要材料制成的金属氧化物、半导体陶瓷元件，用字母组合MY表示，其中M表示敏感，Y表示电压。当压敏电阻两端电压低于标称电压时，其阻值为无穷大；当压敏电阻两端电压增加到某一临界值（理想值为标称电阻值）时，其阻值急剧减小。

电阻的发展

非线绕电阻具有良好的高频性能，因此在高精密应用方面占有主导地位。例如，薄膜式电阻、块状电阻等都已在家用电器、集成电路中得到广泛应用。随着手机、汽车等产业的迅速发展，微型化电阻、贴片电阻、电阻网络等发展迅速。线绕电阻具有悠久历史，现今在大功率和高精密应用方面仍保持着重要地位。目前，线绕电阻在不断地出现新型产品，如线绕熔断电阻、大功率消磁线绕电阻、耐雷电冲击线绕电阻、水冷线绕电阻等大功率线绕电阻，在功率上已经超过 2000W，在结构上已经延伸至泄放电阻箱、负载电阻柜等领域。

常用电阻传感器及其应用

能将非电量转换成为电量的器件称为传感器。传感器用于对非电量进行检测。

电阻传感器是一种将被测量（如位移、形变、力、加速度、温度、湿度等非电量）转换成阻值的器件，主要有电阻应变式传感器、压阻式传感器、热电阻传感器等。

（1）电阻应变式传感器 ［见图 3.22（a）］。

电阻应变式传感器中的电阻应变片具有应变效应，即在外力作用下会产生机械形变，从而使电阻的阻值随之发生变化。电阻应变片主要有金属应变片和半导体应变片两类；金属应变片有丝式、箔式、薄膜式；半导体应变片具有灵敏度高（是丝式金属应变片、箔式金属应变片的几十倍）、横向效应小等优点。电阻应变式传感器用途很广，如应用于称重，如图 3.22（b）所示。

（a）电阻应变式传感器　　　　　　　（b）应用于称重

图 3.22　电阻应变式传感器及其应用

（2）压阻式传感器 ［见图 3.23（a）］。

压阻式传感器是利用半导体材料的压阻效应和集成电路技术制成的器件。其基片可直接作为测量传感元件，扩散电阻在基片内接成直流单臂电桥形式。当基片因受到外力作用而产生形变时，各扩散电阻的阻值将发生变化，直流单臂电桥相应地产生不平衡输出。用作压阻式传感器的基片（或称膜片）主要为硅片和锗片。

压阻式传感器被广泛地应用于航天、航空、航海、石油化工、动力机械、生物医学工程、气象、地质、地震测量等各领域。在航天、航空领域，压力是一个关键参数，其对静态压力、动态压力、局部压力、整个压力场的测量有很高的精度要求。对此，压阻式传感器是较理想的传感器。例如，用于测量直升机机翼的气流压力分布、测试发动机的进气道动态畸变、监测叶栅的脉动压力和机翼的抖动等。在飞机喷气发动机测试中，会使用专门设计的硅压力传感器来测量压力，该传感器的工作温度超过500℃。波音客机的大气数据测量系统配置了精度高达0.05%的硅压力传感器。在缩比风洞模型实验中，压阻式传感器能安装在风洞进口处和发动机进气管道模型中，如图3.23（b）所示。单个压阻式传感器的直径为2.36mm，固有频率高达300kHz，非线性和滞后均为全量程的±0.22%。在生物医学方面，压阻式传感器也是理想的压力测量工具，可用于测量心血管、颅内、尿道、子宫和眼球内的压力，如图3.23（c）所示。压阻式传感器还被应用于测量爆炸压力和冲击波、测量真空、监测和控制汽车发动机的性能，以及测量枪炮膛内压力、发射冲击波等。此外，压阻式传感器在油井压力测量、随钻测向和测位地下密封电缆故障点、医疗器械的检测，以及流量和液位测量等方面都有广泛应用。随着微电子技术和计算机的进一步发展，压阻式传感器将得到迅速发展。

（a）压阻式传感器　　　　　　（b）应用于航天领域　　　　　　（c）应用于医学领域

图3.23　压阻式传感器及其应用

（3）热电阻传感器［见图3.24（a）］。

热电阻传感器利用导体的电阻随温度变化而变化这一特性，来测量温度及与温度有关的参数，适用于温度检测精度要求比较高的场合。目前应用较为广泛的热电阻材料为铂、铜、镍等，这些材料具有电阻温度系数大、线性好、性能稳定、使用温度范围宽、加工容易等特点，用于测量−200～500℃范围内的温度。

热电阻传感器分为负温度系数热电阻传感器和正温度系数热电阻传感器。负温度系数热电阻传感器阻值随温度的升高而减小；正温度系数热电阻传感器阻值随温度的升高而增大。

温度是新能源汽车中测量较多的物理量，热电阻传感器在汽车上的应用已有很久的历史了，最初用于测量引擎的温度，后来扩展到测量引擎的参数、变速箱的温度、燃料的温度、吸入气体的温度、外界空气的温度、乘坐室的温度、空调单元的温度等，如图3.24（b）所示。

（a）热电阻传感器　　　　　　　　　（b）应用于新能源汽车

图3.24　热电阻传感器及其应用

3.3.3　实验：电阻的测量

通过实验学习根据被测电阻的数值和精度要求，来选择不同的测量方法和手段，学会使用万用表的欧姆挡测量电阻，了解使用兆欧表测量绝缘电阻及用直流单臂电桥对电阻进行精密测量的方法。

1. 实验目的

（1）学习根据被测电阻的数值和精度要求，来选择不同的测量方法和手段。
（2）学习使用万用表的欧姆挡、兆欧表及直流单臂电桥测量电阻的方法。

2. 实验器材

（1）万用表（1 只）、直流单臂电桥（1 个）、兆欧表（1 只）。
（2）$1\Omega \sim 1M\Omega$ 范围内阻值不同的固定电阻 10 个。
（3）三相异步电动机 1 台。

3. 实验原理

电阻按其阻值可分为三类：低值电阻（阻值小于 1Ω）、中值电阻（阻值为 $1\Omega \sim 1M\Omega$）、高值电阻（阻值大于 $1M\Omega$）。

导线、接触电阻、线绕电阻等低值电阻的阻值应使用专门的测量仪器测量，如直流双臂电桥。电位器、变阻器、各种定值电阻等中值电阻的阻值常用伏安法、万用表法、直流单臂电桥法测量，具体测量方法由测量精度要求决定（一般测量采用伏安法、万用表法，精密测量采用直流单臂电桥法）。高值电阻主要是绝缘电阻，其阻值常用兆欧表法测量。

1）万用表法测电阻

原理：使用万用表的欧姆挡测电阻，是一种简便、易行的粗测量手段。被测电阻的阻值 $R=$ 面板读数×倍率。例如，在用×10 挡测量时，若面板读数为 150，则被测电阻的阻值为 $150\times 10\Omega = 1500\Omega$。

注意：必须在不带电的情况下测量待测电阻；在万用表转换开关置于任意欧姆挡时，应先进行调零，若无法调零，则应更换电池后再试；为了使测量更准确，应选择合适的量程，使指针指在中央刻度线左右 1/3 范围内。

2）直流单臂电桥法测电阻

原理：直流单臂电桥是由 3 个已知阻值的电阻和 1 个待测阻值的电阻共同构成的桥式电路，如图 3.25（a）所示。R_x 为待测阻值的电阻，R_1、R_2 和 R 为已知阻值的电阻，且阻值可调。在 C 点和 D 点之间架有一座"桥"，检流计用来指示"桥"上的电流。开关 S 闭合后，电流从电源的正极出发，在 A 点分流，分别经过 C 点和 D 点，在 B 点重新汇合，回到电源负极。调节 R

的阻值，直到检流计指针指零，即"桥"上的电流等于零（电桥达到平衡状态）。此时，C 点和 D 点的电势相等，所以 C、B 两点间的电压 U_{CB}（R_1 两端电压）和 D、B 两点间的电压 U_{DB}（R_2 两端电压）相等：

$$U_{CB} = R_1 \frac{E}{R_1 + R} = U_{DB} = R_2 \frac{E}{R_2 + R_x}$$

整理化简，可得

$$R_x = \frac{R_2}{R_1}R$$

式中，R_1、R_2、R 均为已知电阻的阻值，R_x 为待测电阻的阻值。

在 R_x 的表达式中，R_1、R_2 是以比值形式出现的，称 R_2/R_1 为比例臂（又称比率臂）；R 是用来调节电桥以达到平衡状态的，称为比较臂；R_x 是待测电阻的阻值，称为测量臂。这样，整个电桥就是由 4 个桥臂和 1 个"桥"共同构成的。在测量时，调整桥臂上的已知电阻，直到检流计电流等于零，即指针不偏转，此 R_x = 比较臂的读数×倍率。图 3.25（b）所示为直流单臂电桥的面板。其中，4 个比较臂阻值之和就是比较臂的读数。

由上可知，R_x 取决于 R_1、R_2 和 R，与电源电压无关，测量时避免了电源电压波动的影响，因此误差较小、精度较高。

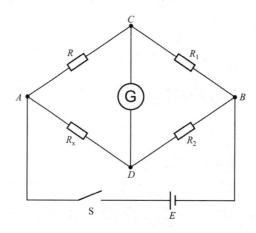

（a）直流单臂电桥原理图

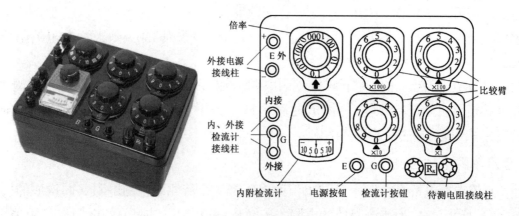

（b）直流单臂电桥的面板

图 3.25　直流单臂电桥原理图及面板

注意：尽量减小被测电阻与直流单臂电桥的连接电阻；选择合适的倍率，使比较臂的四挡都被利用；正确操作按钮开关顺序；测量完毕，立即将检流计锁扣锁上。

3）兆欧表法测电阻

图 3.26　兆欧表

原理：兆欧表由一个手摇发电机、一个表头和三个接线柱（L——线路端、E——接地端、G——屏蔽端）组成，如图 3.26 所示。兆欧表主要用于测量绝缘电阻，如三相异步电动机定子绕组的相间绝缘电阻和对地绝缘电阻，接触器的相间绝缘电阻等。在测量时，一般只需要将兆欧表的接线柱 L 与被测导体相连，将接线柱 E 和另一个被测导体或被测导体另一端或地或设备外壳相连。

注意：摇动手柄的速度应由慢逐渐变快，最终使发电机达到 120r/min 的额定转速，之后手摇发电机要保持匀速。若发现指针指零，则应立即停止摇动手柄。在匀速摇动手柄 1min 以后，且待指针稳定时方可读数。

4. 实验步骤

1）万用表法测电阻

（1）正确接入表笔。万用表面板上的插孔和接线柱都有极性标记。在使用时，将红表笔插入"+"极性孔，黑表笔插入"−"极性孔，如图 3.27 所示。

（2）使用前进行调零。为了减小测量误差，在使用万用表之前应先进行机械调零；在每次换挡后、测量前，都要进行欧姆调零，如图 3.28 所示。

图 3.27　正确插入表笔

（a）机械调零

（b）欧姆调零

图 3.28　万用表调零

（3）选择测量挡位。应根据测量值（电阻）选择测量挡位，即在所选量程测量时，指针应指在中央刻度线左右 1/3 范围内，如图 3.29 所示。

（4）测量电阻。右手握持两个表笔，左手夹持电阻中间处，将表笔跨接在电阻两端的引线上，如图 3.30 所示。将测量结果记录在表 3.4 中。

图 3.29　选择测量挡位

图 3.30　测量电阻

表 3.4　万用表法测电阻的测量数据

表 3.4　万用表法测电阻的测量数据

被测电阻	R_1	R_2	R_3	R_4	R_5
倍率					
面板读数					
阻值					

2) 直流单臂电桥法测电阻

（1）估测待测电阻的阻值（可使用万用表估测）。用短而粗的导线或直接将待测电阻接在电桥 Rx 接线柱处，并拧紧，如图 3.31（a）所示。

（2）将连接片从内接接线柱换到外接接线柱。打开检流计锁扣（锁扣用于防止检流计因震动而受损），调节调零器把指针调零，如图 3.31（b）所示。

（a）接入待测电阻

（b）指针调零

图 3.31　接入待测电阻和指针调零

（3）根据估计值，选择合适的倍率。为了使 4 个比较臂都有读数，若待测电阻为几欧姆，则倍率应选择 10^{-3}；若待测电阻为几十欧姆，则倍率应选择 10^{-2}，依次类推，如图 3.32 所示。

（4）调节平衡，先按电源按钮 E，再按检流计按钮 G，如图 3.33 所示，这样做是为了防止检流计因被测对象产生感应电势而损坏。调整比较臂电阻，使检流计读数为零，若指针向"+"偏转，则应增大比较臂电阻；反之，则应减小比较臂电阻。调节完毕，先松开检流计按钮 G，再松开电源按钮 E。读取数据，并将测量结果记录在表 3.5 中。

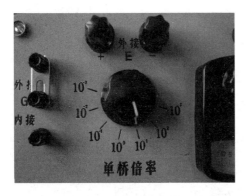

图 3.32　选择倍率　　　　　　　　　　图 3.33　按下按钮

表 3.5　直流单臂电桥法测电阻的测量数据

被测电阻	R_6	R_7	R_8	R_9	R_{10}
倍率					
比较臂					
阻值					

（5）测量结束，锁上检流计锁扣，拆除被测电阻，将各比较臂置零，将连接片从外接接线柱换到内接接线柱。

3）兆欧表法测电阻

（1）测前检查。在使用兆欧表前要先检查兆欧表是否完好。检查方法：在兆欧表未接通被测电阻之前，先摇动手柄使发电机达到 120r/min 的额定转速，观察指针是否指在"∞"刻度处，如图 3.34（a）所示。再将接线柱 L 和接线柱 E 短接，缓慢摇动手柄，观察指针是否指在标度尺的"0"刻度处，如图 3.34（b）所示。如果指针不能指在相应位置，就表明兆欧表有故障，经检修后才能使用。

（2）正确接线。兆欧表有三个接线柱，分别标有 L、E 和 G，在使用时应根据测量对象来选用。当测量电力设备的对地绝缘电阻时，应将接线柱 L 接到被测设备上，将接线柱 E 可靠接地，如图 3.35 所示。

（a）空载检查　　　　　（b）短接检查

图 3.34　兆欧表的测前检查　　　　　　图 3.35　兆欧表的正确接线

（3）测量电阻（以三相异步电动机为例来说明具体操作方法）。

① 测量电动机 U 相绕组的对地绝缘电阻：将兆欧表的接线柱 E 接电动机外壳，接线柱 L 接电动机 U 相绕组接线端，如图 3.36 所示。摇动手柄，使发动机逐渐达到要求的转速，待指针稳定后读数。

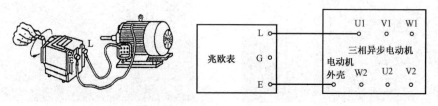

图 3.36　测量三相异步电动机 U 相绕组的对地绝缘电阻接线图

② 用相同的方法分别测量电动机 V 相和 W 相绕组的对地绝缘电阻。

③ 测量电动机各相绕组间的绝缘电阻：将兆欧表的接线柱 L 和接线柱 E 分别接两相绕组接线端，如图 3.37 所示（图中接的是 U 相、W 相）。摇动手柄，使发动机逐渐达到要求的转速，待指针稳定后读数。

图 3.37　测量三相异步电动机各相绕组间的绝缘电阻接线图

④ 记录测量结果：将测量结果记录在表 3.6 中。根据测量结果，若电动机各相绕组的对地绝缘电阻和各相绕组间的绝缘电阻均大于 500MΩ，则说明该电动机的绝缘电阻符合技术要求。

表 3.6　兆欧表法测电阻的测量数据

被测电阻	U 相绕组的对地绝缘电阻	V 相绕组的对地绝缘电阻	W 相绕组的对地绝缘电阻	U 相 V 相绕组间的绝缘电阻	V 相 W 相绕组间的绝缘电阻	W 相 U 相绕组间的绝缘电阻
阻值						

5. 问题讨论

（1）万用表法、直流单臂电桥法、兆欧表法分别适合测量何种电阻？分别适用于何种场合？

（2）使用万用表法、直流单臂电桥法、兆欧表法测电阻时应注意哪些事项？

 活动与练习　▶▶▶▶

3.3-1　走访电气元件商场或查阅资料，了解更多电阻、电阻与温度的关系及电阻在家用电器中的应用，了解更多电阻传感器。

3.3-2　长度为 100m、横截面积为 2mm^2 的铜导线，在 20℃时的电阻是多少欧？等于多少千欧？等于多少兆欧？

　　3.3-3　两根长度为 L、横截面积为 S、电阻率为 ρ 的导线的电阻为 R，将两根导线串接后总电阻为多少？将两根导线并接后总电阻为多少？

　　3.3-4　一根铜导线，一根铝导线，它们的长度比为 $3:2$，横截面积比为 $1:4$，求它们的电阻比。

　　3.3-5　完成"实验：电阻的测量"实验报告（报告内容参见"活动与练习 3.2-9"）。

3.4　欧姆定律

3.4.1　欧姆定律的内容

1. 部分电路的欧姆定律

　　图 3.38（a）所示为电路中的一段不含电源的电路。流过电阻的电流可以用电流表测得，电阻两端的电压可以用电压表测得。通过实验可以得到，流过电阻的电流 I 与电阻两端的电压 U 成正比，与电阻 R 成反比。这就是部分电路的欧姆定律，可用下式表示：

$$I = \frac{U}{R} \tag{3-9}$$

式中，U 的单位为 V；R 的单位为 Ω；I 的单位为 A。

　　【例 3.9】　图 3.38（a）所示原理图中的电阻 $R = 10\text{k}\Omega$，电阻两端的电压 $U = 12\text{V}$，求流过电阻的电流 I 等于多少安？等于多少毫安？此题可以通过数字仿真实验进行验证，效果图如图 3.38（b）所示。

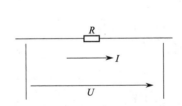

（a）部分电路的欧姆定律原理图

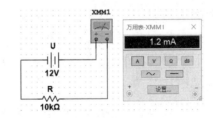

（b）部分电路的欧姆定律仿真实验效果图

图 3.38　部分电路的欧姆定律

　　解：$I = \dfrac{U}{R} = \dfrac{12\text{V}}{10 \times 10^3 \text{k}\Omega} = 1.2 \times 10^{-3}\text{A} = 1.2\text{mA}$。

　　【例 3.10】　在图 3.38（a）中，若电流 $I = 0.05\text{mA}$，电压 $U = 15\text{V}$，则电阻 R 等于多少欧？等于多少千欧？等于多少兆欧？

　　解：$R = \dfrac{U}{I} = \dfrac{15\text{V}}{0.05 \times 10^{-3}\text{A}} = 3 \times 10^5 \Omega = 300\text{k}\Omega = 0.3\text{M}\Omega$。

2. 全电路的欧姆定律

由含有内阻的电源、负载、导线组成的电路称作闭合电路。电源内部是内电路，负载和导线组成外电路。闭合电路也称全电路，全电路包括内电路和外电路，如图 3.39（a）所示，图中虚线框内代表电源。

正电荷在电源内部的移动也会形成电流，该电流也会受到阻力，这个阻力叫作电源内阻，用 r 表示，单位是 Ω。

对于全电路有如下公式：

$$I = \frac{E}{R + r} \tag{3 - 10}$$

式中，E 是电源电动势，单位是 V；R 是负载电阻，单位是 Ω；r 是电源内阻，单位是 Ω；I 是电流，单位为 A。式（3-10）说明，在全电路中，电流与电源电动势成正比，与电路中的电源内阻和负载电阻之和成反比。这就是全电路的欧姆定律。

【例 3.11】 在图 3.39 中，若 $E = 24V$，$r = 2\Omega$，$R = 22\Omega$，求全电路中的电流 I、负载电阻两端电压 U_R、电源两端电压 U 和电源内阻两端电压 U_r。此题可以通过数字仿真实验进行验证，效果图如图 3.39（b）所示，内阻的标号为 r1。

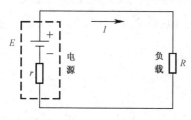 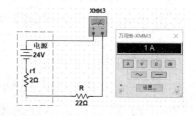

（a）全电路的欧姆定律原理图　　　　（b）数字仿真实验验证效果图

图 3.39　全电路的欧姆定律

解： 电路中的电流：

$$I = \frac{E}{R + r} = \frac{24V}{22\Omega + 2\Omega} = 1A$$

负载电阻两端电压：

$$U_R = RI = 22\Omega \times 1A = 22V$$

电源两端电压：

$$U = U_R = 22V$$

电源内阻两端电压：

$$U_r = rI = 2\Omega \times 1A = 2V$$

【例 3.12】 在图 3.39 中，若 $E = 12V$，$R = 10\Omega$，负载电阻两端电压 $U_R = 10\,V$，求电源内阻 r。

解： 根据部分电路的欧姆定律 $I = \frac{U}{R}$ 可得

$$I = \frac{U_R}{R} = \frac{10V}{10\Omega} = 1A$$

又由全电路的欧姆定律 $I = \dfrac{E}{R + r}$ 可得

$$I(R + r) = E$$

则有

$$r = \dfrac{E - IR}{I} = \dfrac{12V - 1A \times 10\Omega}{1A} = 2\Omega$$

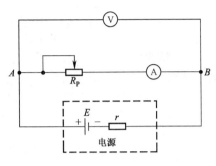

图 3.40　求电源电动势与内阻的电路图

【例 3.13】　如图 3.40 所示，当 R_P 滑动端移至某一位置时，电流表读数为 0.3A，电压表读数为 2.95V；当 R_P 滑动端移至另一位置时，电流表读数为 0.5A，电压表读数为 2.91V。求电源电动势 E 与内阻 r。此题可以通过数字仿真实验进行验证。

解：设在第 1 次实验时，A 与 B 间电阻的阻值为 R_1，流过 R_P 的电流为 I_1，A 与 B 间的电压为 U_1；在第 2 次实验时，A 与 B 间电阻的阻值为 R_2，流过 R_P 的电流为 I_2，A 与 B 间的电压为 U_2。由于电压表内阻远大于 R_P，可忽略其影响，因此流过 R_P 的电流等于流过电源内阻的电流。

根据全电路的欧姆定律和两次实验的结果，可得

$$E = I_1 R_1 + I_1 r = U_1 + I_1 r$$
$$E = I_2 R_2 + I_2 r = U_2 + I_2 r$$

由上述两个公式可得

$$U_1 + I_1 r = U_2 + I_2 r$$

则有

$$r = \dfrac{U_1 - U_2}{I_2 - I_1}$$

将 $I_1 = 0.3A$、$U_1 = 2.95V$、$I_2 = 0.5A$、$U_2 = 2.91V$ 代入上式，则有

$$r = \dfrac{2.95 - 2.91}{0.5 - 0.3} = \dfrac{0.04}{0.2} = 0.2(\Omega)$$

$$E = U_1 + I_1 r = 2.95 + 0.3 \times 0.2 = 3.01(V)$$

因此，电源电动势 E 为 3.01V，内阻 r 为 0.2Ω。

在实际应用中，常用如图 3.40 所示的电路与上述方法求电源电动势及内阻。

3.4.2　电阻的串联、并联及混联

一个电路中往往有多个电阻，它们以不同的方式相互连接，与电源共同构成全电路。

1. 电阻的串联

两个或两个以上的电阻依次首尾相连且中间无分支的电路叫作电阻串联电路。图 3.41（a）所示为有三个电阻的电阻串联电路，其等效电路如图 3.41（b）所示，R 是电阻 R_1、电阻 R_2

和电阻 R_3 串联的等效电阻。所谓等效，是指用 R 代替电阻 R_1、电阻 R_2 和电阻 R_3 后，不影响电路的电流和电压。

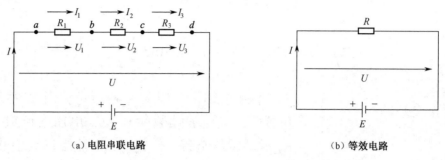

（a）电阻串联电路　　　　　　　　　（b）等效电路

图 3.41　电阻串联电路及其等效电路

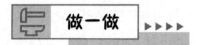 ▶▶▶▶

上机按如图 3.41（a）所示的电路绘制电路图，先取三个电阻和一个电池，其中 $R_1 = 10\text{k}\Omega$，$R_2 = 20\text{k}\Omega$，$R_3 = 30\text{k}\Omega$，$E = 6\text{V}$。按如图 3.41（a）所示的电路将三个电阻和一个电池连成电阻串联电路，体会其连接特点。再添加四只电压表，完成导线连接，测量 a 与 b、b 与 c、c 与 d、a 与 d 间的电压 U_{ab}（U_1）、U_{bc}（U_2）、U_{cd}（U_3）、U_{ad}（U），会有什么结果？

2. 电阻串联电路的特点

（1）流过各串联电阻的电流相等：

$$I = I_1 = I_2 = I_3 \tag{3-11}$$

串联的电阻在接电源后，在电路中形成电流 I。因电路无分支，电荷也不会在任意地方积累，所以在任何时间内通过电路中任一电阻的电流必然相等。

（2）电路两端的总电压等于各电阻两端电压的和：

$$U = U_1 + U_2 + U_3 \tag{3-12}$$

电路中各电阻两端的电压分别为

$$U_1 = U_{ab} = V_a - V_b$$
$$U_2 = U_{bc} = V_b - V_c$$
$$U_3 = U_{cd} = V_c - V_d$$

总电压 $U = U_{ad}$，所以有

$$U_1 + U_2 + U_3 = V_a - V_b + V_b - V_c + V_c - V_d = V_a - V_d = U_{ad} = U$$

（3）电路的等效电阻（总电阻）等于各串联电阻之和：

$$R = R_1 + R_2 + R_3 \tag{3-13}$$

在电阻串联电路中，因为 $U = U_1 + U_2 + U_3$，所以有 $\dfrac{U}{I} = \dfrac{U_1}{I} + \dfrac{U_2}{I} + \dfrac{U_3}{I}$。

又因为 $I = I_1 = I_2 = I_3$，所以有

$$\frac{U}{I} = \frac{U_1}{I_1} + \frac{U_2}{I_2} + \frac{U_3}{I_3}$$

即

$$R = R_1 + R_2 + R_3$$

（4）电路中各串联电阻两端的电压分配与各阻值成正比：

$$
\begin{cases}
U_1 = U \dfrac{R_1}{R_1 + R_2 + R_3} \\[2mm]
U_2 = U \dfrac{R_2}{R_1 + R_2 + R_3} \\[2mm]
U_3 = U \dfrac{R_3}{R_1 + R_2 + R_3}
\end{cases}
\tag{3－14}
$$

电路中，$U_1 = I_1 R_1 = I R_1$，因为 $I = \dfrac{U}{R_1 + R_2 + R_3}$，所以有 $U_1 = U \dfrac{R_1}{R_1 + R_2 + R_3}$。

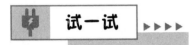

式（3-14）中 U_2 和 U_3 的证明公式与 U_1 相同，试着证明一下。

式（3-14）称为电阻串联电路的分压公式。由该式可以看出，在电阻串联电路中，电阻的阻值越大，电阻两端的电压越高。

对于由两个电阻组成的电阻串联电路有

$$
\begin{cases}
U_1 = U \dfrac{R_1}{R_1 + R_2} \\[2mm]
U_2 = U \dfrac{R_2}{R_1 + R_2}
\end{cases}
\tag{3－15}
$$

【例 3.14】　证明：①在电阻串联电路中，总功率等于各电阻消耗的功率之和。②在电阻串联电路中，各电阻消耗的功率与各电阻的阻值成正比。

证明：由式（3-7）$P = UI$ 和式（3-9）$I = \dfrac{U}{R}$ 可得，电阻消耗的功率为

$$P = UI = \frac{U^2}{R} = I^2 R$$

（1）对于如图 3.41（a）所示的电路，有

$$P = I^2 R = I^2 (R_1 + R_2 + R_3) = I^2 R_1 + I^2 R_2 + I^2 R_3 = P_1 + P_2 + P_3$$

则

$$P = P_1 + P_2 + P_3$$

（2）对于如图 3.41（a）所示的电路，有

$$P_1 = I_1^2 R_1 = I^2 R_1, P_2 = I_2^2 R_2 = I^2 R_2, P_3 = I_3^2 R_3 = I^2 R_3$$

则

$$P_1 : P_2 : P_3 = R_1 : R_2 : R_3$$

可以看出，在电阻串联电路中，电阻的阻值越大，电阻消耗的功率越大。

【例3.15】 如图3.41（a）所示，$R_1 = 10\text{k}\Omega$，$R_2 = 20\text{k}\Omega$，$R_3 = 30\text{k}\Omega$，$E = 6\text{V}$。求：①各电阻的电压降；②电路中的电流；③阻值为R_1的电阻消耗的功率。请上机绘制仿真电路，并验证结果。

解：（1）

$$U_1 = \frac{R_1}{R_1 + R_2 + R_3} \times U = \frac{10}{10 + 20 + 30} \times 6 = 1(\text{V})$$

$$U_2 = \frac{R_2}{R_1 + R_2 + R_3} \times U = \frac{20}{10 + 20 + 30} \times 6 = 2(\text{V})$$

$$U_3 = \frac{R_3}{R_1 + R_2 + R_3} \times U = \frac{30}{10 + 20 + 30} \times 6 = 3(\text{V})$$

或

$$U_3 = U - U_1 - U_2 = 6 - 2 - 1 = 3(\text{V})$$

（2）

$$I = \frac{U}{R_1 + R_2 + R_3} = \frac{6}{10 + 20 + 30} = 0.1(\text{mA})$$

（3）

$$P_1 = I_1^2 R_1 = I^2 R_1 = (0.1 \times 10^{-3})^2 \times 10 \times 10^3 = 10^{-4}(\text{W}) = 0.1(\text{mW})$$

电阻串联的实际应用有很多。例如，在没有大阻值电阻时，可以通过串联小阻值电阻获得大阻值电阻；在电路中的输入电压高于所需电压时，可以通过串联电阻进行分压；在电动机启动时将电阻串入电枢电路，可以限制其启动电流；在电压表需要扩大量程时，可以通过串联电阻来实现。

3. 电阻的并联

将两个或两个以上电阻接在电路两点之间的电路叫作电阻并联电路。图3.42（a）所示为有三个电阻的电阻并联电路，其等效电路如图3.42（b）所示，其中R是电阻R_1、电阻R_2和电阻R_3并联的等效电阻。图3.42（c）所示为电阻并联仿真电路。

做一做 ▶▶▶▶

上机按如图3.42（a）所示的电路绘制电路图，先取三个电阻和一个电池，其中$R_1 = 10\text{k}\Omega$，$R_2 = 20\text{k}\Omega$，$R_3 = 30\text{k}\Omega$，$E = 6\text{V}$。按如图3.42（a）所示的电路将三个电阻和一个电池连成电阻并联电路，体会其连接特点。再添加三只电压表、一只瓦特计表和四只电流表，完成导线连接，仿真电路如图3.42（c）所示。仿真运行，测量每个电阻两端的电压U_1、U_2、U_3和总电压U，以及流过每个电阻的电流I_1、I_2、I_3和总电流I，记录实验结果（注：仿真实验结果存在误差）。

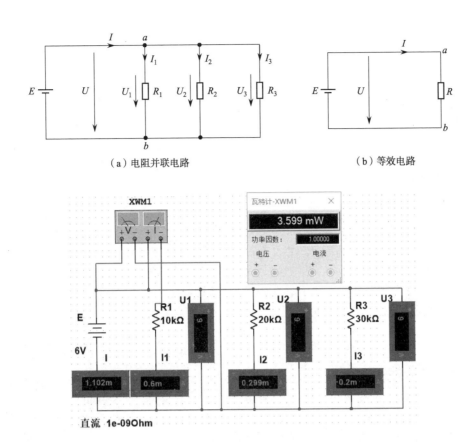

（a）电阻并联电路　　　　　（b）等效电路

（c）电阻并联仿真电路

图 3.42　电阻并联电路、等效电路及仿真电路

4. 电阻并联电路的特点

（1）各并联电阻两端的电压相等：

$$U = U_1 = U_2 = U_3 \tag{3-16}$$

因为各电阻两端都分别接在电路中的 a 点与 b 点之间，所以各电阻两端的电压都等于电路总电压。

（2）电路的总电流等于各支路电流之和：

$$I = I_1 + I_2 + I_3 \tag{3-17}$$

根据电流连续性原理，流入 a 点的电流（I）应等于从 a 点流出的电流（I_1、I_2、I_3）之和。

（3）电路的等效电阻（总电阻）的倒数等于各并联电阻的倒数和：

$$\frac{1}{R} = \frac{1}{R_1} + \frac{1}{R_2} + \frac{1}{R_3} \tag{3-18}$$

在如图 3.42（a）所示的电阻并联电路中，因为 $I = I_1 + I_2 + I_3$，$U = U_1 = U_2 = U_3$，所以有 $\frac{U}{R} = \frac{U_1}{R_1} + \frac{U_2}{R_2} + \frac{U_3}{R_3}$，即 $\frac{U}{R} = \frac{U}{R_1} + \frac{U}{R_2} + \frac{U}{R_3}$。消去 U，即可得到 $\frac{1}{R} = \frac{1}{R_1} + \frac{1}{R_2} + \frac{1}{R_3}$。

对于由两个电阻组成的电阻并联电路有

$$R = \frac{R_1 R_2}{R_1 + R_2} \tag{3-19}$$

 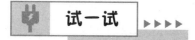 试一试 ▶▶▶▶

试推导式（3-19）。

（4）电路中各并联电阻的电流分配与各电阻成反比：

$$I_1 : I_2 : I_3 = \frac{1}{R_1} : \frac{1}{R_2} : \frac{1}{R_3} \tag{3-20}$$

在如图 3.42（a）所示的电路中，$I_1 R_1 = U_1 = U$，$I_2 R_2 = U_2 = U$，$I_3 R_3 = U_3 = U$，所以有 $I_1 R_1 = I_2 R_2 = I_3 R_3$，进而可得式（3-20）。

可以看出，在电阻并联电路中，电阻的阻值越小，流过该电阻的电流越大。

由两个电阻组成的电阻并联电路如图 3.43 所示，由该电路可得

$$R = \frac{R_1 R_2}{R_1 + R_2}, U = IR = I\frac{R_1 R_2}{R_1 + R_2}, I_1 = \frac{U}{R_1}, I_2 = \frac{U}{R_2}$$

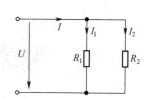

图 3.43 由两个电阻组成的电阻并联电路

将 $U = I\frac{R_1 R_2}{R_1 + R_2}$ 分别代入

$$I_1 = \frac{U}{R_1}, I_2 = \frac{U}{R_2}$$

可得分流公式：

$$\begin{cases} I_1 = I\dfrac{R_2}{R_1 + R_2} \\ I_2 = I\dfrac{R_1}{R_1 + R_2} \end{cases} \tag{3-21}$$

【例 3.16】 证明：①n 个阻值均为 R_0 的电阻并联，总电阻为 $\frac{R_0}{n}$。②在电阻并联电路中，各电阻消耗的功率与各电阻的阻值成反比。

证明：（1）由 $\dfrac{1}{R} = \underbrace{\dfrac{1}{R_0} + \dfrac{1}{R_0} + \cdots + \dfrac{1}{R_0}}_{n\text{项}} = \dfrac{\overbrace{1 + 1 + \cdots + 1}^{n\text{项}}}{R_0} = \dfrac{n}{R_0}$ 可得

$$R = \frac{R_0}{n}$$

（2）在如图 3.42（a）所示的电路中，有

$$P_1 = \frac{U_1^2}{R_1} = \frac{U^2}{R_1}, P_2 = \frac{U_2^2}{R_2} = \frac{U^2}{R_2}, P_3 = \frac{U_3^2}{R_3} = \frac{U^2}{R_3}$$

则有

$$P_1 : P_2 : P_3 = \frac{1}{R_1} : \frac{1}{R_2} : \frac{1}{R_3}$$

【例3.17】 在如图3.42（a）所示的电路中，$R_1 = 10\text{k}\Omega$，$R_2 = 20\text{k}\Omega$，$R_3 = 60\text{k}\Omega$，$E = 6\text{V}$。求：①总电阻R。②电路总电流I。③流过各电阻的电流I_1、I_2和I_3。④电阻R_1消耗的功率P_1。

解：（1）由

$$\frac{1}{R} = \frac{1}{R_1} + \frac{1}{R_2} + \frac{1}{R_3} = \frac{1}{10} + \frac{1}{20} + \frac{1}{60} = \frac{6+3+1}{60} = \frac{10}{60} = \frac{1}{6}$$

可得

$$R = 6 \ (\text{k}\Omega)$$

（2）$I = \dfrac{E}{R} = \dfrac{6}{6} = 1(\text{mA})$。

（3）$I_1 = \dfrac{E}{R_1} = \dfrac{6}{10} = 0.6(\text{mA})$。

$I_2 = \dfrac{E}{R_2} = \dfrac{6}{20} = 0.3(\text{mA})$。

$I_3 = \dfrac{E}{R_3} = \dfrac{6}{60} = 0.1(\text{mA})$ 或 $I_3 = I - I_1 - I_2 = 1 - 0.6 - 0.3 = 0.1(\text{mA})$。

（4）$P_1 = I_1^2 R_1 = (0.6 \times 10^{-3})^2 \times 10 \times 10^3 = 3.6 \times 10^{-3}(\text{W}) = 3.6(\text{mW})$。

电阻并联在实际中的应用有很多。例如，日常生活中的家用电器都是并联使用的；在没有小阻值电阻时，可以通过并联大阻值电阻获得小阻值电阻；在某电路的电流过大时，可以通过并联电阻实现分流；在需要扩大电流表量程时，可以通过并联电阻来实现。

5. 电阻的混联

既有电阻串联又有电阻并联的电路称为电阻混联电路。电阻混联电路的形式有很多，应用也很广泛。图3.44所示为几种电阻混联电路。

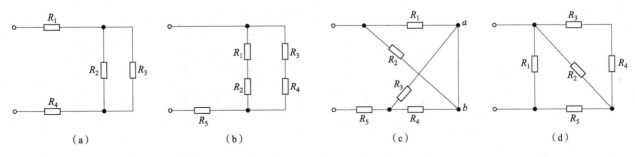

（a）　　　　　　（b）　　　　　　（c）　　　　　　（d）

图3.44 几种电阻混联电路

1）电阻混联电路的图形整理

在电阻混联电路中，有些电路的电阻串并联关系很清楚［见图3.44（a）、（b）］；有些电路的电阻串并联关系不明显［见图3.44（c）、（d）］。对于串并联关系不明显的电路，在进行分析与计算时，需要先对电路进行整理，以使电路结构清晰，使电阻串并联关系一目了然。

可以采用如下方法对电阻混联电路进行图形整理。

（1）支路同向排列。在电阻混联电路中，干路下会有分支，分支下还会有分支。可以先从干路的一端开始，把干路下的各分支按同一方向排列好；如果分支下还有分支，再把这些分支按同一方向排列好，一直整理到干路的另一端。

对如图3.44（c）所示的电路，将R_1、R_2支路同向排列，分别至a点、b点，a点、b点经导线汇集为一点后又分出R_3、R_4支路，R_3、R_4支路同向排列至R_5，经R_5后到电路另一端，如图3.45（a）所示。同理，对如图3.44（d）所示的电路进行整理后的电路如图3.45（b）所示。从图3.45中可以看出，整理后的电路中的电阻串并联关系已经很明显了。

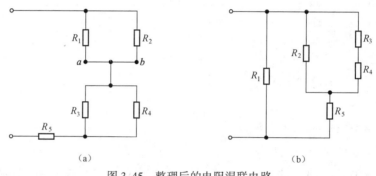

图3.45　整理后的电阻混联电路

（2）连线缩为一点。电路中的导线可以缩为一点。如果电阻两端被导线短接，则可以去掉电阻；如果电阻两端电位相等，则无电流流过电阻，电阻不起作用，也可以去掉。

【例3.18】　将如图3.46（a）、图3.46（b）所示的电路整理成串并联形式明显的等效电路。

解：对于如图3.46（a）所示的电路，可将R_1与R_2、R_3与R_4同向排列，并将CD导线缩短。另外，由图3.46（a）可以看出，R_1、R_2、R_3和R_4的端点分别相接，这4个电阻是并联关系。将如图3.46（a）所示的电路整理后得到如图3.46（c）所示的电路。

对于如图3.46（b）所示的电路，导线E、A、F将R_6短路，因此R_6可以去掉，将导线E、A、F缩为一点。将导线E、A、F缩为一点后，可以看出，R_1与R_5是并联的。再从B端开始向A端整理电路，最终得到如图3.46（d）所示的等效电路。

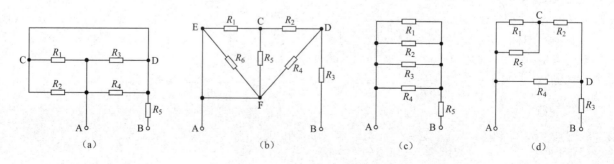

图3.46　例3.18图

2）电阻混联电路的计算

电阻混联电路的计算方法有很多，在应用时比较灵活。在计算时，应根据具体情况，灵活地运用欧姆定律及电阻串联电路、电阻并联电路中电压、电流间的关系，逐步解决问题。经常采用的计算方法如下。

（1）用等效电阻代替多个串联或并联的电阻，求出简化后无分支电路的等效电阻。

（2）利用欧姆定律求出总电流。

（3）运用分压公式求出各段电路的电压，运用分流公式求出各支路的电流。

【例 3.19】　如图 3.47（a）所示，$E = 22V$，$R_1 = R_2 = 20k\Omega$，$R_3 = 6k\Omega$，$R_4 = 15k\Omega$，$R_5 = 10k\Omega$，求各电阻两端的电压及流过各电阻的电流。上机绘制仿真电路，并验证结果。

解：（1）先求电路的等效电阻（总电阻）R。

R_1 与 R_2 并联，其等效电阻：

$$R_{12} = \frac{R_1 R_2}{R_1 + R_2} = \frac{20 \times 20}{20 + 20} = 10(k\Omega)$$

R_4 与 R_5 并联，其等效电阻：

$$R_{45} = \frac{R_4 R_5}{R_4 + R_5} = \frac{15 \times 10}{15 + 10} = 6(k\Omega)$$

R_{12}、R_3 和 R_{45} 串联，其等效电阻就是总电阻：

$$R = R_{12} + R_3 + R_{45} = 10 + 6 + 6 = 22(k\Omega)$$

（2）求电路的总电流。

图 3.47（b）所示为如图 3.47（a）所示电路的等效电路，据此可求出电路的总电流：

$$I = \frac{E}{R} = \frac{22}{22} = 1(mA)$$

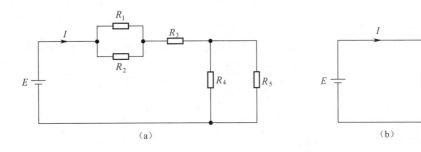

(a)　　　　　　　　　　　　　　　　　(b)

图 3.47　电阻混联电路及其等效电路

（3）求各电阻两端的电压。

R_1、R_2 两端的电压：

$$U_1 = U_2 = U_{12} = IR_{12} = 1 \times 10 = 10(V)$$

R_3 两端的电压：

$$U_3 = IR_3 = 1 \times 6 = 6(V)$$

R_4、R_5 两端的电压：

$$U_4 = U_5 = U_{45} = IR_{45} = 1 \times 6 = 6(V)$$

（4）求流过各电阻的电流。

流过 R_3 的电流等于总电流：

$$I_3 = I = 1(\text{mA})$$

因为 R_1 与 R_2 并联且相等，所以流过 R_1 的电流与流过 R_2 的电流相等且等于总电流的一半：

$$I_1 = I_2 = \frac{1}{2}I = \frac{1}{2} \times 1 = 0.5(\text{mA})$$

根据分流公式可得流过 R_4 的电流：

$$I_4 = I\frac{R_5}{R_4 + R_5} = 1 \times \frac{10}{15 + 10} = 0.4(\text{mA})$$

流过 R_5 的电流：

$$I_5 = I\frac{R_4}{R_4 + R_5} = 1 \times \frac{15}{15 + 10} = 0.6(\text{mA}) \text{ 或 } I_5 = I - I_4 = 1 - 0.4 = 0.6(\text{mA})$$

【例 3.20】 如图 3.48（a）所示，$E = 10\text{V}$，$R_1 = 4\text{k}\Omega$，$R_2 = 15\text{k}\Omega$，$R_3 = 4\text{k}\Omega$，$R_4 = 6\text{k}\Omega$，求流过各电阻的电流及各电阻两端的电压。上机绘制仿真电路，并验证结果。

解：（1）求电路的总电阻。

R_3 与 R_4 串联，其等效电阻：

$$R_{34} = R_3 + R_4 = 4 + 6 = 10 \text{ (k}\Omega)$$

R_{34} 与 R_2 并联，其等效电阻：

$$R_{234} = \frac{R_2 R_{34}}{R_2 + R_{34}} = \frac{15 \times 10}{15 + 10} = 6(\text{k}\Omega)$$

R_1 与 R_{234} 串联，其等效电阻就是总电阻：

$$R = R_1 + R_{234} = 4 + 6 = 10 \text{ (k}\Omega)$$

（2）求电路的总电流。

图 3.48（b）所示为如图 3.48（a）所示电路的等效电路，据此求出电路的总电流。

$$I = \frac{E}{R} = \frac{10}{10} = 1(\text{mA})$$

（3）求流过各电阻的电流。

流过 R_1 的电流 I_1 等于总电流 I：

$$I_1 = I = 1(\text{mA})$$

流过 R_2 的电流：

$$I_2 = I\frac{R_{34}}{R_2 + R_{34}} = 1 \times \frac{10}{15 + 10} = 0.4(\text{mA})$$

流过 R_3、R_4 的电流相等：

$$I_3 = I_4 = I\frac{R_2}{R_2 + R_{34}} = 1 \times \frac{15}{15 + 10} = 0.6(\text{mA}) \text{ 或 } I_3 = I_4 = I - I_2 = 1 - 0.4 = 0.6(\text{mA})$$

（4）求各电阻两端的电压。

R_1 两端的电压：

$$U_1 = I_1 R_1 = 1 \times 4 = 4(\text{V})$$

R_2 两端的电压：

$$U_2 = I_2 R_2 = 0.4 \times 15 = 6(\text{V})$$

R_3 两端的电压：

$$U_3 = I_3 R_3 = 0.6 \times 4 = 2.4(\text{V})$$

R_4 两端的电压：

$$U_4 = I_4 R_4 = 0.6 \times 6 = 3.6(\text{V})$$

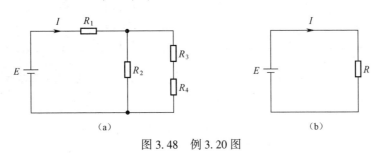

图 3.48　例 3.20 图

3.4.3　实验：电源的外特性

1. 实验目的

（1）练习电压、电流的测量方法。

（2）绘制非理想电源（内阻不为零的电源）的端电压随负载电流变化的 U–I 曲线，讨论电源的外特性。

2. 实验器材

（1）实验电路板一块，万用表一只。

（2）直流稳压电源或电池组（6V）一个。

（3）直流电流表（量程为 0～100mA）一只，直流电压表（量程为 0～10V）一只。

（4）阻值为 100Ω 的固定电阻一个，最大阻值为 500Ω 的电位器一个，电源开关一个。

3. 实验原理

由全电路的欧姆定律 $I = \dfrac{E}{R + r}$，可得 $E = I(R+r) = IR + Ir = U + Ir$，即

$$U = E - Ir$$

式中，U 是负载两端的电压，有时称为外电路电压、电源端电压、路端电压；Ir 是内阻两端电压，有时称为内电路电压。

这种负载两端的电压随负载电流变化的关系称为电源的外特性，若绘成曲线，则称为外特性曲线，简称 U–I 曲线，如图 3.49 所示。

实验电路图如图 3.50 所示。

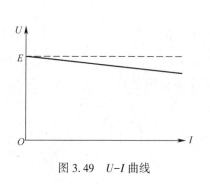

图 3.49　U–I 曲线

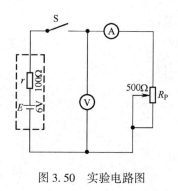

图 3.50　实验电路图

4. 实验步骤

（1）用万用表测量阻值为 100Ω 的电阻的阻值，并将它与 6V 稳压电源串联模拟非理想电源。按图 3.50 连接电路。

（2）将开关 S 闭合，调节电位器滑动端，记录 8 组电压表与电流表的读数到表 3.7 中。

表 3.7　电源外特性测量数据表

测量次数	1	2	3	4	5	6	7	8
U/V								
I/mA								

（3）先根据表 3.7 中的数据，用描点法在图 3.51 中绘出 U–I 曲线；再根据公式 $U=E-Ir$ 在图 3.51 中绘出 U–I 曲线，观察两条曲线的位置关系。

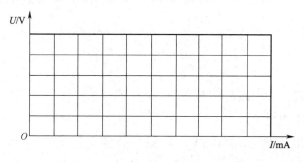

图 3.51　U–I 曲线

5. 问题讨论

（1）非理想电源外接电阻增大时，流过负载电阻的电流如何变化？负载电阻两端的电压如何变化？

（2）图 3.50 所示电路中的电流表与电位器接法不变，若想测量当电流表读数为零（$I=0$）时非理想电源的端电压，应如何改变电路？该电压值等于多少？

（3）用给出的实验器材设计一个测量非理想电源电动势与内阻的电路，写出实验原理和实验步骤，并记录测量结果。

活动与练习 ▶▶▶▶

3.4-1 有一个负载电阻的阻值为 $10k\Omega$，流过它的电流为 $2mA$，负载两端的电压是多少？

3.4-2 如图 3.39（a）所示，$R=10\Omega$，内阻 r 是 R 的 1/5，流过负载的电流为 $1A$，求电源电动势 E。

3.4-3 有一个电源，在不接负载时，其端电压为 $3V$；在接阻值为 18Ω 的负载电阻时，其端电压为 $3.7V$，求电源内阻 r。

3.4-4 如图 3.40 所示，当 R_p 的滑动端向左移动时，电流表指针与电压表指针如何变化？为什么？如果用导线将 A 与 B 两点相连，则电压表指针与电流表指针如何变化，为什么？如果将 R_p 右端与线路断开，则电压表指针与电流表指针如何变化，为什么？

3.4-5 一个标有"220V，100W"的灯泡在接到 220V 电源两端时，流过灯泡的电流为多少？在接到 110V 电源两端时，流过灯泡的电流为多少？灯泡接到 110V 电源两端时的功率为多少？

3.4-6 一个标有"10Ω，20W"的电阻，在使用时允许加在其两端的最大电压是多少？允许流过的最大电流是多少？最大允许电流流过 1min 后，消耗多少电能？

3.4-7 如图 3.52 所示，$R_1=200\Omega$，$R_2=300\Omega$，$R_p=500\Omega$，$U=10V$。试求：①电路中的电流 I。②当 R_p 滑动端移动时，U_1 的变化范围。上机绘制仿真电路，并验证结果。

3.4-8 如图 3.53 所示，$R_1=1.0k\Omega$，$R_2=2.4k\Omega$，$R_3=3.6k\Omega$，$E=14V$。如果 d 点为参考点并接地，求各点电位。

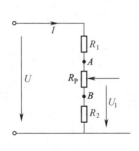

图 3.52 题 3.4-7 图

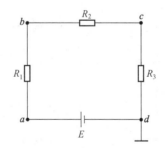

图 3.53 题 3.4-8 图

3.4-9 有一个标有"110V，40W"的灯泡和一个标有"110V，60W"的灯泡，两个灯泡能否串联后接至 220V 电源两端？有两个标有"110V，100W"的灯泡，两个灯泡能否串联后接至 220V 电源两端？

3.4-10 某电流表表头内阻 $r_g=1000\Omega$，表针偏转到最大刻度时流过表头的电流 $I_g=100\mu A$。将该电流表表头与一个阻值为 R 的电阻串联（见图 3.54）可改装成一个电压表。如果该电压表最大量程为 10V，则 R 应为多少？

3.4-11 某电流表表头内阻 $r_g=1000\Omega$，表针偏转到最大刻度时流过表头的电流 $I_g=$

100 μA。将该电流表表头与一个阻值为 R 的电阻并联（见图 3.55），可以改装成一个电流表。如果该电流表最大量程为 10mA，则 R 应为多少？

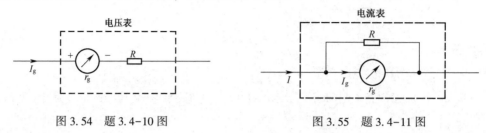

图 3.54 题 3.4-10 图　　　　　　　　图 3.55 题 3.4-11 图

3.4-12 有一个阻值为 30kΩ 的固定电阻，并联一个阻值为多少的电阻才可以获得阻值为 15kΩ 的电阻？

3.4-13 如图 3.56 所示，四个灯泡分别标有"220V，100W"、"220V，40W"、"220V，60W"和"220V，20W"，将四个灯泡并联后接至 220V 电源两端，求总电流 I。

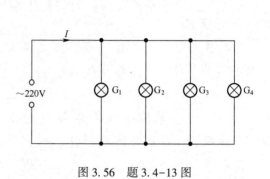

图 3.56 题 3.4-13 图

3.4-14 求图 3.57 中各电路的等效电阻 R_{AB}。上机绘制仿真电路，并验证结果。

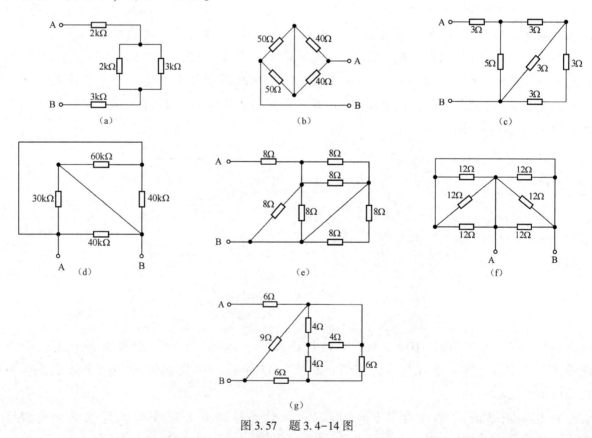

图 3.57 题 3.4-14 图

3.4-15 如图 3.58 所示，$R_1=R_2=2k\Omega$，$R_3=4k\Omega$，$R_4=3k\Omega$，$R_5=6k\Omega$，$E=6V$，求流过各电阻的电流及各电阻两端的电压。上机绘制仿真电路，并验证结果。

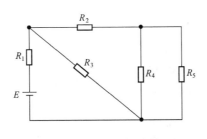

图 3.58　题 3.4-15 图

3.4-16　完成"实验：电源的外特性"实验报告（报告内容参见"活动与练习3.2-9"）。

3.5　实验：常用电工材料与导线的连接

1. 实验目的

（1）了解常用导电材料、绝缘材料及其规格和用途。

（2）学习使用工具对导线进行剥削、连接，以及对绝缘层进行恢复等操作。

2. 实验器材

（1）电工材料制品样品：裸铜线、裸铝线、钢丝绳、熔断器熔体、焊锡、引出线套管、橡胶垫、酚醛板、云母板、黑胶布、黄蜡带、聚氯乙烯带、陶瓷卡子、插座外壳、电磁线漆、绝缘油等。

（2）导线加工工具：电工刀、钢丝钳、尖嘴钳、断线钳、剥线钳。

（3）加工导线材料：塑料硬线、塑料软线、塑料护套线、橡皮线、花线、黄蜡带、黑胶布。

3. 实验准备

1）常用电工材料

电工材料一般分为导电材料、绝缘材料、电热材料、磁性材料四类。以它们为原材料的制品有很多。图3.59所示为部分常用电工材料制品。

（1）导电材料。

导电材料必须具备如下特点：导电性能好，有一定机械强度，不易氧化和腐蚀，容易加工和焊接，资源丰富，价格便宜。电气设备和电气电路中常用的导电材料有以下几种。

① 铜：电阻率 $\rho = 1.75 \times 10^{-8}\Omega \cdot m$，其导电性能、焊接性能及机械强度都较好，大多要求较高的动力电路、电气设备的控制电路和电动机的线圈等采用的是铜线。

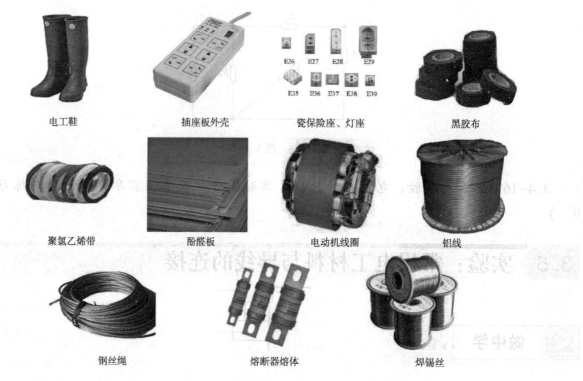

图 3.59　部分常用电工材料制品

② 铝：电阻率 $\rho = 2.83 \times 10^{-8}\,\Omega \cdot m$，其电阻率虽然比铜大，但密度比铜小，且铝资源丰富，价格便宜。架空电路大多采用的是铝线。一般在室内环境中或各种用电器等对导线能力要求比较高的场合，基本不会选择铝线，而是选择铜线。由于铝线的焊接工艺较复杂，因此铝线的使用受到一定限制。

③ 钢：电阻率 $\rho = 1.0 \times 10^{-7}\,\Omega \cdot m$，电阻率较大，在使用时会增大电路损失，但机械强度好，能承受较大的拉力，资源丰富，在部分场合被用作导电金属材料。

④ 金属合金：熔体是熔断器的关键部分。熔体是由低熔点的金属合金制成的，常用材料有铅锡合金、铅锌合金。熔断器通常串联在电路中，当电流超过允许值时，熔体被熔断，进而切断电源，起到保护其他电气设备的作用。常用熔体的规格可以通过查阅电工手册获知。

（2）绝缘材料。

绝缘材料的主要作用是将带电体封闭起来或将不同电位的导体隔离，以保证电气电路和电气设备正常工作，防止发生人身触电事故。此外，绝缘材料还可以用于实现电气设备的机械支撑、固定、灭弧、防潮、防化学腐蚀等。常用的绝缘材料有以下几种。

① 橡胶：电工用橡胶分为天然橡胶和合成橡胶。天然橡胶易燃，不耐油，容易老化，但柔软且富有弹性，主要用作电缆的绝缘层和保护套。合成橡胶使用得较多的有氯丁橡胶和丁腈橡胶，它们具有良好的耐油性和耐溶剂性，但电气性能不高，常用作电机电器中的绝缘结构材料和保护材料，如引出线套管、绝缘衬垫等。

② 云母：常用的有柔软云母板、塑料云母板、云母带、换向器云母板、衬垫云母板等；分别用于电动机的槽绝缘、匝间绝缘，用电器线圈及连接线的绝缘，换向器的片间绝缘，电机电器的绝缘衬垫等。

③ 陶瓷：瓷土烧制后涂以瓷釉的陶瓷制品，是不燃烧、不透湿的绝缘体，可制成绝缘端子（卡子），用于支持固定导线等。

④ 塑料：常用的有压塑料、热塑性塑料，它们适合制成各种构件，如电动工具的外壳、出线板、支架、绝缘套、插座、接线板等。

⑤ 绝缘带：主要用于包缠电线和电缆的接头，常用的有黑胶布带（又称黑胶布），用于包扎低压电缆接头、聚氯乙烯带（具有较好的绝缘性、耐潮性、耐腐蚀性，其中电缆用的特种软聚氯乙烯带是专门用来包扎电缆接头的，有黄色、绿色、红色、黑色几种颜色，称为相色带）。

⑥ 绝缘漆、绝缘胶：绝缘漆中的电磁线漆主要用于制作电磁线（漆包线），以提高线圈绝缘性；绝缘胶中的绝缘复合胶主要用于密封用电器及零部件等。

⑦ 绝缘油：有天然绝缘油、化工绝缘油等，用于实现电力变压器、开关、电容、电缆中的灭弧与绝缘。

2）导线的加工

导线的连接是内线工程中不可缺少的工序。导线连接质量的好坏关系到线路及电气设备能否安全、可靠地运行。对导线连接的质量要求：电接触良好、机械强度足够大、耐腐蚀、电气绝缘性能好。导线的连接一般分为以下几个步骤。

（1）线头绝缘层的剥削。

由于各种导线的横截面积、绝缘层材料、厚度、分层不尽相同，所以使用的剥削工具和剥削方法也不相同。

① 塑料硬线绝缘层的剥削。对于芯线横截面积为 $4mm^2$ 及以下的塑料硬线，一般用钢丝钳（或偏口钳）进行剥削，方法如下。

左手捏住导线，根据所需线头长度，先用钢丝钳刀口切破绝缘层（注意不可损伤芯线）；然后右手握住钢丝钳头部，向外用力，勒除绝缘层，如图 3.60 所示。剥削出的芯线应完整无损，若损伤较大，则应重新剥削。

对于芯线横截面积在 $6mm^2$ 以下的塑料硬线，用剥线钳剥削绝缘层更方便，如图 3.61 所示。

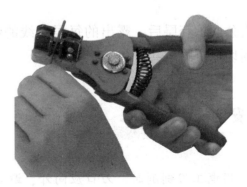

图 3.60 用钢丝钳剥削塑料硬线绝缘层　　图 3.61 用剥线钳剥削塑料硬线绝缘层

对于芯线横截面积较大（如大于 $4mm^2$）的塑料硬线，用钢丝钳剥削绝缘层较困难，可以用电工刀进行剥削，方法如下。

先根据所需线头长度，将电工刀以45°角切入绝缘层，如图3.62（a）所示；接着刀面与芯线保持约25°角向线端推削（不可切入芯线），削去上面一层绝缘层，如图3.62（b）所示；最后向外翻绝缘层，用电工刀齐根切去，如图3.62（c）所示。

 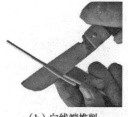 

（a）切入绝缘层　　　　　　　（b）向线端推削　　　　　　　（c）外翻绝缘层

图3.62　用电工刀剥削塑料硬线绝缘层

② 塑料软线绝缘层的剥削。塑料软线绝缘层只能用剥线钳或钢丝钳剥削，剥削方法与塑料硬线绝缘层的剥削方法相同。不可用电工刀剥削，因为塑料软线较软，且线芯由多股铜线组成，若用电工刀剥削易伤及线芯。

③ 塑料护套线绝缘层的剥削。塑料护套线绝缘层分为外层的公共护套层和内部每根芯线的绝缘层。公共护套层一般用电工刀剥削，方法如下。

先按所需线头长度，将电工刀刀尖对准芯线缝隙划开公共护套层，如图3.63（a）所示；然后将公共护套层向外翻，用电工刀齐根切去，如图3.63（b）所示。

（a）划开公共护套层　　　　　　　（b）向外翻公共护套层并齐根切去

图3.63　塑料护套线绝缘层的剥削

切去公共护套层后，露出的每根芯线的绝缘层可用剥削塑料硬线绝缘层的方法分别剥削，剥削切口应距公共护套层5～10mm。

⚠ **安全提示** ▶▶▶▶

a. 使用电工刀剖削时，刀口应向外，避免伤人或伤手。

b. 剥削线头绝缘层时，不可损伤芯线。

（2）线头的连接。

① 单股铜芯导线的直线连接。

a. 两线头芯线呈 X 形相交，如图 3.64（a）所示。

b. 芯线互相缠绕 2～3 圈，如图 3.64（b）所示。

c. 把两个线头扳起，分别在芯线上紧密缠绕 5～6 圈，用钢丝钳切去余下的芯线头，并钳平芯线末端，如图 3.64（c）所示。

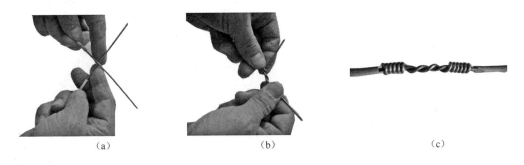

图 3.64　单股铜芯导线的直线连接

② 单股铜芯导线的 T 形连接。

a. 将分支芯线的线头与干线芯线呈"十"字相交，在支路芯线根部留出 3～5mm 裸线，如图 3.65（a）所示。

b. 沿顺时针方向缠绕支路芯线 6～8 圈。切去多余线头，并钳平芯线末端，如图 3.65（b）所示。

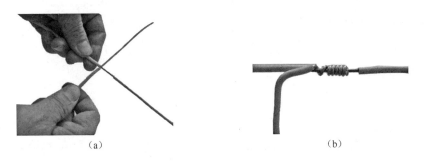

图 3.65　单股铜芯导线的 T 形连接

③ 七股铜芯导线的直线连接。

a. 剥削绝缘层长度为芯线直径的 21 倍左右，先把靠近根部的 1/3 芯线绞紧，再把余下的 2/3 芯线头分散成伞形并拉直，如图 3.66（a）所示。

b. 把两个伞形芯线头隔根对插，并拉平两端的芯线，如图 3.66（b）所示。

c. 把一端七股芯线按两根、两根、三根分成三组，接着把第一组的两根芯线向上扳直，使之垂直于芯线沿顺时针方向缠绕，如图 3.65（c）所示。

d. 缠绕两圈后，先把余下的芯线向右扳直，再把下边第二组的两根芯线向上扳直，使之垂直于芯线沿顺时针方向紧紧压着前两根扳直的芯线缠绕，如图 3.66（d）所示。

e. 缠绕两圈后，先把余下的芯线向右扳直，再把下边第三组的三根芯线向上扳直，使之垂直于芯线沿顺时针方向紧紧压着前四根扳直的芯线缠绕，如图 3.66（e）所示。

f. 缠绕三圈后，切去每组多余的芯线，钳平线端，如图 3.66（f）所示。用同样的方法再缠绕另一端芯线。

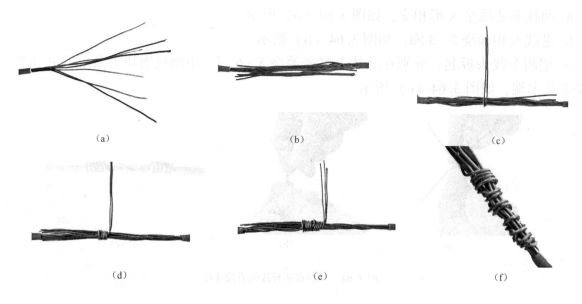

图 3.66　七股铜芯导线的直线连接

④ 七股铜芯导线的 T 形连接。

a. 先在干线接线处剥削一段绝缘层，然后用旋具把干线芯线分成两组，如图 3.67（a）所示。

b. 先在支线芯线剥削长度为 L 的绝缘层；然后散开芯线并钳直，把近绝缘层 $L/8$ 的芯线绞紧，余下的 $7L/8$ 线头按四根和三根分成两组；再把支线成排插入缝隙；插入缝隙的两组支线线头（三根和四根），分别沿顺时针方向和逆时针方向缠绕 3~4 圈，如图 3.67（b）所示。

c. 钳平线端导线头，如图 3.67（c）所示。

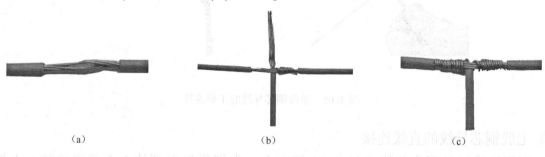

图 3.67　七股铜芯导线的 T 形连接

提醒注意 ▶▶▶▶

a. 芯线互相缠绕时要压紧，以保证电接触良好，且有足够大的机械强度。

b. 缠绕完的芯线末端要钳平，以免刺穿恢复导线绝缘的绝缘带，造成芯线裸露。

（3）绝缘层的恢复。

当导线绝缘层破损时，必须进行恢复；在导线连接后，也需要恢复绝缘层。恢复后绝缘层的绝缘强度不应低于原来的绝缘层。通常用黄蜡带、涤纶薄膜带和黑胶布作为恢复绝缘层的材料，黄蜡带和黑胶布一般选择宽为 20mm 的。

包扎方法：从导线连接处一端的绝缘层上开始，用黄蜡带包扎两圈带宽后方可进入无绝缘层的芯线部分，如图 3.68（a）所示。在包扎时，黄蜡带与导线保持约 55°的倾斜角，每圈压叠 1/2 带宽，如图 3.68（b）所示。包扎一层黄蜡带后，将黑胶布接在黄蜡带的尾端，按另一斜叠方向包扎一层黑胶布，每圈压叠 1/2 带宽。

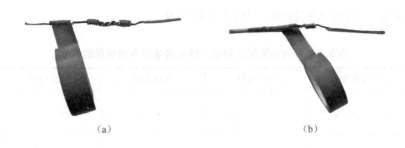

（a）　　　　　　　　　　　　　　　（b）

图 3.68　导线绝缘层的包扎

a. 在恢复 380V 线路上的导线绝缘层时，先包扎 1~2 层黄蜡带，再包扎 1 层黑胶布。在恢复 220V 线路上的导线绝缘层时，先包扎 1~2 层黄蜡带，再包扎 1 层黑胶布，或者只包扎 2 层黑胶布。

b. 在包扎绝缘带时，各包层之间应紧密相接，不能稀疏，更不能裸露芯线。

4. 实验步骤与要求

1）电工材料的识别

学生人手一份（或每小组一份）电工材料制品样品。要求按两大类进行区分，并记入表 3.8。

表 3.8　常用电工材料的分类识别

类别	名称	规格	用途

电工技术基础与技能（电气电力类）（第3版）

2）导线的加工

（1）导线绝缘层的剥削：选用合适的工具对塑料硬线、塑料软线、塑料护套线、橡皮线、花线的绝缘层进行剥削。

（2）线头的连接：对单股导线和七股导线分别进行直线连接和 T 形连接。

（3）绝缘层的恢复：在完成的导线连接处用符合要求的绝缘材料包缠绝缘层。

按上述内容要求，完成实验任务，并记入表3.9。

表3.9　导线绝缘层的剥削、线头的连接与绝缘层的恢复

操作项目	导线种类	导线规格	连接方式	绝缘材料	使用的工具

5. 问题讨论

在导线的加工中（导线绝缘层的剥削、线头的连接及绝缘层的恢复），需要注意哪些问题？

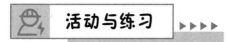

3.5-1　到电工材料商场或其他场所，认识和了解更多电工材料。

3.5-2　反复练习导线绝缘层的剥削、线头的连接和绝缘层的恢复。

3.5-3　完成"实验：常用电工材料与导线的连接"的实验报告。报告内容包括：实验目的、实验器材、实验步骤、实验记录、问题讨论等。

3.6　基尔霍夫定律

3.6.1　复杂电路

你能看出如图3.69所示的两个电路有什么不同吗？

96

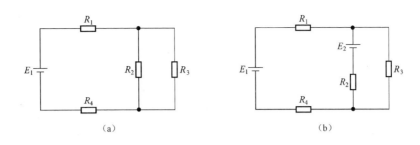

图 3.69　简单电路与复杂电路

观察如图 3.69 所示的电路可以发现，如图 3.69（b）所示的电路比如图 3.69（a）所示的电路多一个电源；细分析会发现，如图 3.69（a）所示的电路中的电阻连接可以利用串并联关系化简，而如图 3.69（b）所示的电路则不能。

前面分析的电路都属于简单电路。凡是不能利用串并联关系化简为无分支单一回路的电路称为复杂电路。对于复杂电路，只靠前面讲述的电路分析方法是无法进行分析的，还需要用到其他定律、定理。

先来认识几个关于复杂电路的名词。复杂电路如图 3.70 所示。

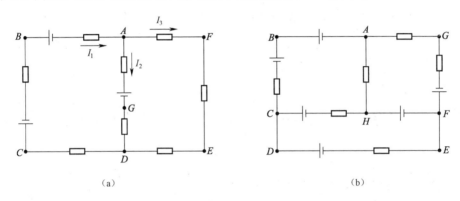

图 3.70　复杂电路

（1）支路：由一个或几个元件（电阻或电源）组成的无分支电路称为支路，有电源的支路称为有源支路，无电源的支路称为无源支路。在同一支路中，流过各个元件的电流相等。例如，图 3.70（a）中的 ABCD、AGD、AFED，其中 ABCD、AGD 为有源支路，AFED 为无源支路；图 3.70（b）中的 ABC、CDEF、AGF、AH、CH、HF 都是支路，而 ABCDEF 不是支路。

（2）节点：三条或三条以上支路的汇合点称为节点。例如，图 3.70（a）中的 A 点和 D 点；图 3.70（b）中的 A 点、C 点、H 点和 F 点。

（3）回路：电路中的任何一个闭合路径称为回路。例如，图 3.70（a）中的 ABCDGA、AGDEFA 和 ABCDEFA；图 3.70（b）中的 ABCHA、AHFGA、CDEFHC、ABCHFGA 和 ABCDEFGA。

（4）网孔：中间无支路穿过的回路称为网孔。例如，图 3.70（a）中的 ABCDGA 和 AGDEFA；图 3.70（b）中的 ABCHA、AHFGA 和 CDEFHC。

说一说 ▶▶▶▶

在图 3.70（a）、（b）中，*ABCDE* 是支路吗？*B* 点是节点吗？图 3.70（a）中的 *ABCDEFA* 是网孔吗？为什么？

3.6.2 实验：节点电流和回路电压的规律

做中学 ▶▶▶▶

1．实验目的

总结电路中节点电流及回路电压的规律。

2．实验器材

（1）实验接线板一块。

（2）直流稳压电源两个（一个输出电压为 1.5V，另一个输出电压为 2V），或者双路直流电源一个。

（3）万用表一只，毫安表（10mA）三只。

（4）阻值分别为 1kΩ、4kΩ、5kΩ 的固定电阻各一个。

3．实验步骤

（1）按照如图 3.71 所示的电路连接各元件及毫安表。读取各毫安表的数值，填入表 3.10 "测量值 1" 栏对应的单元格。

（2）用万用表直流电压挡测量 U_{AB}、U_{CB} 和 U_{DB}，填入表 3.10 "测量值 1" 栏对应的单元格。

（3）将 E_1 改为 2V，将 E_2 改为 1.5V，读取各毫安表的数值，测量 U'_{AB}、U'_{CB} 和 U'_{DB}，并填入表 3.10 "测量值 2" 栏对应的单元格。

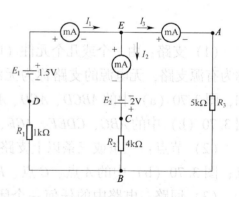

图 3.71　实验电路图

表 3.10　实验的测量与计算数据

测量值 1	电流值/mA	$I_1=$	$I_2=$	$I_3=$
	电压值/V	$U_{AB}=$	$U_{CB}=$	$U_{DB}=$
测量值 2	电流值/mA	$I'_1=$	$I'_2=$	$I'_3=$
	电压值/V	$U'_{AB}=$	$U'_{CB}=$	$U'_{DB}=$

4．实验分析

（1）对于节点 E，找出流入节点的电流和流出节点的电流，它们之间是什么关系？可以得出什么结论？

（2）对于回路 $ECBDE$，沿某一绕行方向找出所有电动势的代数和与各电阻上电压降的代数和，它们之间是什么关系？可以得出什么结论？

① 基尔霍夫第一定律——节点电流定律：

电路中，任一瞬间流入节点的电流之和等于流出该节点的电流之和，可表示为

$$\sum I_入 = \sum I_出 \tag{3-22}$$

节点电流定律还可以表述为若设流入某节点的电流为正、流出该节点的电流为负，则所有流入、流出该节点的电流代数和等于零，即 $\sum I = 0$。

② 基尔霍夫第二定律——回路电压定律：

对于电路中任一闭合回路，沿回路的某一绕行方向各电动势的代数和等于各电阻电压降的代数和，可表示为

$$\sum E = \sum IR \tag{3-23}$$

回路电压定律还可以表述为从某点出发绕回路一周回到起始点各段电压降的代数和等于零，即 $\sum U = 0$。

在实验中，如果将 E_1 改为 2V，那么 U_{AB} 为零吗？为什么？

3.6.3　实验：基尔霍夫定律的应用与仿真

我们通过 NI Multisim 进行数字仿真实验来学习并验证基尔霍夫定律。

1．实验目的

（1）进一步理解复杂电路，可以利用节点电流定律与回路电压定律列出多元一次方程组，进而求出未知量。

（2）进一步掌握利用 NI Multisim 绘制复杂电路图的方法，能进行简单的参数设置，能对仿真电路进行调试和修改。

2. 实验软、硬件环境

（1）每人一台计算机（或两人一组）。

（2）NI Multisim。

＊（3）实验室同时配置 3.6.2 节的实验器材，进行同步实验。

3. 实验理论

根据节点电流定律列出的方程称为节点电流方程。列节点电流方程时要注意以下两点。

（1）只能对流经同一节点或广义节点的各支路电流列节点电流方程。

（2）必须先假定各未知电流的参考方向。若算得某支路电流是正值，则表明该支路电流的实际方向与参考方向一致；若算得某支路电流是负值，则表明该支路电流的实际方向与参考方向相反。

节点电流定律不仅适用于节点，而且适用于闭合面。如图 3.72（a）所示，对于虚线框中的闭合面来说，$I_1+I_2=I_3+I_4$。如图 3.72（b）所示，对于三极管来说，$I_e=I_c+I_b$。

根据回路电压定律列出的方程称为回路电压方程。列回路电压方程时要注意以下两点。

（1）当电动势方向（由负极指向正极）与绕行方向一致时，电动势取正值；否则，电动势取负值。

（2）当流过电阻的电流方向与绕行方向一致时，电阻电压降取正值；否则，电阻电压降取负值。

在如图 3.73 所示的电路中，设绕行方向为顺时针方向，则根据回路电压定律，下式成立：

$$-E_1+E_2+E_3=I_1R_1-I_2R_2+I_3R_3-I_4R_4$$

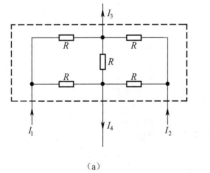

（a）　　　　　　　（b）

图 3.72　对闭合面应用节点电流定律

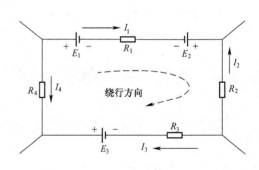

图 3.73　用回路电压定律分析电路

回路电压定律也可以推广到从表面看未闭合的回路。图 3.74 所示为含有电源的某支路，从表面看该支路是断开的，但只要将未闭合的两端间的电压 U 考虑进去，就可以应用回路电压定律列出方程。根据图 3.74 中标出的绕行方向，可得

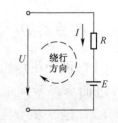

$$-E=-U+IR$$

即

图 3.74　含有电源的某支路

$$I = \frac{U - E}{R}$$

此式常被称为有源支路欧姆定律。

4. 实验步骤

（1）打开 NI Multisim，按照如图 3.75（a）所示的电路图，绘制仿真电路（操作过程参照 2.2 节的内容）。仿真电路（含运行结果）如图 3.75（b）所示。

（2）电流表参数修改。单击元器件工具栏中的"放置指示器"图标（ ），添加电流表，双击添加的电流表，设置相关参数，相关对话框图分别如图 3.75（c）、（d）所示。

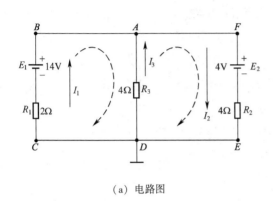

（a）电路图

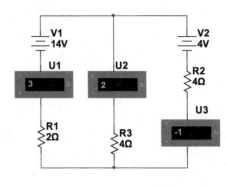

（b）仿真电路（含运行结果）

（c）设置模式为"直流"

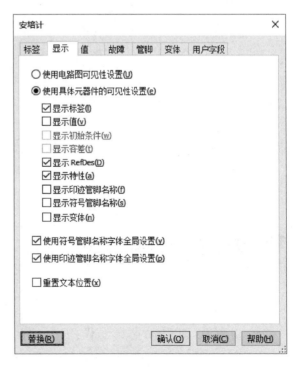

（d）取消勾选"显示值"复选框

图 3.75　电路图、仿真电路和参数设置对话框

5. 实验电路计算分析

解：（1）分析如图 3.75（a）所示的电路图，图中有三条支路 *ABCD*、*AD* 和 *AFED*；两

个节点 A 和 D；三个回路 $ABCDA$、$AFEDA$ 和 $ABCDEFA$；两个网孔 $ABCDA$ 和 $AFEDA$。若想求三条支路的电流，则需要列出三个独立方程。

（2）假设三个未知电流 I_1、I_2 和 I_3 的参考方向如图 3.75（a）所示。如果算出的电流为正值，则说明电流的实际方向与参考方向一致；如果算出的电流为负值，则说明电流的实际方向与参考方向相反。

（3）根据节点电流定律可以列出如下电流方程。

A 节点的电流方程：_____。（填空）

（4）为了再建立两个方程，可以选择两个回路（一般选择网孔），设定回路的绕行方向为顺时针方向，如图 3.75（a）所示。

（5）根据回路电压定律可以列出如下两个回路电压方程。

$ABCDA$ 回路的电压方程：_____。（填空）

$ADEFA$ 回路的电压方程：_____。（填空）

（6）联立（3）和（5）中的三个方程，将 $E_1 = 14\text{V}$、$E_2 = 4\text{V}$、$R_1 = 2\Omega$、$R_2 = 4\Omega$、$R_3 = 4\Omega$ 代入，解三元一次方程组，即可得到 I_1、I_2 和 I_3 的值。

（7）根据解得结果的正负，判断各电流的实际方向与参考方向的关系。

将计算过程及判断结果填入下面的方框内。

实验分析比对与思考 ▶▶▶▶

（3）A 节点的电流方程：$I_1 + I_3 = I_2$。

（5）$ABCDA$ 回路的电压方程：$E_1 = I_1 R_1 - I_3 R_3$。

$ADEFA$ 回路的电压方程：$-E_2 = I_2 R_2 + I_3 R_3$。

（6）列方程：

$$I_1 + I_3 = I_2 \quad \cdots\cdots\cdots\cdots \quad ①$$

$$14 = 2I_1 - 4I_3 \quad \cdots\cdots\cdots \quad ②$$

$$-4 = 4I_2 + 4I_3 \quad \cdots\cdots \quad ③$$

解得：$I_3 = -2（\text{A}）$、$I_2 = 1（\text{A}）$、$I_1 = 3（\text{A}）$。

（7）因为 I_1 和 I_2 为正值，所以其实际方向与参考方向一致；因为 I_3 为负值，所以其实际方向与参考方向相反。

在图 3.75 中，为什么只对一个节点列节点电流方程？

请你再对节点 B 列节点电流方程，并与节点 A 的节点电流方程做比较。

活动与练习 ▶▶▶▶

3.6-1　判断下面的说法是否正确。

（1）如果设流入节点的电流为正，流出节点的电流为负，则对于电路中某一节点，在任一瞬间，通过节点的电流的代数和为零，即 $\sum I = 0$。

（2）对于电路中的任一闭合回路，在沿回路绕行方向上，所有元件（电源和电阻）的电压降代数和为零，即 $\sum U = 0$。

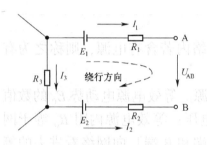

图 3.76　不闭合的电路

（3）电路中有多少个回路就有多少个网孔。

（4）在图 3.70（b）中，$ABCDEFHA$ 和 $AHCDEFGA$ 不是回路。

（5）对于不闭合的电路（见图 3.76），可以列出如下等式：

$$-E_1 + E_2 = I_1 R_1 + U_{AB} - I_2 R_2 - I_3 R_3$$

3.6-2　指出图 3.77 中的两个电路各有多少条支路和多少个节点、回路和网孔。

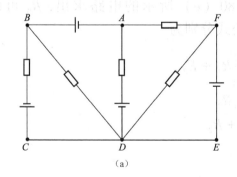

（a）

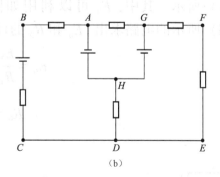

（b）

图 3.77　题 3.6-2 图

3.6-3　如图 3.78 所示，$E_1 = 15\text{V}$，$E_2 = 2\text{V}$，$R_1 = 1\text{k}\Omega$，$R_2 = 4\text{k}\Omega$，$R_3 = 5\text{k}\Omega$，求各支路的电流。上机绘制仿真电路，并验证结果。

3.6-4　如图 3.79 所示，已知 $E_1 = 120\text{V}$，$E_2 = 130\text{V}$，$R_1 = 10\Omega$，$R_2 = 2\Omega$，$R_3 = 10\Omega$，求各支路的电流。上机绘制仿真电路，并验证结果。

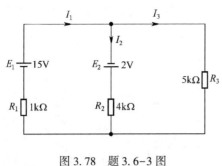

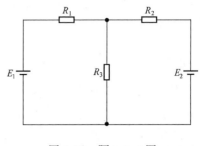

图 3.78　题 3.6-3 图　　　　　　　　　　　　图 3.79　题 3.6-4 图

3.6-5　完成"实验：节点电流和回路电压的规律"的实验报告（报告内容参见"活动与练习 3.2-9"）。

*3.7　戴维南定理

3.7.1　戴维南定理的内容

任何具有两个出线端的部分电路都称为二端网络。二端网络内若含有电源，则称之为有源二端网络，如图 3.80（a）中虚线框内的电路。

戴维南定理：任何一个有源二端网络都可以等效为一个电源。等效电源电动势 E_0 的数值等于原网络引出端［图 3.80（a）中的 A 端和 B 端］的开路电压；等效电源内阻 R_0 等于网络中所有电源不起作用时，从网络引出端［图 3.80（a）中 A 端和 B 端］向网络看进去的等效电阻，也就是网络中各电动势短接时网络引出端（A 端和 B 端）间的等效电阻。

根据这个定理，可将如图 3.80（a）所示的电路虚线框内的电路等效为一个电源，如图 3.80（b）所示。其中，E_0 可以利用如图 3.80（c）所示的电路求出，R_0 可以利用如图 3.80（d）所示的电路求出。E_0 和 R_0 的计算公式分别为

$$E_0 = \frac{E_1 - E_2}{R_1 + R_2}R_2 + E_2$$

$$R_0 = \frac{R_1 R_2}{R_1 + R_2}$$

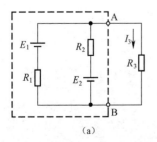　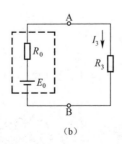　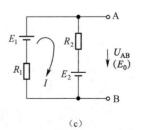　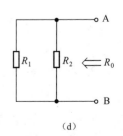

（a）　　　　　　　　　　（b）　　　　　　　　　　（c）　　　　　　　　　　（d）

图 3.80　戴维南定理示意图

3.7.2　戴维南定理的应用

戴维南定理是重要的电路分析方法之一。特别是在只需要计算某一指定支路的电流、电压时，使用戴维南定理可以使计算更简便，因此戴维南定理在电气工程技术中有着广泛应用。

戴维南定理的本质是求解任一复杂有源单端口网络（有源二端网络）的等效电路，即先把除待求支路外的电路看成有源二端网络，或者说先把除待求支路外的电路用一个有源二端网络（等效电源）替换，再进行分析与计算。

【例3.21】　利用戴维南定理，求如图3.81（a）所示的电路［与如图3.75（a）所示的电路一样］中流过 R_3 的电流 I_3。

解：（1）将图3.81（a）中虚线框内的有源二端网络等效为一个电源，如图3.81（b）所示。其中，E_0 为等效电源电动势，R_0 为等效电源内阻。

（2）将 A 端与 B 端的外接电阻 R_3 断路，如图3.81（c）所示。因为 $E_1 > E_2$，所以电流 I 的方向由 E_1 决定：

$$I = \frac{E_1 - E_2}{R_1 + R_2} = \frac{14 - 4}{2 + 4} = \frac{5}{3}(\text{A})$$

则

$$U_{\text{AB}} = E_2 + IR_2 = 4 + \frac{5}{3} \times 4 = \frac{32}{3}(\text{V})$$

即

$$E_0 = U_{\text{AB}} = \frac{32}{3}(\text{V})$$

（3）将 E_1 与 E_2 短路，从 A 端、B 端向有源二端网络内看去，如图3.81（d）所示，其等效电阻 R_{AB} 即等效电源内阻 R_0：

$$R_0 = R_{\text{AB}} = \frac{R_1 R_2}{R_1 + R_2} = \frac{2 \times 4}{2 + 4} = \frac{4}{3}(\Omega)$$

（4）根据如图3.81（b）所示的电路，可求出流过 R_3 的电流 I_3：

$$I_3 = \frac{E_0}{R_0 + R_3} = \frac{\dfrac{32}{3}}{\dfrac{4}{3} + 4} = \frac{32}{3} \times \frac{3}{16} = 2(\text{A})$$

这一计算结果与前面利用基尔霍夫定律求解的结果应该是一样的。

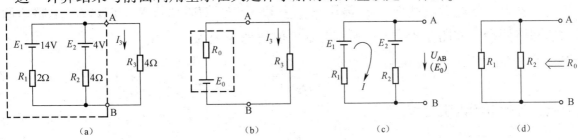

图3.81　例3.21题图

3.7.3 实验：用实验法求二端网络的等效电路

1. 实验目的

学习用实验法求二端网络的等效电路。

2. 实验器材

（1）实验接线板一块，工具一套。

（2）直流稳压电源两个，一个输出电压为 1.5V，另一个输出电压为 2V；或者双路输出直流电源一个。

（3）大内阻的电压表一只，小内阻的电流表一只。

（4）阻值分别为 50Ω、100Ω、400Ω 的固定电阻各一个。

3. 电路原理

图 3.82（a）所示为由电动势为 E_1 的电源、电动势为 E_2 的电源、阻值为 R_1 的电阻和阻值为 R_2 的电阻组成的有源二端网络，可将它们等效为一个电源，等效电源电动势为 E_0，等效电源内阻为 R_0，如图 3.82（b）所示。

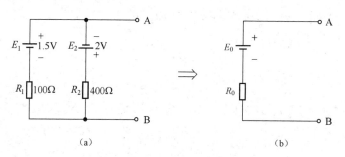

(a)   (b)

图 3.82 实验原理图

先用电压表测出有源二端网络的开路电压 $U_{AB} = U_0$，如图 3.83（a）所示，根据戴维南定理可知，这就是等效电源电动势 E_0；再用电流表和一个已知阻值（$R = 50\Omega$）的电阻串联在有源二端网络两端，如图 3.83（b）所示，这时测得的电流为

$$I = \frac{E_0}{R_0 + R}$$

因此，等效电源内阻为

$$R_0 = \frac{E_0}{I} - R$$

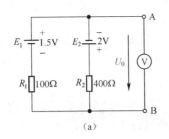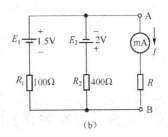

图 3.83　实验电路图

4. 实验步骤

（1）按照如图 3.83（a）所示的电路连接各元件。

（2）用大内阻的电压表测出有源二端网络的开路电压 U_0，这就是等效电源电动势 E_0，如图 3.83（a）所示。将测量数据填入表 3.11。

（3）用小内阻的电流表同已知阻值（$R = 50\Omega$）的电阻串联接在有源二端网络两端，测出电流 I，如图 3.83（b）所示。将测量数据填入表 3.11。

（4）根据 $R_0 = \dfrac{E_0}{I} - R$，求出 R_0。将数据填入表 3.11。

5. 问题讨论

（1）用戴维南定理对如图 3.82（a）所示的电路进行计算，将求得的 I、U_{AB}（E_0）、R_{AB}（R_0）填入表 3.11，并与测量值进行对比。

表 3.11　二端网络等效电路实验的测量数据记录表

项目	E_0/V	I/mA	R_0/Ω
测量值			
计算值			

（2）该实验为什么用大内阻的电压表和小内阻的电流表进行测量？

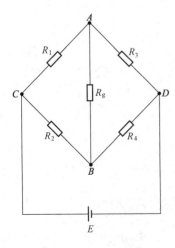

图 3.84　题 3.7-3 图

活动与练习 ▶▶▶▶

3.7-1　用戴维南定理求如图 3.78 所示的电路中流过 R_3 的电流。电路中，$E_1 = 15V$，$E_2 = 2V$，$R_1 = 1k\Omega$，$R_2 = 4k\Omega$，$R_3 = 5k\Omega$。

3.7-2　有一个直流有源二端网络电路，测量其开路电压为 10V，短路电流为 1A。当外接阻值为 10Ω 的负载电阻时，流过负载电阻的电流为多少？

3.7-3　应用戴维南定理，求如图 3.84 所示的电路中流过 R_g 支路的电流。电路中，$E = 120V$，$R_1 = 3k\Omega$，$R_2 = 4k\Omega$，

$R_3 = 6\mathrm{k}\Omega$，$R_4 = 12\mathrm{k}\Omega$，$R_\mathrm{g} = 15\mathrm{k}\Omega$。

　3.7-4　完成"实验：用实验法求二端网络的等效电路"的实验报告（报告内容参见"活动与练习3.2-9"）。

*3.8　负载获得最大功率的条件及其应用

 问题与探究　▶▶▶▶

　在电子线路中，有的电路（如图3.85所示的扩音机输出端与喇叭的连接）在传送信号时，下一级电路（作为负载，这里是喇叭）需要从上一级电路（作为信号源，这里是扩音机输出电路）获取尽量大的功率。那么，在什么条件下负载可以从信号源获取最大功率呢？

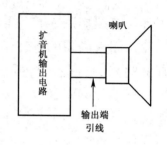

图3.85　扩音机输出端与喇叭的连接

3.8.1　负载获得最大功率的条件

做一做　▶▶▶▶

　按照如图3.86（a）所示的电路连接一个实验电路，缓慢调节负载的阻值R_L，记录不同阻值下电压表与电流表的读数，利用公式$P = UI$算出负载上的功率。根据实验结果描绘负载的阻值R_L与负载上的功率P的关系曲线，如图3.86（b）所示。

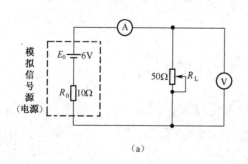

(a)

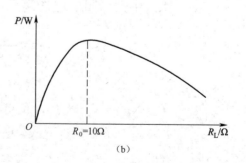

(b)

图3.86　电源最大输出功率实验

由图3.86（b）可以看出，当R_L等于信号源内阻R_0时，负载获得的功率最大。

负载上的功率可写为$P = I^2 R_\mathrm{L}$，因为电路中的电流$I = \dfrac{E_0}{R_0 + R_\mathrm{L}}$，所以

$$P = I^2 R_L = \left(\frac{E_0}{R_0 + R_L}\right)^2 R_L = \frac{E_0^2 R_L}{R_L^2 + 2R_0 R_L + R_0^2} = \frac{E_0^2 R_L}{(R_L - R_0)^2 + 4R_L R_0}$$

化简后得

$$P = \frac{E_0^2}{\dfrac{(R_L - R_0)^2}{R_L} + 4R_0} \qquad (3-24)$$

由式（3-24）可得，当 $R_L = R_0$ 时，P 有最大值：

$$P_{max} = \frac{E_0^2}{4R_0} \ 或 \ P_{max} = \frac{E_0^2}{4R_L} \qquad (3-25)$$

由上述推导可以得到负载从信号源获取最大功率的条件，即电源最大输出功率定理——当负载电阻的阻值等于信号源或电源内阻时，负载可以从信号源或电源获取最大功率。

3.8.2　负载获得最大功率的应用

当负载获得最大功率时，由于 $R_L = R_0$，因此信号源或电源内阻消耗的功率和负载消耗的功率相等，这时效率只有 50%。在电子技术应用中，主要问题是使负载获得最大功率，效率属于次要问题，因此电路总是尽可能工作在 $R_L = R_0$ 附近。在电子技术中这种工作状态被称为阻抗匹配。

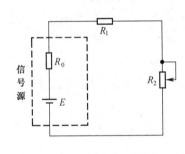

图 3.87　例 3.22 题图

【例 3.22】　在如图 3.87 所示的电路中，信号源电动势 $E = 16V$，信号源内阻 $R_0 = 20\Omega$，$R_1 = 20\Omega$，求负载的阻值 R_2 等于多少可获得最大功率？最大功率等于多少？

解：针对 R_2，可将信号源内阻 R_0 与阻值为 R_1 的电阻串联作为等效信号源内阻，则当 $R_2 = R_0 + R_1$ 时阻值为 R_2 的负载可获得最大功率：

$$R_2 = R_0 + R_1 = 20 + 20 = 40(\Omega)$$

最大功率：

$$P_{max} = \frac{E^2}{4R_2} = \frac{16^2}{4 \times 40} = 1.6(W)$$

在电子技术应用中，电路要尽可能工作在 $R_L = R_0$ 附近。但在电力系统中却相反，电力系统的主要矛盾是输电效率，其希望尽可能减少电源内部损失，以节省电力，所以必须使 $I^2 R_0 \ll I^2 R$，即 $R_0 \ll R$。

活动与练习 ▶▶▶▶

3.8-1　对于如图 3.87 所示的电路，若 $E = 16V$，$R_0 = 20\Omega$，$R_1 = 30\Omega$，求 R_2 等于多少时阻值为 R_1 的电阻可获得最大功率？获得的最大功率等于多少？

3.8-2　在如图 3.78 所示的电路中，其他参数不变，R_3 等于多少时可以获得最大功率？最大功率为多少？

3.9 实验：电阻性电路故障的检查

在电路实验和实际应用中，会出现各种故障，如短路、断路、接触不良等。电路出现故障不仅会导致电路不能正常工作，而且还有可能导致设备损坏，甚至导致人身伤亡。因此，当电路出现故障时，应立即切断电源，迅速、准确、安全地查出故障，并加以排除，使电路及时恢复正常。这是电气电力类专业学生必须掌握的基本技能，也是维修电工技能等级考核的主要内容之一。

检查电阻性电路故障的方法有很多，常用的有观察法和测量法（欧姆表法、电压表法）。

 做中学 ▶▶▶▶

1. 实验目的

（1）学习用观察法检查电路故障。
（2）学习用测量法检查电路故障。

2. 实验器材

（1）通用电工实验台。
（2）直流稳压电源一个，万用表一只，毫安表一只。
（3）阻值为 100Ω 的电阻三个，阻值分别为 200Ω、300Ω 的电阻各一个，导线若干。

3. 原理与说明

1）观察法

观察法是指通过视觉观察，了解电路故障的性质、范围，以快速排除故障。最常用的方法是通过观察电路中原有的仪表、指示灯等的状况来判断电路故障的性质及范围。

例如，新连接的电路或新安装的电气设备不能正常工作，可对照原理图或接线图检查电路、电气设备的连接是否正确；若电路中的电流表读数为零，则表示电流表所在支路处于断路状态，此时检查电路的电源是否正常、电路接线处是否接触良好、所用元器件是否完好（如电阻的好坏可通过观察其表面是否有黑色燃烧痕迹来判别）。

如果采用观察法不能发现故障，就要用测量法进行进一步检查。

2）测量法

测量法是指通过仪器仪表（如欧姆表、电压表等）在断电或带电情况下直接对电路进行检测，以寻找电路故障点。

（1）欧姆表法。

欧姆表法又称电阻法，该方法使用欧姆表（万用表的电阻挡）在断电状态下测出各段电路的电阻，并把测量值与正常值对比，从而找出故障点。例如，对于如图 3.88 所示的电路，电路正常及几种故障情况的数据如表3.12所示。

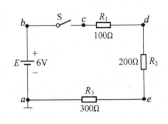

图 3.88　测量法检测的电路

表 3.12　电路正常及几种故障情况的数据

电路状态	电路中某两点间的电阻			
	R_{bc}/Ω	R_{cd}/Ω	R_{de}/Ω	R_{ea}/Ω
正常	0	100	200	300
S 断开	∞	100	200	300
R_1 断路	0	∞	200	300
R_1 短路	0	0	200	300

（2）电压表法。

电压表法又称电位法，该方法使用电压表或万用表电压挡，在带电状态下测出各点的电位或两点间的电压，并把测量值与正常值对比，从而找出故障点。例如，对于如图3.88所示的电路，用电压法检查电路故障的数据如表3.13所示。（提示：当S闭合时，先列方程求出电路电流，再算出各电阻两端电压，即可找到正常值。）

表 3.13　用电压法检查电路故障的数据

电路状态	电路中某点电位或某两点间的电压						
	V_b/V	V_c/V	V_d/V	V_e/V	U_{bc}/V	U_{cd}/V	U_{de}/V
S 断开	6	0	0	0	6	0	0
R_1 断路	6	6	0	0	0	6	0
R_1 短路	6	6	6	3.6	0	0	2.4
R_2 短路	6	6	4.5	4.5	0	1.5	0

4. 实验步骤与要求

1）用欧姆表法检查电路故障

（1）按如图3.89所示的电路图连接电路。

（2）调节直流稳压电源，使其输出电压为6V，利用万用表直流电压挡检测一遍。

（3）闭合 S_1、S_2，读取毫安表数据并记录_____。

（4）断开 S_1（毫安表读数为零时方可继续），用万用表欧姆挡分别测量电路中 b 点和 c 点、c 点和 d 点、d 点和 e 点、e 点和 f 点、f 点和 a 点之间的电阻，记入表3.14。

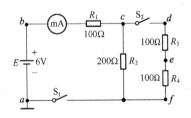

图 3.89　检查故障实验电路图

（5）断开 R_1，用万用表欧姆挡分别测量上述电阻，记入表3.14。

（6）断开 S_2，用万用表欧姆挡分别测量上述电阻，记入表3.14。

表 3.14　用欧姆表法检查电路故障的数据

电路状态	电路中某两点间的电阻				
	R_{bc}/Ω	R_{cd}/Ω	R_{de}/Ω	R_{ef}/Ω	R_{fa}/Ω
S_1 断开					

续表

电路状态	电路中某两点间的电阻				
	R_{bc}/Ω	R_{cd}/Ω	R_{de}/Ω	R_{ef}/Ω	R_{fa}/Ω
R_1 断开					
S_2 断开					

 **提醒注意** ▶▶▶▶

在用万用表电阻挡测量电阻时，一定要在电路断电状态下（电源开关断开）进行，否则会打弯万用表指针，甚至损坏万用表。在某些情况下，电路中的电阻需要离线测量（至少一端脱离电路），因为被测电阻可能与其他元器件有连接关系。

2）用电压表法检查电路故障

（1）按如图 3.89 所示的电路图连接电路。

（2）调节直流稳压电源，使其输出电压为 6V。

（3）闭合 S_1、S_2，读取毫安表数据并记录_____。

（4）用万用表直流电压挡分别测量电路正常情况下 b 点、c 点、d 点、e 点、f 点的电位，b 点和 c 点、c 点和 d 点、d 点和 e 点、e 点和 f 点之间的电压，记入表 3.15。

（5）断开 R_2，用万用表直流电压挡分别测量上述电位、电压，记入表 3.15。

（6）短接 R_2，用万用表直流电压挡分别测量上述电位、电压，记入表 3.15。

表 3.15　用电压表法检查电路故障的数据

电路状态	电路中某点电位或某两点间的电压								
	V_b/V	V_c/V	V_d/V	V_e/V	V_f/V	U_{bc}/V	U_{cd}/V	U_{de}/V	U_{ef}/V
电路正常									
R_2 断路									
R_2 短路									

 **提醒注意** ▶▶▶▶

在测量某点电位时，黑表笔常接 a 点，红表笔分别接不同被测点；在测量电压时，红表笔和黑表笔要分别接被测电压的两个端点。

5. 问题讨论

（1）分析测量结果，总结如何用欧姆表法、电压表法检查电路故障。

（2）通过学生讨论、师生互动，探究检查电路故障的其他方法。

3.9-1　完成"实验：电阻性电路故障的检查"的实验报告（报告内容参见"活动与练习 3.5-3"）。

3.9-2　总结检查电阻性电路故障的几种方法。

单元小结

基础知识

1. 电路

项目	内容
电路组成的基本要素	电源、负载、导线、控制器等
电路图	用国家标准统一规定的原理图符号代表实物，由此绘制的表示电路结构的图形
电路模型	由理想元件组成的与实际元件相对应的电路
三种工作状态	通路、断路、短路
电池	将化学能转化成电能的装置

2. 电路的基本物理量

量名称	量符号	单位符号	含义及定义式
电流	I	A	单位时间内通过某个截面的电荷转移量 $I=Q/t$，Q 的单位为库（C），t 的单位为秒（s）
电动势	E	V	非静电力把单位正电荷从电源负极移到正极所做的功与电荷量的比值 $E=W/Q$，W 的单位为 J
电压	U_{ab}	V	电场中，电场力将单位正电荷从 a 点移到 b 点所做的功 $U_{ab}=W_{ab}/Q$
电位	V_a	V	电路中，a 点相对于参考点（一般为接地点）的电压
电能	W	J	电流做的功——电能转化为其他形式能 $W=UQ=UIt=Pt$
电功率	P	W	单位时间内电流所做的功 $P=W/t=UI=I^2R=U^2/R$

量名称	量符号	单位符号	含义及定义式
电阻	R	Ω	导体对电流的阻碍作用 $R = \rho L / S$ 电阻率 ρ 的单位为 $\Omega \cdot m$，L 的单位为 m，S 的单位为 m^2

注：各物理量前还可以加上 SI 词头构成其 SI 单位的倍数单位，如词头 k 表示 10^3，m 表示 10^{-3}，μ 表示 10^{-6}，M 表示 10^6。

3. 参考方向

参考方向是为了对电路进行分析与计算而设定的，是对电量任意假定的方向。

4. 欧姆定律

（1）部分电路的欧姆定律：

$$I = \frac{U}{R}$$

（2）全电路的欧姆定律：

$$I = \frac{E}{R+r}$$

5. 电阻的连接

电阻串联电路	电阻并联电路
$I = I_1 = I_2 = I_3 = \cdots$	$I = I_1 + I_2 + I_3 + \cdots$
$U = U_1 + U_2 + U_3 + \cdots$	$U = U_1 = U_2 = U_3 = \cdots$
$R = R_1 + R_2 + R_3 + \cdots$	$\dfrac{1}{R} = \dfrac{1}{R_1} + \dfrac{1}{R_2} + \dfrac{1}{R_3} + \cdots$
$R = nR_0$（n 个阻值均为 R_0 的电阻串联）	$R = \dfrac{R_0}{n}$（n 个阻值均为 R_0 的电阻并联）
$P = P_1 + P_2 + P_3 + \cdots$	$P = P_1 + P_2 + P_3 + \cdots$
$\dfrac{P_1}{R_1} = \dfrac{P_2}{R_2} = \dfrac{P_3}{R_3} = \cdots$	$P_1 R_1 = P_2 R_2 = P_3 R_3 = \cdots$
$\dfrac{U_1}{R_1} = \dfrac{U_2}{R_2} = \dfrac{U_3}{R_3} = \cdots$	$I_1 R_1 = I_2 R_2 = I_3 R_3 = \cdots$
$U_1 = U \dfrac{R_1}{R_1 + R_2}$，$U_2 = U \dfrac{R_2}{R_1 + R_2}$ （两个电阻串联的分压公式）	$I_1 = I \dfrac{R_2}{R_1 + R_2}$，$I_2 = I \dfrac{R_1}{R_1 + R_2}$ （两个电阻并联的分流公式）

6. 基尔霍夫定律

（1）基尔霍夫第一定律（节点电流定律）：$\sum I_{入} = \sum I_{出}$（$\sum I = 0$）。

（2）基尔霍夫第二定律（回路电压定律）：$\sum E = \sum IR$（$\sum U = 0$）。

＊7. 戴维南定理

任何一个线性有源二端网络都可以等效为一个电源。

＊8. 电源最大输出功率定理

当负载的阻值等于信号源或电源内阻时，负载可以获取最大功率，即 $P_{\max} = \dfrac{E_0^2}{4R_0}$。

1. 直流电流、电压的测量

直流电流用直流电流表或万用表的直流电流挡来测量。
直流电压用直流电压表或万用表的直流电压挡来测量。

2. 电阻的测量

测量中值电阻：一般测量采用伏安法、万用表法，精密测量采用直流单臂电桥法。
测量高值电阻（主要是绝缘电阻）：常采用兆欧表法。

3. 常用电工材料与导线的加工

常用电工材料：导电材料、绝缘材料、电热材料、磁性材料。
导线的加工：导线绝缘层的剥削、线头的连接、绝缘层的恢复。

4. 电阻性电路故障的检查

1）观察法
最常用的观察法是通过观察电路中原有的仪表、指示灯等的状况来判断电路故障的性质及范围。

2）测量法
（1）欧姆表法（电阻法）：在断电状态下对电路进行检测。
（2）电压表法（电位法）：在带电状态下对电路进行检测。

单元复习题

3-1　判断题
（1）只有在金属导体中才能形成电流。（　　）

（2）导体的横截面积越大，通过的电荷越多，电流越大。（　）

（3）导体中电子流动的方向就是电流的方向。（　）

（4）电路能传递和转换电能，也能传递信息和处理信息。（　）

（5）在电路中，电源端电压与电源电动势的大小总是相等的，只是方向相反。（　）

（6）将负载电阻接至电源两端，其阻值越大，负载电阻两端的电压越大，流过负载电阻的电流越小。（　）

（7）功率大的用电设备总是比功率小的用电设备消耗的电能多。（　）

（8）电流通过电阻时，电阻产生的热能与流过电阻的电流、电阻的阻值和通电时间成正比。（　）

（9）电源电动势提供的功率等于负载电阻消耗的功率。（　）

（10）在电路中，电阻阻值的大小与电阻两端的电压成正比，与流过电阻的电流强度成反比。（　）

3-2　在图 3.90（a）中，D 点接地，A 点、B 点、C 点的电位分别为 6V、5V 和 4V，求 U_{AB}、U_{BC} 和 U_{AC}。在图 3.90（b）中，D 点接地，A 点、B 点、C 点的电位分别为 6V、-6V 和 -4V，求 U_{AB}、U_{BC} 和 U_{AC}。

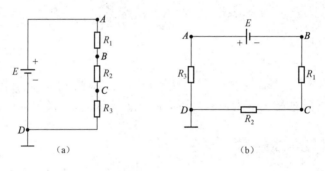

图 3.90　题 3-2 图

3-3　一台晶体管收音机，当音量最小时，电池提供 20mA 电流；当音量最大时，电池提供 200mA 电流。若使用的时间相同，音量最小状态与音量最大状态消耗的电能比是多少？

3-4　有一个负载电阻，其阻值为 1kΩ，其两端电压为 1.2V，则流过该电阻的电流是多少毫安？等于多少安培？

3-5　一个标有"220V，100W"的灯泡，接到 110V 电源两端，则 1h 内电流做功多少焦？消耗电能多少度？

3-6　一个标有"220V，1000W"的电热器，接在 220V 电源两端，通电 1h 后消耗电能多少度？产生的热量是多少？

3-7　如图 3.91 所示，$E=12V$，$R_1=8\Omega$，$R_2=4\Omega$，求电路中的电流 I 及电阻 R_1、电阻 R_2 两端的电压 U_1 与 U_2。上机绘制仿真电路，并验证结果。

3-8　如图 3.92 所示，$U=10V$，$R=5k\Omega$，$R_P=5k\Omega$。当 R_P 滑动端移动时，电压 U_1 的变化范围是多少？上机绘制仿真电路，并验证结果。

3-9　图 3.93 所示为一个简单的三极管电路，VT 是三极管，VT 的 c 极与 e 极间可等效为一个电阻。如果电路中 $R_c=2k\Omega$，$E=12V$，$I_c=3mA$，则 VT 的 c 极与 e 极间的电压 U_{ce} 和

VT 的 c 极与 e 极间的等效电阻 R 是多少？

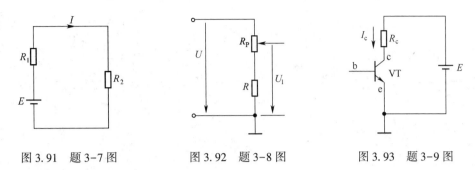

图 3.91　题 3-7 图　　　图 3.92　题 3-8 图　　　图 3.93　题 3-9 图

3-10　一个标有"220V，200W"的灯泡与一个标有"110V，100W"的灯泡，并联在 110V 电源两端，在相同时间里，哪个灯泡消耗的电能多？

3-11　如图 3.94（a）所示，灯泡 G_1 上标有"220V，200W"，灯泡 G_2 上标有"110V，60W"，哪个灯泡更亮（功耗大）？如图 3.94（b）所示，灯泡 G_1 上标有"220V，100W"，灯泡 G_2 上标有"110V，60W"，哪个灯泡更亮？两个电路中的电源电动势 E 均为 110V。

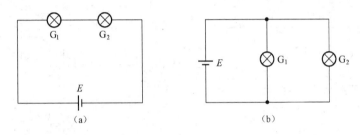

图 3.94　题 3-11 图

3-12　在如图 3.95 所示的电路中，当将开关 S 拨至"1"时，电压表读数为 10V；当将开关 S 拨至"2"时，电流表读数为 2A。如果 $R=4\Omega$，求电源电动势 E 和电源内阻 r。这里假设电压表内阻远大于电源内阻 r，电流表内阻远小于 R。

3-13　如图 3.96 所示，$E=24V$，$R_1=4k\Omega$，$R_2=2k\Omega$，$R_P=R_3=12k\Omega$。

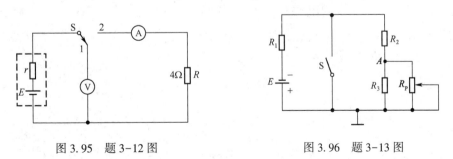

图 3.95　题 3-12 图　　　　图 3.96　题 3-13 图

（1）当 S 闭合，R_P 滑动端移至最上端时，V_A 等于多少？
（2）当 S 闭合，R_P 滑动端移至最下端时，V_A 等于多少？
（3）当 S 断开，R_P 滑动端移至最上端时，V_A 等于多少？
（4）当 S 断开，R_P 滑动端移至最下端时，V_A 等于多少？

3-14　求如图 3.97 所示的各电路的等效电阻 R_{AB}。上机绘制仿真电路，并验证结果。

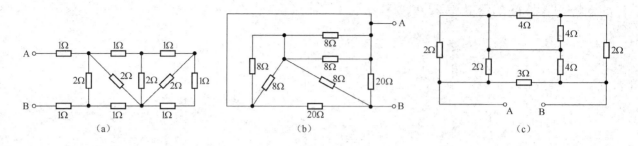

图 3.97　题 3-14 图

3-15　图 3.98 所示为一个电压衰减电路。电路中，$R_1 = R_3 = R_5 = 10\text{k}\Omega$，$R_7 = 9\text{k}\Omega$，$R_2 = R_4 = R_6 = 81\text{k}\Omega$，当输入电压 $U = 10\text{V}$ 时，求各输出电压 U_{AN}、U_{BN}、U_{CN} 和 U_{DN}。

3-16　在如图 3.99 所示的电路中，已知 $R_2 = R_4$，R_1 和 R_2 两端电压 $U_{AD} = 150\text{V}$，R_2 和 R_3 两端电压 $U_{CE} = 70\text{V}$，求 U_{AB}。

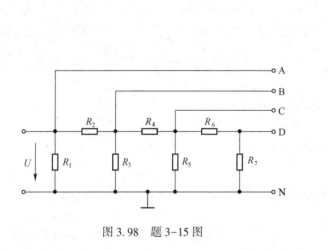

图 3.98　题 3-15 图

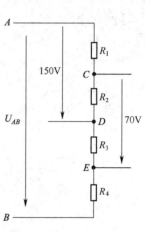

图 3.99　题 3-16 图

3-17　在如图 3.100 所示的电路中，$U = 10\text{V}$，$R_1 = 1\text{k}\Omega$，$R_2 = 1\text{k}\Omega$，$R_3 = 12\text{k}\Omega$，$R_4 = 4\text{k}\Omega$，$R_P = 10\text{k}\Omega$。当 R_P 滑动端移动时，电压 U_o 的变化范围是多少？

3-18　在如图 3.101 所示的电路中，G 点接地，为参考点，求 A 点、B 点、C 点、D 点、E 点、F 点的电位 V_A、V_B，V_C、V_D、V_E、V_F。如果改为将 D 点接地，并设 D 点为参考点，则除 D 点外其他各点的电位为多少？

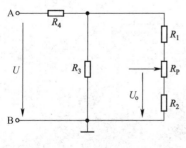

图 3.100　题 3-17 图

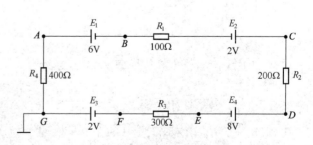

图 3.101　题 3-18 图

3-19　现有一个灵敏度（I_g）为 $100\mu\text{A}$、内阻（R_g）为 $1\text{k}\Omega$ 的表头，先按如图 3.102（a）

所示的电路设计一个具有 3V、30V 和 300V 三个量程的电压表；再按如图 3.102（b）所示的电路设计一个具有 1mA 与 10mA 两个量程的电流表。

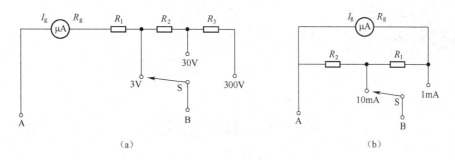

图 3.102　题 3-19 图

3-20　分别用基尔霍夫定律、戴维南定理求如图 3.103 所示的电路中流过阻值为 R_3 的电阻的电流 I_3。R_3 为多大时可以获得最大功率？最大功率是多少？上机绘制仿真电路，并验证结果。

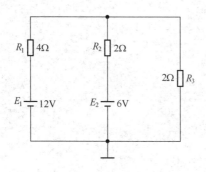

图 3.103　题 3-20 图

教学微视频　　　　　　　◀◀◀◀ 扫一扫

电容和电感

节能环保的超级电容公交电车

在常用的电路元件中，除了电阻，还有电容器和电感器。电容器和电感器因其特性，被广泛应用于实用电路及各种电子产品中。例如，进入小区大门或电梯时使用的 RFID 门禁卡，其标签进入解读器（或感应器）附近的磁场后，接收解读器发出的射频信号，凭借感应电流获得的能量发送出存储在芯片中的产品信息（Passive Tag，无源标签或被动标签），或者主动发送某一频率的信号（Active Tag，有源标签或主动标签）；解读器读取信息并解码后，将信息送至中央信息系统进行数据处理（开门或开电梯等）。又如，我们乘坐公交、地铁时使用的交通卡，其通常是由一个智能芯片（集成电路）和线圈组成的小型电子设备。其内部的线圈和电容器构成一个 LC 振荡电路，用于产生电磁波并接收读卡器发出的电磁波。当交通卡靠近读卡器时，读卡器会产生电磁波，这个电磁波激发了交通卡内的线圈，线圈产生感应电流，为智能芯片提供动力，从而实现信息的传输和处理。上图是节能环保的超级电容公交电车，它的动力就源于电容器。

通过本单元，我们来学习电容和电感的基本概念、电容器和电感器的基本特性与作用，以及实际应用；进一步理解磁场、电磁感应，了解磁路和互感相关基本知识。

本单元综合教学目标

　　1. 了解电容的概念，电容器的种类、外形、参数，了解储能元件的概念。

　　2. 能根据要求，利用串联、并联方式获得合适的电容。

　　3. 掌握电容器充、放电实验与仿真实验，理解电容器充、放电电路的工作特点，会判断电容器的好坏。

　　4. 理解磁场、磁场强度、磁感应强度和磁导率的概念，会判断载流长直导体与螺线管导体周围磁场的方向，了解磁通的物理概念，了解这些概念在工程技术中的应用。

　　5. 掌握左手定则和右手定则。

　　6. 了解磁路、磁阻、磁通势、主磁通和漏磁通、磁屏蔽的概念，能识读起始磁化曲线、磁滞回线、基本磁化曲线。

　　7. 了解电感的概念和电感器的外形、参数，了解影响电感器的因素，会判断电感器好坏。

　　8. 了解互感、同名端的概念，了解它们在工程技术中的应用，能解释影响它们的因素。

　　9. 了解变压器的电压比、电流比和阻抗变换。

职业岗位技能综合素质要求

　　1. 熟悉并认识常见的电容器、电感器、变压器等元器件，熟知其相关参数。

　　2. 理解本单元涉及的电容、电感、磁场、磁路等概念。

　　3. 继续提高利用数字化软件进行设计分析的能力，强化数字化技术应用，发展数字化分析思维。

　　4. 能利用 NI Multisim 设计完成电容器充、放电仿真实验，能对波形进行简单瞬态分析。

　　5. 了解电容、电感、磁场等在工程技术中的应用。

　　6. 能绘制仿真电路，能利用瞬态分析方法对仿真电路进行科学分析。

数字化核心素养与课程思政目标

　　1. 提高理论、实验与仿真实验相结合的多元化的学习联动及分析设计能力。

　　2. 提高仿真软件相关技术信息意识，发展数字化分析思维。

　　3. 培养打牢基础、攻坚克难的学习探究精神，增强数字化应用意识。

　　4. 培养数字仿真技术思维，提高软件应用能力。

　　5. 树立刻苦钻研、勤奋好学的专业学习导向，培养有一定专业技能的能工巧匠。

4.1 电容

4.1.1 电容器和电容量

1. 电容器

  观察与认识 ▶▶▶▶

在电子商场或家电维修部，可以看到大小不同、形状各异的电容器。图4.1所示为部分常见电容器。看一看你认识几种电容器？除此之外，你还见过其他种类的电容器吗？

图4.1 部分常见电容器

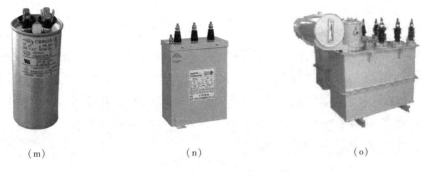

（m）　　　　　　　　　（n）　　　　　　　　　（o）

图 4.1　部分常见电容器（续）

图 4.1 中的电容器分别为（a）纸介电容器；（b）云母电容器；（c）陶瓷电容器；（d）涤纶电容器；（e）贴片电容器；（f）钽电容器；（g）极性电容器；（h）超级电容器；（i）和（j）预调电容器；（k）和（l）可调电容器；（m）空调电容器；（n）电力电容器；（o）集合式电力电容器。

2. 电容器的结构

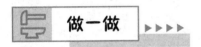

拆开一个纸介电容器，可以看到它的内部结构——金属箔中间隔以绝缘纸。

用绝缘介质隔开的两个导体的组合称为电容器。组成电容器的两个导体称为极板，中间的绝缘物质称为电介质。

图 4.2（a）所示为平行板电容器，它由两块用绝缘物质（电介质）隔绝的、彼此贴近的平行金属板构成。实际应用的各种电容器可以看作平行板电容器的变形。例如，纸介电容器，如图 4.2（b）所示，在两片长金属箔中间隔以绝缘纸，并卷起来，这种结构大大减小了电容器的体积。

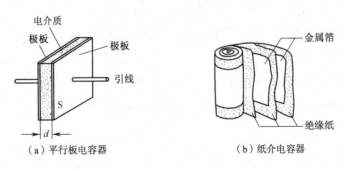

（a）平行板电容器　　　　　　　　（b）纸介电容器

图 4.2　电容器的组成

3. 电容器的种类

电容器的分类方法有很多。按结构，电容器可分为固定电容器、可调电容器、预调电容器。按电介质，电容器可分为有机介质电容器、无机介质电容器、液体介质电容器、空气介质电容器。按作用，电容器可分为耦合电容器、去耦电容器、旁路电容器、滤波电容器、调谐电容器、补偿电容器、稳频电容器、稳幅电容器、移相电容器、启动电容器、运转电容器、降压限流电容器等。按制造材料，电容器可分为纸介电容器、云母电容器、陶瓷电容器、涤纶电容器、玻璃膜电容器、玻璃釉电容器、钽电容器、聚苯乙烯电容器、聚丙烯电容器等。按用途，电容器可分为标准电容器、电力电容器、中频电容器、空调电容器等。

几种电容器的原理图符号如图 4.3 所示。

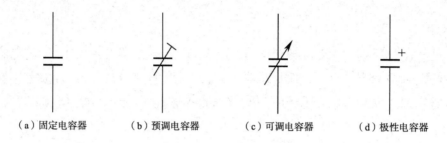

(a) 固定电容器　　(b) 预调电容器　　(c) 可调电容器　　(d) 极性电容器

图 4.3　几种电容器的原理图符号

4. 电容器的电容量

问题与思考 ▶▶▶▶

电容器是"容纳电荷的容器"，所以电容器的基本特性是储存电荷。那么，电容器储存电荷的能力（本领）如何表示呢？

将一个原来不带电的电容器与一个直流电源相连，如图 4.4 所示。在电场力作用下，与电源正、负极相连的两个极板将分别带等量的正、负电荷。当电源电压增大时，电容器极板带的正、负电荷量也随之增大。实验证明，对于某个电容器，其中任意一个极板所带的电荷量与两个极板间的电压的比值是一个常数。对于不同电容器，这个比值是不同的。因此，这个比值能够表示电容器储存电荷的能力。

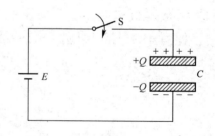

图 4.4　将电容器与电源相连

电容器所带电量与两个极板间电压的比值称为电容器的电容量，简称电容，用 C 表示

$$C = \frac{Q}{U} \tag{4-1}$$

式中，Q 表示电容器所带电荷量，单位为 C；U 表示电容器两个极板间的电压，单位为 V；C 表示电容器的电容，单位为 F。

实际应用中，常用的电容单位是 μF 和 pF：

$$1\mu F = 10^{-6}F, 1pF = 10^{-12}F$$

【例 4.1】　将一个电容为 $1000\mu F$ 的电容器接到 6V 的直流电源上，求电容器带电后储存的电荷量。

解： 根据电容定义式 $C = \dfrac{Q}{U}$ 得出

$$Q = CU = 1000 \times 10^{-6} \times 6 = 6 \times 10^{-3}(C)$$

❓ 问题与思考 ▶▶▶▶

让平行板电容器带电后，分别改变两个极板间的距离、两个极板的正对面积和两个极板间的电介质，并用静电计测量两个极板间的电压，会得到怎样的结果？

改变两个极板间的距离，可以看到，距离越大，静电计的示数越大。此时，电容器所带电荷量不变，根据 $C = \dfrac{Q}{U}$ 可得，平行板电容器的电容随两个极板间距离的增大而减小。

改变两个极板的正对面积，可以看到，正对面积越小，静电计的示数越大。此时，电容器所带电荷量不变，根据 $C = \dfrac{Q}{U}$ 可得，平行板电容器的电容随两个极板正对面积的减小而减小。

在两个极板间插入电介质，可以看到，静电计的示数比未插入电介质时小。此时，电容器所带电荷量不变，根据 $C = \dfrac{Q}{U}$ 可得，平行板电容器的电容由于插入电介质而增大。

经推导可得，平行板电容器的电容与电介质的介电常数成正比，与两个极板的正对面积成正比，与两个极板间的距离成反比，即

$$C = \varepsilon \frac{S}{d} \tag{4-2}$$

式中，S 表示两个极板的正对面积（相对有效面积），单位为 m^2；d 表示两个极板间的距离（内表面间的距离），单位为 m；ε 表示电介质的介电常数，单位为 F/m；C 表示电容器的电容，单位为 F。

电介质的介电常数是由电介质的性质决定的。真空的介电常数 $\varepsilon_0 \approx 8.85 \times 10^{-12} F/m$。某种电介质的介电常数与真空的介电常数的比值称为该介质的相对介电常数，用 ε_r 表示，即

$$\varepsilon_r = \varepsilon/\varepsilon_0 \text{ 或 } \varepsilon = \varepsilon_r \varepsilon_0$$

表 4.1 所示为几种电介质的相对介电常数的参考值。

表 4.1　几种电介质的相对介电常数的参考值

介质	相对介电常数	介质	相对介电常数
空气	1.000585	石英	4~6
蜡纸	2.1~2.5	聚苯乙烯	2.4~2.6
云母	6~8	超高频瓷	7.0~8.5
玻璃	5~10	五氧化二钽	29~30

5. 电容器的参数

电容器的参数是正确使用电容器的依据，必须了解清楚。

 观察与认识 ▶▶▶▶

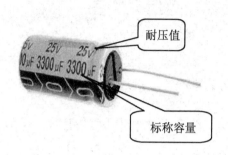

图 4.5　电容器的主要参数

电容器的外壳上标注的就是电容器的主要参数，如图 4.5 所示，仔细观察这些参数。

1）标称容量和误差

标在电容器外壳上的电容就是电容器的标称容量。

电容器的标称容量与其实际电容之差除以标称容量，所得百分数就是电容器的误差。电容器的误差一般分为 5 个等级：00 级（允许误差为 ±1%）、0 级（允许误差为 ±2%）、Ⅰ 级（允许误差为 ±5%）、Ⅱ 级（允许误差为 ±10%）、Ⅲ 级（允许误差为 ±20%）。一些极性电容器的允许误差可能大于 20%。

2）额定工作电压

标在电容器外壳上的电压就是电容器的额定工作电压。电容器能够在不高于这一直流电压的情况下长期稳定工作并保持良好性能，故通常称其为耐压值。

极性电容器的电极有正、负之分，使用时要慎重，不可加反向电压或直接接到交流电源两端。否则，极性电容器将被击穿。

3）绝缘电阻

电容器两个极板之间的电阻称为绝缘电阻，它的大小直接决定了电容器电介质性能的好坏，在使用时应尽量选择绝缘电阻较大的电容器。

你知道吗

（1）电容器和电容量都可以简称电容，但二者的意义不同。

（2）不只成品电容器才有电容，任何两个导体之间都存在一定电容，如输电线之间、晶体管各电极之间。这种电容叫作分布电容。虽然分布电容的值往往比较小，但有时却能给线路和电气设备带来不利影响。

6. 超级电容器

超级电容器是近几年发展起来的一种专门用于储存电能的特种电容器。首先，超级电容器是电容器，它在两个极板间存储电荷和积累能量，极板面积的大小决定了电容的大小。目前，采用多孔碳纤维等极板材料制作的电容器单体的容量可达上千法拉，最大已达到 10 万法拉，因此称为超级电容器。其次，超级电容器是物理电池，由于其具有超大容量、物理快速充放电过程、无记忆充放电效应、高充放电循环次数、无二次污染等优异特性，在许多场合逐渐取代以化学反应过程为基础的各种蓄电池。

双电层电容器（Electrical Double-Layer Capacitor，EDLC）是超级电容器的一种，是一种新型储能装置。双电层电容器的双电层间距极小，因此耐压能力很弱，耐压值一般不会超过20V，所以常用作低电压直流或低频场合中的储能元件。

双电层电容器介于电池和电容器之间。因为电容极大，所以双电层电容器完全可以当作电池使用。双电层电容器具有充电时间短、使用寿命长、温度特性好、节约能源、绿色环保等特点。

双电层电容器用途广泛，在作为起重装置的电力平衡电源时，可提供超大电流的电力；在作为车辆启动电源时，可保证高启动效率和高可靠性。以超级电容器提供动力的车不仅解决了能源安全问题，而且具有零排放、低噪声、高效率等优点。

4.1.2　电容器的连接

 问题与探究　▶▶▶▶

选用电容器的主要指标是标称容量和耐压值，有时会遇到单个电容器的容量或耐压值不能满足要求的情形。能否像通过适当连接得到所需阻值的电阻那样，将几个电容器进行适当连接得到满足要求的电容器呢？

1. 电容器的并联

当单个电容器的电容不能满足电路要求，而其耐压值均满足电路要求时，可将几个电容器先并联，再接到电路中。将几个电容器接到相同的两个节点之间的连接方式称为电容器的并联。电容器并联电路如图4.6所示。

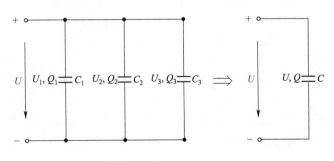

图4.6　电容器并联电路

在电容器并联电路中，当接通电压为 U 的电源后，各电容器两端的电压是相同的：

$$U = U_1 = U_2 = U_3 \tag{4-3}$$

在电容器并联电路中，各个电容器分配到的电荷量是不同的，它们从电源获得的总电荷量为

$$Q = Q_1 + Q_2 + Q_3 \qquad (4-4)$$

等效电容等于各并联电容器的电容之和：

$$C = C_1 + C_2 + C_3 \qquad (4-5)$$

显然，并联后的总电容比每个电容器的电容都大。这种情况相当于增大了电容器极板间的有效面积，使电容增大。由此可见，电容器并联时的电容关系与电阻串联时的阻值关系相似。

若有 n 个电容均为 C_0 的电容器并联，则等效电容为

$$C = nC_0$$

由于

$$U = \frac{Q_1}{C_1} = \frac{Q_2}{C_2} = \frac{Q_3}{C_3}$$

所以

$$\frac{Q_1}{Q_2} = \frac{C_1}{C_2}, \frac{Q_2}{Q_3} = \frac{C_2}{C_3}$$

也就是说，电容器在并联时，各电容器上的电荷量与其电容成正比。

将多个电容器并联能够提高等效电容。需要注意的是，在电容器并联电路中，每个电容器的耐压值都大于外加电压。只要一个电容器被击穿，就会造成整个电容器并联电路短路，从而对电路中的用电器造成危害。

【例4.2】 两个电容器并联后接在电压为 U 的电路中，已知 $C_1 = 20\mu F$，耐压值为12V；$C_2 = 30\mu F$，耐压值为50V。求：①等效电容；②电路最大安全电压；③ Q_1 与 Q_2 的比值。

解：（1）等效电容：

$$C = C_1 + C_2 = 20 + 30 = 50(\mu F)$$

（2）电路最大安全电压。

因为电容器并联电路中各电容器两端的电压相同，所以电容器并联电路的最大安全电压等于电路中耐压值最小的电容器的耐压值

$$U_m = U_{1耐} = 12(V)$$

（3）Q_1 与 Q_2 的比值：

$$Q_1 : Q_2 = C_1 : C_2 = 2 : 3$$

2. 电容器的串联

当一个电容器的耐压值不能满足电路要求，而它的电容又足够大时，可将多个电容器先串联起来，再接到电路中。将两个或两个以上电容器连接成一个无分支电路的连接方式称为电容器的串联。电容器串联电路如图4.7所示。

当电压加在三个串联的电容器两端时，各电容器极板上所带电荷量相等，即

$$Q = Q_1 = Q_2 = Q_3 \qquad (4-6)$$

电容器串联电路的端电压等于各电容器电压之和，即

$$U = U_1 + U_2 + U_3 \qquad (4-7)$$

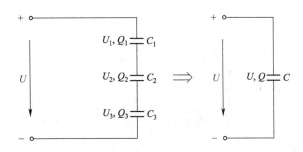

图 4.7　电容器串联电路

等效电容的倒数等于各电容器电容的倒数之和，即

$$\frac{1}{C} = \frac{1}{C_1} + \frac{1}{C_2} + \frac{1}{C_3} \tag{4 - 8}$$

显然，电容器串联后的等效电容比每个电容器的电容都小。这种情况相当于加大了电容器两个极板间的距离，使电容减小。由此可见，电容器串联时的电容关系与电阻并联时的阻值关系相似。

在电容器串联时，因电容器所带电荷量相同：

$$C_1 U_1 = C_2 U_2, C_2 U_2 = C_3 U_3$$

所以

$$\frac{U_1}{U_2} = \frac{C_2}{C_1}, \frac{U_2}{U_3} = \frac{C_3}{C_2}$$

即当电容器串联时，各电容器两端的电压与其电容成反比。电容大的电容器分到的电压小，电容小的电容器分到的电压大。在实际使用时，应选用耐压值略高于工作电压的电容器。

若只有两个电容器串联，则有

$$U_1 = \frac{C_2}{C_1 + C_2} U, U_2 = \frac{C_1}{C_1 + C_2} U$$

当某电容器的耐压值不能满足要求时，可以通过将几个电容器串联来提高耐压值，但要计算每个电容器在电路中承受的电压，判断是否超过各电容器的耐压值，以确保电路安全。

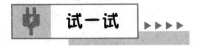

（1）试根据电阻并联相关知识完成式（4-8）的推导。

（2）在以下两种情况下，等效电容的表达式应该是怎样的？

① 两个电容分别为 C_1 和 C_2 的电容器串联。

② n 个电容均为 C_0 的电容器串联。

【例 4.3】　两个耐压值均为 25V 的电容器的电容分别为 $20\mu F$ 和 $50\mu F$。将这两个电容器串联后接到输出电压为 40V 的直流电源上。试求等效电容和各电容器两端的电压，并判断此电路是否能正常工作。

解：等效电容为

$$C = \frac{C_1 C_2}{C_1 + C_2} = \frac{20 \times 50}{20 + 50} \approx 14.3 \, (\mu F)$$

两个电容器两端的电压分别为

$$U_1 = \frac{C_2}{C_1 + C_2} U = \frac{50}{20 + 50} \times 40 \approx 28.6 \, (V)$$

$$U_2 = \frac{C_1}{C_1 + C_2} U = \frac{20}{20 + 50} \times 40 \approx 11.4 \, (V)$$

因为电容为 C_1 的电容器两端的电压已超过它的耐压值，所以该电容器将被击穿。继而，电压全部加在电容为 C_2 的电容器两端，该电容器也会被击穿。因此，电路不能正常工作。

3. 电容器的混联

若电容器既有串联又有并联，则称为混联。图4.8所示为电容器混联电路，该电路中有三个电容器。对于如图4.8（a）所示的电路，可以先求出并联的两个电容器的等效电容 C_{12}，然后求出 C_{12} 与 C_3 串联的等效电容 C。对于如图4.8（b）所示的电路，可以先求出串联的两个电容器的等效电容 C_{12}，然后求出 C_{12} 与 C_3 并联的等效电容 C。

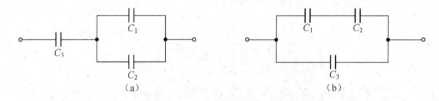

图4.8　电容器混联电路

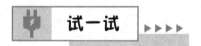

（1）试写出如图4.8所示电路的等效电容的表达式。

（2）电容器混联可以解决什么问题？如何确定电容器混联电路的最大安全工作电压？

4.1.3　实验：电容器的检测与充、放电仿真实验

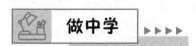

1. 观察电容器充、放电现象

1）实验目的

（1）通过仪器仪表观察电容器充、放电现象，理解电容器充、放电电路的工作特点。

（2）通过 NI Multisim 设计仿真电路，通过示波器观察电容器充、放电波形，进一步理解电容器充、放电特性。

（3）培养数字仿真技术思维，能绘制仿真电路，能利用瞬态分析方法对仿真电路进行科学分析，提高软件应用能力。

2）实验器材

（1）检流计一个，电压表各一只，6V 直流稳压电源（或电池组）一个。

（2）100μF 电容器一个，100Ω 电阻两个，单刀双掷开关一个，导线若干。

（3）示波器等仿真实验需要的相关元件。

3）实验原理

在电容器的两个极板上加上电压后，电容器的一个极板带正电荷，另一个极板带等量的负电荷，这个过程称为电容器的充电。电容器释放原来储存的电荷的过程称为电容器的放电。

实验电路如图 4.9 所示。实验前，电容器不带电。当将开关 S 接至"1"时，充电过程开始，检流计立即正偏至最大值，电压表示数为零。随着充电过程的进行，检流计示数逐渐减小，电压表示数逐渐增大。当充电进行了足够长时间后，检流计示数为零，电压表示数等于电源电动势，此时，充电过程结束，电容器带一定电量。当将开关 S 由"1"扳至"2"时，放电过程开始，检流计指针反偏至最大值，电压表示数逐渐减小。当放电过程进行了足够长时间后，检流计和电压表的示数均为零，此时，放电过程结束，电容器的电量为零。

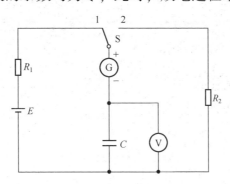

图 4.9　电容器的充、放电电路图

电容器在充、放电时，极板上所带电荷量发生变化，电路中有电荷的定向移动，形成了电流，该电流就是电容器的充、放电电流，可表示为

$$i = C \frac{\Delta U_C}{\Delta t} \tag{4-9}$$

式中，ΔU_C 为电容器两个极板间电压 U_C 的变化量。可见，电容器的充、放电电流与电容器两个极板间电压的变化率 $\frac{\Delta U_C}{\Delta t}$ 成正比。电容器两个极板间电压的变化率越大，电容器的充、放电电流越大；电容器两个极板间电压的变化率越小，电容器的充、放电电流就越小；当电容器两个极板间电压不变时，电容器的充、放电电流也就为零了。

通过观察并分析电容器充、放电过程，可以得到如下结论。

（1）电容器能够隔直流、通交流。

当直流电源对电容器充电完毕后，电容器两端的电压不再改变，电流为零，所以电容器有隔直流的作用。当把电容器接到交流电源上时，由于交流电源电压的大小和方向在不断变化，因此电容器不断地进行充、放电，电路中不断有电荷移动。这种电容器反复充、放电的电流也就是"通过"电容器的电流。由于这种电流是大小和方向不断变化的交流电，所以电容器能够通交流。电容器这种"隔直流、通交流"的作用在电子电路中得到广泛应用。

（2）电容器是一种储能元件。

电容器的充电过程就是极板上电荷不断积累的过程。当电容器充满电时，电容器储存了电荷，也储存了能量（称为电场能），相当于一个电源。但随着放电过程的进行，电容器原来积累的电荷不断向外释放，储存的能量也不断释放（通过阻值为 R_2 的电阻转换为热能），两端电压减小，最后为零。在此过程中，电容器本身不消耗能量。因此，电容器是一种储能元件。

4）实验步骤

按照如图4.9所示的电路图连接电路，先将开关S接至"1"，一段时间后再将开关S接至"2"，观察检流计和电压表的示数或指针的变化情况，并记入表4.2。

表4.2 电容器充、放电实验记录表

仪表	实验前	开关S接至"1"			开关S接至"2"		
		瞬间	一段时间后	足够长时间后	瞬间	一段时间后	足够长时间后
检流计							
电压表							

5）问题讨论

（1）电容器充、放电遵循什么规律？

（2）电容器充、放电电路有什么工作特点？

2. 电容器的检测

1）实验目的

学会判断电容器好坏的简易方法。

2）实验器材

万用表一只，几个电容不等的固定电容器和极性电容器。

3）实验原理

电容器的常见故障有击穿、断路、漏电、电容减小等。通过用万用表的电阻挡测试电容器有无短路、断路，有无充电过程，可以初步检测电容器的好坏。

4）实验步骤

（1）固定电容器的检测。

① 电容小于5000pF的电容器：因电容小，用万用表只能检测其内部是否击穿。在测量时，可选用万用表R×10k挡，用两个表笔分别接电容器的两个引脚，阻值应为无穷大（指针指在∞刻度处）。若测出阻值为零或指针向右摆动，则说明电容器内部被击穿或漏电。指针向右摆动幅度越大，漏电越严重。

② 电容超过 5000pF 的电容：可用万用表的 R×10k 挡初步判断电容器好坏。用两个表笔分别接电容器的两个引脚，指针快速摆动一下后复原（回摆到∞刻度处）；对调两个表笔，指针摆动幅度比第一次大，而后又复原，这样的电容器是好的，如图 4.10（a）所示。电容越大，指针摆动幅度越大，可根据指针摆动幅度估计电容。若指针直接摆到零刻度处，则说明电容器内部已被击穿；若指针不能回摆到∞刻度处，则说明电容器漏电严重或失效，如图 4.10（b）所示。

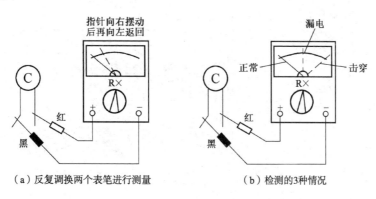

（a）反复调换两个表笔进行测量　　　　　　（b）检测的3种情况

图 4.10　电容器的检测

（2）极性电容器的检测。

① 极性电容器的电容比固定电容器的电容大得多，在测量时，应针对不同电容选用合适的量程。在一般情况下，电容为 1～47μF 的电容器，可用 R×1k 挡进行测量；电容大于 47μF 的电容器，可用 R×100 挡进行测量。

② 将万用表红表笔接电容器负极，黑表笔接电容器正极，在接触的瞬间万用表指针向右偏转较大角度（对于同一电阻挡，电容越大，指针偏转幅度越大），随即逐渐向左回转，直到停在某一位置，此时的阻值便是极性电容器的正向漏电阻。对调两个表笔，可测得反向漏电阻，正向漏电阻应略大于反向漏电阻。极性电容器的漏电阻一般应大于几百千欧，否则将不能正常工作。在测试中，无论是正向测量，还是反向测量，均无充电现象，即表针不动，则说明电容消失或电容器内部断路；若所测阻值很小或为零，则说明电容器漏电严重或已被击穿，不能再使用。

③ 根据指针向右偏转幅度的大小，可估测出极性电容器的容量。

注意：在测试过程中，不要用手指同时接触被测电容器的两个引脚。采用上述简易检测方法只能粗略判断电容器的好坏，若需要准确检测电容器的好坏，应采用电容电桥或 Q 表。

3. 电容器的充、放电仿真实验

实验电路［见图 4.11（a）］中电容器充、放电时间常数很小（10ms），示波器在采用连续扫描方式时，扫描时间比较快，不能得到理想的稳定波形。对于这种快速变化的瞬态波形信号，通常将示波器触发类型设置为"单次"。设置触发边沿为"上升沿"；设置触发水平为"2V"，设置时基标度为"20ms/Div"；为了便于观察，设置屏幕显示为"反向"。最后，按 F5 键运行仿真电路。通过鼠标或空格键控制开关 S1；先控制开关 S1，使 C1 接电源，再控制开关 S1，使 C1 接地。示波器 XSC1 进行扫描，将 C1 的充、放电波形记录下来，如图 4.11（b）所示。

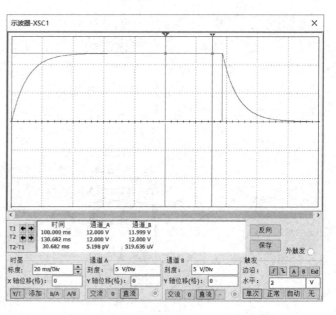

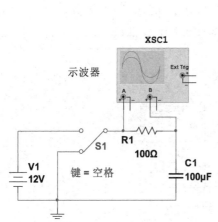

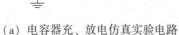

（a）电容器充、放电仿真实验电路　　　　　　　　　　（b）波形效果图

图4.11　电容器充、放电仿真实验电路和波形效果图

另外，关于实物示波器的相关参数设置、使用操作说明，可参照5.4.4节的内容。

4.1-1　通过上网检索或查阅资料，了解更多电容器相关内容。

4.1-2　有两个电容器，电容分别为C_1、C_2，其中C_1是C_2的2倍。如果加上相同的电压U，则Q_1是Q_2的几倍？如果使两个电容器带等量电荷Q，则U_1是U_2的几倍？

4.1-3　一个空气介质的平行板电容器，充电完毕后与电源断开，将极板间的距离增大一倍，两个极板间的电压将（　　）。

A. 减小一半　　B. 增大一倍　　C. 不变　　D. 无规律

4.1-4　一个电容器带的电荷量为2×10^{-3}C，两端电压为200V，求电容器的电容。

4.1-5　标有"10μF，10V"的电容器，当所加电压为5V时，它带的电荷量是多少？这个电容器最多能带多少电荷量？

4.1-6　串联的电容器越多，等效电容越_____。电容为C_1的电容器与电容为C_2的电容器串联后接到直流电压为U的电路中，若$C_1 = 2C_2$，则$U_1 = $_____$U_2$。并联的电容器越多，等效电容越_____。电容为$C_1$的电容器与电容为$C_2$的电容器并联后加安全电压，若$C_1 = C_2/2$，则$Q_1$是$Q_2$的_____倍。

4.1-7　四个电容器串联，$C_1 = 10μF$，耐压值为50V；$C_2 = 20μF$，耐压值为20V；$C_3 = 20μF$，耐压值为40V；$C_4 = 30μF$，耐压值为40V。当外加电压不断升高时，先被击穿的是（　　）。

A. 电容为C_1的电容器　　B. 电容为C_2的电容器　　C. 电容为C_3的电容器　　D. 电容为C_4的电容器

4.1-8 三个电容都是30μF的电容器 C_1、C_2 和 C_3。如果先将 C_1 和 C_2 并联，再与 C_3 串联，则等效电容是_____μF。如果先将 C_1 和 C_2 串联，再与 C_3 并联，则等效电容是_____μF。

4.1-9 两个耐压值均为12V的电容器串联在20V的直流电源上。已知 $C_1 = 10μF$，$C_2 = 30μF$，试求等效电容和各电容器两端的电压，并判断此电路能否正常工作。

4.1-10 三个电容器电容分别为 C_1、C_2、C_3，将它们组成并联电容器组，已知 C_1 为30μF，耐压值为25V；C_2 为100μF，耐压值为16V；C_3 为50μF，耐压值为6V，试求等效电容和最大安全电压。

4.1-11 在如图4.8（a）所示的电路中，$C_1 = C_2 = C_3 = 20μF$，三个电容器的耐压值都是15V，试求等效电容和最大安全电压。

4.1-12 完成"实验：电容器的检测与充、放电仿真实验"的实验报告（报告内容参见"活动与练习3.2-9"）。

4.2 磁场与电磁感应

4.2.1 磁场与磁感线

1. 磁场

用条形磁铁的 N 极靠近可以自由转动的小磁针的 S 极，它们之间相互吸引；用条形磁铁的 S 极靠近可以自由转动的小磁针的 S 极，它们之间相互排斥，这说明异名磁极相吸，同名磁极相斥，如图4.12所示。这说明磁极之间存在相互作用力，互不接触的磁体之间发生相互作用，表明磁体周围有一种特殊物质用来传递这一作用，这一特殊物质就是磁场，也就是说磁体周围存在磁场。

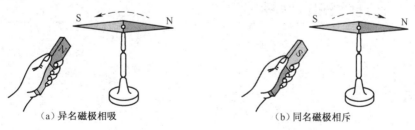

（a）异名磁极相吸 　　　　　　　　（b）同名磁极相斥

图4.12 磁极间的相互作用

2. 磁感线

放在磁场中的小磁针两极的指向是确定的，这说明磁场具有方向性。条形磁体磁场分布如图4.13（a）所示。人们规定，可以自由转动的小磁针在受磁力作用而静止时，N极所指方向就是小磁针所在点的磁场方向。

为了直观地描述空间中各点的磁场，引入磁感线的概念。在磁场中画一些曲线，曲线上任意一点的切线方向都与该点的磁场方向一致。把这些曲线称为磁感线。

磁感线是人们假想出来的线，可以通过实验显示出来。先在条形磁铁上放一块玻璃或纸板，然后在玻璃或纸板上撒一些铁屑，如图4.13（b）所示，再轻敲玻璃或纸板，铁屑便会有规则地排列成如图4.13（c）所示的线条形状。

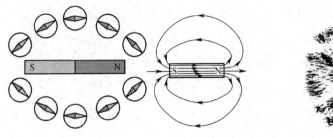

（a）条形磁体磁场分布　　　　　　　　（b）撒一些铁屑

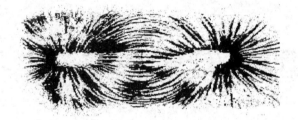

（c）铁屑有规则地排列

图4.13　磁感线分布

磁感线具有以下特点。

（1）磁感线是不中断的闭合曲线，在磁体外部，磁感线从N极出发，回到S极；在磁体内部，磁感线从S极出发，回到N极。

（2）磁感线不相交。

（3）磁感线的疏密可以表示磁场的强弱。磁感线密处磁场强，磁感线疏处磁场弱。

4.2.2　实验：电流产生的磁场

1. 实验目的

（1）通过实验观察电流产生的磁场。

（2）学习判断电流周围磁场方向的方法。

（3）了解电流磁场在工程技术中的应用。

2. 实验器材

小磁针，直导体，直流稳压电源（输出电压为6V）或电池组，继电器及其工作电路。

136

3. 实验方法与步骤

1) 电流产生磁场

如图4.14所示，在小磁针上方放一个直导体，观察当直导体中无电流通过和有电流通过时小磁针的状态，并将结果填入表4.3。

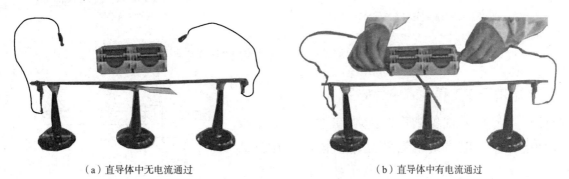

（a）直导体中无电流通过　　　　　　　　　　（b）直导体中有电流通过

图 4.14　电流产生磁场的实验

表 4.3　电流产生磁场实验记录表

项目	直导体中有电流通过	直导体中无电流通过	直导体中的电流方向为自右向左	中断直导体中的电流	直导体中的电流方向为自左向右
小磁针的状态和静止时的指向					

2) 电流产生的磁场方向的判定

电流产生的磁场方向可用安培定则（又称右手定则）来判断。

（1）通电直导体产生的磁场方向的判定如图4.15所示。用右手握住直导体，让伸直的拇指所指方向与电流方向一致，弯曲的四指所指方向就是磁感线环绕的方向，也是小磁针 N 极所指方向。图4.15（a）所示为直线电流的磁感线分布示意图。图4.15（b）所示为直线电流的安培定则。

（a）直线电流的磁感线分布示意图　　　　　（b）直线电流的安培定则

图 4.15　通电直导体产生的磁场方向的判定

在如图4.14所示的实验中，实际用一用安培定则来判定磁场方向。

（2）通电螺线管产生的磁场方向的判定如图4.16所示，用右手握住螺线管，让弯曲的四指与螺线管电流方向一致，则伸直的拇指所指方向就是通电螺线管内部磁感线的方向。图4.16（a）所示为通电螺线管的磁感线分布示意图。图4.16（b）所示为环形电流的安培定则。

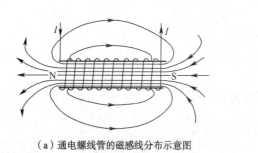

（a）通电螺线管的磁感线分布示意图

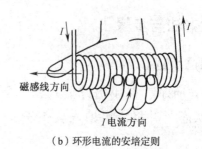

（b）环形电流的安培定则

图 4.16　通电螺线管产生的磁场方向的判定

3）电流磁场在工程技术中的应用

电流产生磁场的现象被广泛应用在电工、电子设备及各种电器中。电磁继电器就是电流磁场应用的典型例子。图 4.17 所示为电磁继电器工作电路。闭合开关 S 后，电磁继电器线圈中有电流通过，产生磁场，衔铁在磁力作用下带动触点闭合，外部电路被接通，电源电动势为 E_2 的电路中的灯泡 G 被点亮；断开开关 S 后，电流中断，磁力消失，衔铁被释放，触点分离，电源电

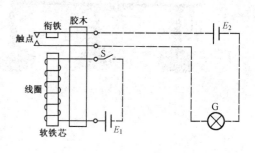

图 4.17　电磁继电器工作电路

动势为 E_2 的电路被切断，灯泡 G 被熄灭。若 E_1 为低压，E_2 为高压，则可以通过电磁继电器实现安全控制；若灯泡 G 与开关 S 距离较远，则可以通过电磁继电器实现远距离控制。

4. 问题讨论

（1）通过如图 4.14 所示的电流产生磁场的实验可以得出什么结论？提示：电流会产生什么，它与什么有关？

（2）通电环形导体产生的磁场是怎样的？磁场的方向如何用安培定则来判断？

（3）设计一个电磁继电器的实际应用电路。

（4）除了电磁继电器，电流磁场的应用还有哪些？

4.2.3　磁场的描述

 问题与探究 ▶▶▶▶

用磁感线的多少和疏密程度可以表示磁场在空间中的分布情况，但只能进行定性分析，那么如何定量描述磁场呢？或者说如何定量表示磁场的性质和作用呢？

1. 磁通

为了定量表示磁场在空间中的分布情况，引入磁通这一物理量。

把通过与磁场方向垂直的某一面积上的磁感线的总数叫作通过该面积的磁通量，简称磁通，用字母 Φ 表示，单位是韦（Wb）。

当面积一定时，通过该面积的磁通越多，磁场越强，这一点在工程上有很重要的意义。提高电磁铁、变压器等电气设备效率的主要途径之一就是减少漏磁通，也就是让磁感线尽可能多地通过铁芯的横截面积，以减少磁损耗。

2. 磁感应强度

相同的面积，通过的磁通越多，磁场就越强。为了表示磁场的强弱，引入磁感应强度这一物理量。单位面积垂直通过的磁通叫作磁场中该点的磁感应强度，简称磁感应，用字母 B 表示，如图 4.18 所示。在均匀的磁场中，磁感应强度可表示为

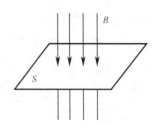

图 4.18　磁感应强度

$$B = \frac{\Phi}{S} \qquad (4-10)$$

式中，磁通 Φ 的单位为 Wb；面积 S 的单位为 m^2；磁感应强度 B 的单位为 Wb/m^2，称作特斯拉（T）。

式（4-10）说明，磁感应强度是与磁场垂直的单位面积上通过的磁通。所以，磁感应强度又称磁通密度，简称磁密。

磁感应强度不仅表示某点磁场的强弱，而且表示该点磁场的方向。磁感线上某点的切线方向就是该点磁感应强度的方向。因此，磁感应强度是矢量。

对于磁场中某个固定点来说，磁感应强度 B 是一个常数；磁场中不同点的磁感应强度可能不相同。因此，用磁感应强度（大小和方向）可以描述磁场中各点的性质。

图 4.19　均匀磁场

如果磁场中各点磁感应强度的大小和方向都相同，则称该磁场为均匀磁场。在均匀磁场中，磁感线是一些等距离的平行线，如图 4.19 所示。可以近似地认为通电长线圈内部的磁场是均匀磁场。

【例 4.4】　穿过与均匀磁场方向垂直的某一平面 $S = 4 cm^2$ 的磁通 $\Phi = 6 \times 10^{-4} Wb$，求磁感应强度 B。

解：$S = 4cm^2 = 4 \times 10^{-4} m^2$，$B = \dfrac{\Phi}{S} = \dfrac{6 \times 10^{-4} Wb}{4 \times 10^{-4} m^2} = 1.5T$。

3. 磁导率

　观察与思考　▶▶▶▶

先用一个插入一根铜棒（或铝棒）的通电线圈吸引铁屑；然后把通电线圈中的铜棒（或铝棒）换成软铁棒，再去吸引铁屑，发现后者比前者吸引的铁屑多。这表明不同的磁介质对磁场有不同的影响，影响程度与磁介质的导磁性能有关。

磁介质的导磁性能用磁导率表示。磁导率用符号 μ 表示，单位为 H/m。真空的磁导率是一个常数，用 μ_0 表示。由实验测得，$\mu_0 = 4\pi \times 10^{-7}\text{H/m}$。

为了便于比较各种物质的导磁性能，引入相对磁导率这一物理量。一种物质的磁导率 μ 和真空的磁导率 μ_0 的比值叫作这种物质的相对磁导率，用 μ_r 表示，即

$$\mu_r = \frac{\mu}{\mu_0} \tag{4-11}$$

式中，μ_r 是没有单位的。

在自然界中绝大多数物质对磁感应强度的影响甚微。实验发现，空气、木材及某些金属（如铝、铜、银等）的相对磁导率接近1，称之为非磁性物质；铁等物质的相对磁导率远远大于1，称之为铁磁性物质或磁性物质。利用铁磁性物质来制造电磁器件（如变压器、电动机等），可大大缩小器件体积，大大减小器件质量。表4.4所示为常用铁磁性物质的相对磁导率。

表4.4 常用铁磁性物质的相对磁导率

铁磁性物质	相对磁导率	铁磁性物质	相对磁导率
铸铁	200～400	铝硅铁粉	2.5～7
铸钢	500～2200	镍锌铁氧体	10～1000
硅钢片	7000～10000	镍铁合金	60000
坡莫合金	20000～200000	锰锌铁氧体	300～5000

4. 磁场强度

由上面的分析可知，在其他条件相同的情况下，不同的磁介质有不同的磁感应强度 B，这使磁场的计算变得复杂。为了方便计算，引入磁场强度这个物理量，用符号 H 表示，单位是 A/m。

磁场强度 H 的大小等于磁场中某点的磁感应强度 B 与磁介质磁导率 μ 的比值，即

$$H = \frac{B}{\mu} \tag{4-12}$$

磁场强度 H 的数值只与电流的大小及导线的形状有关，与磁介质的磁导率无关，这为工程计算带来了很大便利。

磁场强度是矢量，其方向与该点的磁感应强度方向一致。

4.2.4 磁场对电流的作用

1. 磁场对通电直导体的作用

如图4.20所示，将开关S断开，并连接好电路，将方形线圈下面的边放入蹄形磁铁两个磁极中间，使该边在蹄形磁铁中央并保持水平。

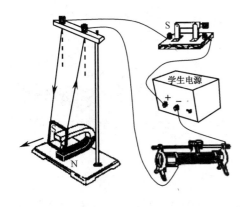

图 4.20 磁场对通电直导体的作用

先把蹄形磁铁移走，闭合开关 S，观察线圈是否运动；然后断开开关 S，再按图 4.20 把蹄形磁铁放好，闭合开关 S，观察线圈是否运动。磁场对通电直导体是否产生作用力？

磁极位置不变，改变电流方向，观察线圈的运动方向。磁场对通电直导体施加的作用力方向是否随电流方向的改变而改变？

电流方向不变，调换磁极位置，观察线圈的运动方向。磁场对通电直导体施加的作用力方向是否随磁感线方向的改变而改变？

通过这个实验得出，通电直导体在磁场中受到力的作用，而且该力的方向与电流的方向及磁感线的方向有关。

磁场对通电直导体的作用力称为电磁力或安培力。电磁力的方向用左手定则判定。伸开左手，使拇指与其余四指垂直，并且都与手掌在同一个平面内，让磁感线从掌心垂直穿过，并使四指指向电流方向。这时拇指所指方向就是电磁力的方向，即通电直导体在磁场中的受力方向，如图 4.21 所示。

如果电流方向与磁感线方向不是垂直的，则可先将电流 I 的垂直分量 $I_\perp$ 分解出来，然后用左手定则判定电磁力的方向，如图 4.22 所示。

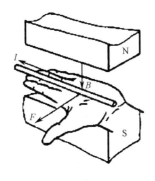

图 4.21 左手定则

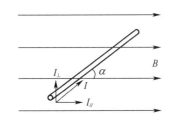

图 4.22 通电直导体与磁场成 α 角

2. 磁场对通电线圈的作用

 观察与思考 ▶▶▶▶

前面的实验将方形线圈下面的边放入蹄形磁铁两个磁极中间，并由此得知，通电直导体在磁场中受到电磁力的作用。如果将整个方形线圈放入蹄形磁铁两个磁极中间将会发生什么呢？

如图 4.23 所示，当线圈通过电流时，由左手定则可知 ab 边受到一个向左的电磁力，cd 边受到一个向右的电磁力，两个力对线圈中心轴形成力矩，因此线圈在电磁力矩的作用下在磁场中转动。

由此可得，通电线圈在磁场中因受电磁力矩的作用而转动，转动方向可用左手定则判定。

  读一读 ▶▶▶▶

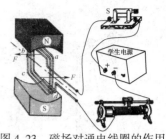

图 4.23 磁场对通电线圈的作用

电磁力应用实例

1）动圈式扬声器

动圈式扬声器结构示意图如图 4.24 所示。动圈式扬声器主要由永久磁铁、音圈、纸盆等组成。当有音频电流通过线圈时，线圈将因受电磁力的作用而振动，从而带动纸盆发出声音。

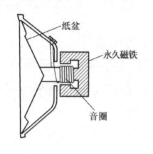

图 4.24 动圈式扬声器结构示意图

2）磁电式电流表

图 4.25（a）所示为磁电式电流表表头的结构示意图，蹄形磁铁和铁芯间的磁场是均匀辐向分布的，如图 4.25（b）所示。当被测电流通过绕在铝框上可转动的线圈时，线圈连同装在框架上的指针将因受电磁力矩的作用而转动。同时，线圈的偏转使蛇形弹簧扭紧，当弹簧的扭转力矩等于线圈的转矩时，两个力矩平衡，指针停在某一偏角上。由于线圈的转矩与通过线圈的电流成正比，弹簧的转矩与弹簧扭转的角度成正比，所以指针偏转角度与通过线圈的电流成正比，从而可以测定电流的大小。

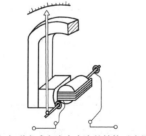 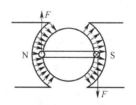

（a）磁电式电流表表头的结构示意图　　　（b）蹄形磁铁和铁芯间的磁场分布示意图

图 4.25 磁电式电流表结构的原理图

3）偏转线圈

偏转线圈如图 4.26 所示。偏转线圈套在显像管管颈与锥体相连处。它由行偏转线圈、场偏转线圈及磁环组成。行偏转线圈外部套有铁氧体磁环，用来减小磁路的磁阻，同时起磁屏蔽作用。场偏转线圈一般直接套在磁环上。

行偏转线圈能产生在竖直方向上随时间呈线性变化的均匀磁场，使显像管中电子枪发射的电子束受水平方向的洛伦兹力，进而进行水平方向的扫描；场偏转线圈能产生在水平方向上随时间线性变化的均匀磁场，使显像管中电子枪发射的电子束受竖直方向的洛伦兹力，进而进行竖直方向的扫描。在水平方向的扫描和竖直方向的扫描的共同作用下，显像管荧光屏上呈现出矩形光栅。

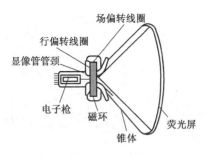
（a）显像管和偏转线圈的连接示意图

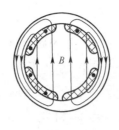
（b）行偏转线圈横截面图

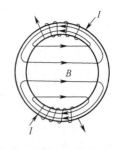
（c）场偏转线圈示意图

场偏转线圈
行偏转线圈
显像管管颈
电子枪　磁环
锥体
荧光屏

图 4.26　偏转线圈

4.2.5　电磁感应

观察与思考 ▶▶▶▶

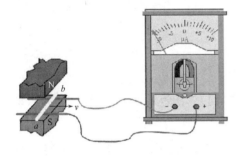

图 4.27　直导体中的感应电动势

如图 4.27 所示，当导体 ab 在磁场中沿垂直于磁场的方向做运动时，灵敏电流计会出现什么现象？为什么会出现这种现象呢？

1. 电磁感应的产生

当导体 ab 在磁场中沿垂直于磁场的方向做运动时，导体切割磁感线，灵敏电流计的指针发生偏转。这表明包括导体 ab 在内的闭合回路中产生了电流，说明导体 ab 中产生了电动势。这种利用磁场产生电流的现象称为电磁感应。电磁感应产生的电动势称为感应电动势（又称感生电动势），产生的电流称为感应电流（又称感生电流）。

在如图 4.27 所示的实验中，导体 ab 作为闭合回路的一部分在做切割磁感线运动时，回路包围的磁通也相应地发生了变化。实验说明，只要穿过线圈回路的磁通发生了变化，线圈回路中就会产生感应电动势。这是感应电动势产生的必要条件。

如图 4.28 所示，用右手定则可以判断直导体中感应电动势的方向：伸出右手，使拇指与其余四指垂直，并且都与手掌在同一个平面内，让磁感线从掌心垂直进入，并使拇指指向导体运动的方向，这时四指所指方向就是导体内感应电动势的方向。

2. 电磁感应应用实例——动圈式话筒

动圈式话筒主要由膜片、音圈、永久磁铁、软铁、护罩等部分组成，如图 4.29 所示。膜片下面有与膜片粘牢的圆筒形纸质音圈架，

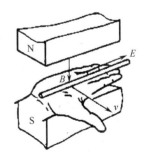

图 4.28　右手定则

音圈架上绕有音圈。音圈架套在永久磁铁与软铁形成的强磁极环形空隙中。

当声音传到膜片上时，膜片按声音的频率和强弱振动，并把这种振动传递给音圈，使音圈沿垂直于磁场的方向振动。音圈在磁场内做切割磁感线运动，产生感应电流。感应电流按声音的频率和强弱变化，并经话筒变压器变换阻抗后输入电压放大器中放大，最终由扬声器还原成声音。

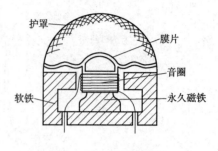

图 4.29　动圈式话筒

活动与练习 ▶▶▶▶

4.2-1　根据电流的流向判断图 4.30（a）、（b）中放在 P 点的自由磁针 N 极所指方向，并根据图 4.30（c）、（d）中小磁针的指向判断电流的方向。

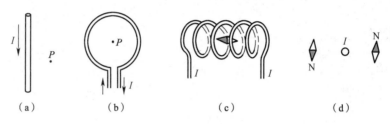

(a)　　　　(b)　　　　(c)　　　　(d)

图 4.30　题 4.2-1 图

4.2-2　某条形磁铁的横截面积为 1.5cm×4cm，通过它的磁通为 $4.8×10^{-4}$Wb，求磁铁内各点的磁感应强度。

4.2-3　将一块磁铁放到 $H=600$A/m 的磁场中得到了 0.3T 的磁感应强度，求这块磁铁的磁导率。

4.2-4　在磁场中放入磁导率为 μ_r 的磁介质后，该处的磁感应强度变为原来的多少倍？该处的磁场强度变为原来的多少倍？

4.2-5　判断如图 4.31 所示的通电直导体受到的安培力的方向：图 4.31（a）_____，图 4.31（b）_____，图 4.31（c）_____。

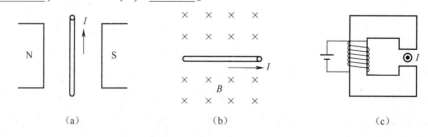

(a)　　　　　　(b)　　　　　　(c)

图 4.31　题 4.2-5 图

4.2-6　如图 4.32 所示，对于放在磁场中的通电线圈，图 4.32（a）中线圈的 ab 边将向____偏转；图 4.32（b）中的磁场方向为____；图 4.32（c）中线圈中的电流沿____时针方向流动。

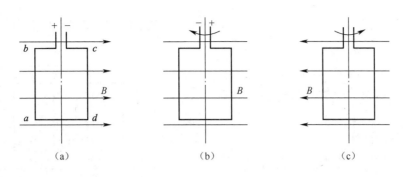

图 4.32　题 4.2-6 图

4.2-7　试确定图 4.33 中做切割磁感线运动的导体中的感应电动势的方向。

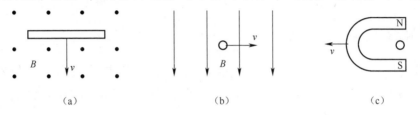

图 4.33　题 4.2-7 图

4.2-8　简述其他电磁感应的应用实例。

4.2-9　完成"实验：电流产生的磁场"的实验报告（报告内容参见"活动与练习 3.2-9"）。

4.3　磁路

4.3.1　磁路的概念

1. 磁路

磁路是由导磁材料或导磁材料和气隙构成的闭合回路。在电气设备中，为了获得较强的磁场，常常需要把磁通集中在某一定型的路径中。许多电气设备（如电动机、变压器、电磁铁、继电器等）都将线圈绕在由铁磁性物质制成的各种形状的芯上，以使磁通集中在符合电气结构要求的路径中。图 4.34 所示为几种实物中的磁路。

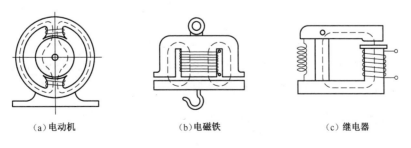

（a）电动机　　　　　　　（b）电磁铁　　　　　　　（c）继电器

图 4.34　几种实物中的磁路

磁路分为无分支磁路［见图4.35（a）］和有分支磁路［见图4.35（b）］。在无分支磁路中，通过每个横截面的磁通都相等。

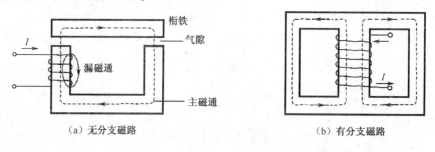

（a）无分支磁路　　　　　　　　　　（b）有分支磁路

图4.35　磁路种类

2. 主磁通和漏磁通

磁通总是沿着磁导率大的路径流动，就像电流总是沿着电导率很大的路径流动一样。铁磁材料虽然能将绝大部分磁通约束在一定的闭合路径中，但是有一部分磁通会不经过铁磁材料，而是经过空气或其他材料闭合，如图4.35（a）所示。磁路中磁通通过预定路径的部分称作主磁通，磁路中磁通不通过预定路径的部分称作漏磁通。在一般情况下，漏磁通比主磁通小得多。

3. 磁通势

通电线圈中的电流产生磁通，电流越大，磁通越大；通电线圈的每一匝都要产生磁通，线圈的匝数越多，磁通越大，磁场越强。因此，通电线圈产生的磁通与线圈中通过的电流大小和线圈匝数有关。理论和实验表明，通电线圈产生的磁通与线圈中通过的电流和线圈匝数的乘积成正比。

磁通势（也称磁动势）为通过线圈的电流和线圈匝数的乘积，用符号 E_m 表示，单位是A。如果用 N 表示线圈的匝数，用 I 表示通过线圈的电流，则磁通势可写成：

$$E_m = IN \qquad (4-13)$$

4. 磁阻

电路中有电阻（表示电流在电路中受到的阻碍作用），与之类似，磁路中也有磁阻（表示磁通通过磁路时所受到的阻碍作用），用符号 R_m 表示。

实验证明，磁阻 R_m 的大小与磁路的平均长度 l 成正比，与磁路的横截面积 S 成反比，并与组成磁路的材料的性质——磁导率 μ 有关，可用公式表示为

$$R_m = \frac{l}{\mu S} \qquad (4-14)$$

式中，μ 表示磁导率，单位为 H/m；l 表示磁路的平均长度，单位为 m；S 表示磁路的横截面积，单位为 m^2。由此推出，磁阻 R_m 的单位为 1/H。

5. 磁路的欧姆定律

理论和实验表明，通过磁路的磁通与磁通势成正比，与磁阻成反比，可用公式表示为

$$\Phi = \frac{E_{\mathrm{m}}}{R_{\mathrm{m}}} \qquad\qquad (4-15)$$

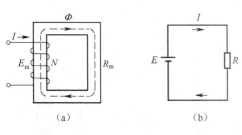

图 4.36　相应的磁路和电路

式（4-15）与电路的欧姆定律相似，所以称之为磁路的欧姆定律。

磁路是供磁通流动的路径，相当于供电流流动的电路。磁路的欧姆定律在形式上与电路的欧姆定律相似：磁通对应于电流，磁阻对应于电阻，磁导率对应于电导率，磁动势对应于电动势。相应的磁路和电路如图 4.36 所示。磁路和电路对应的物理量及其关系式如表 4.5 所示。

表 4.5　磁路和电路对应的物理量及其关系式

磁路	电路
磁通 Φ	电流 I
磁阻 $R_{\mathrm{m}} = \dfrac{l}{\mu S}$	电阻 $R = \rho \dfrac{l}{S}$
磁导率 μ	电导率 $1/\rho$
磁通势 E_{m}	电动势 E
磁路的欧姆定律 $\Phi = \dfrac{E_{\mathrm{m}}}{R_{\mathrm{m}}}$	电路的欧姆定律 $I = \dfrac{E}{R}$

尽管磁路和电路在物理量与基本定律上有一一对应关系，但是磁路和电路仍有本质上的区别。例如，电路中可以有电动势而无电流（断路），而磁路中有磁通势必有磁通；电路几乎没有漏电现象，而磁路存在漏磁现象；电路中只要存在电阻就会有功率损失，而磁路中尽管存在磁阻，但在恒磁通条件下是无损耗的。

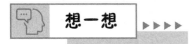

磁路有断路状态吗？有磁路开关吗？

4.3.2 磁化与磁性材料

1. 铁磁物质的磁化

如图 4.37 所示，当条形磁铁接近铁棒时，铁棒会把铁屑吸引起来，这表明原来没有磁性的铁棒出现磁性；当把条形磁铁拿开时，铁棒上的铁屑几乎全部掉落，这表明铁棒的磁性几乎完全消失。

这种使原来不显磁性的物质具有磁性的过程称为磁化。凡是铁磁性物质都能被磁化。

铁磁性物质能够被磁化，是因为铁磁性物质内部存在许多小的自然磁化区（称为磁畴）。每个磁畴相当于一个小磁铁，在无外磁场作用时，磁畴的排列是杂乱的，磁性互相抵消，对外不显磁性，如图 4.38（a）所示。

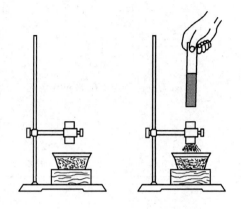

图 4.37　铁棒的磁性测试

在外磁场作用下，磁畴趋于外磁场，形成附加磁场，从而使磁场显著增强，如图 4.38（b）所示。对于非磁性物质，由于其内部没有磁畴，因此外磁场对其影响很小。

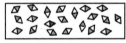　

（a）无外磁场作用　　　（b）在外磁场作用下

图 4.38　铁磁性物质的磁畴示意图

2. 起始磁化曲线和磁滞回线

利用如图 4.39（a）所示的磁化电路可以研究铁磁性物质的磁化过程。把线圈绕在被研究的环状磁性材料上，如果通过线圈的磁化电流从零逐渐增大，则磁性材料中的磁感应强度 B 随外磁场强度 H 的变化而变化，如图 4.39（b）中 Oa 段所示，这条曲线表示的是当铁磁性物质在从完全无磁状态被磁化的过程中，铁磁性物质的磁感应强度 B 将按照一定规律随外磁场强度 H 的变化而变化，这种铁磁性物质的磁感应强度 B 和外磁场强度 H 的关系曲线叫作起始磁化曲线。继续增大磁化电流，即增大外磁场强度 H，铁磁性物质的磁感应强度 B 上升很缓慢，曲线趋于平缓。如果外磁场强度 H 逐渐减小，则铁磁性物质的磁感应强度 B 也相应减小，但不沿曲线 Oa 下降，而是沿曲线 ab 下降。铁磁性物质的磁感应强度 B 和外磁场强度 H 变化的全过程如下。

当外磁场强度 H 按 $O \to H_m \to O \to -H_C \to -H_m \to O \to H_C \to H_m$ 的顺序变化时，铁磁性物质的磁感应强度 B 按 $O \to B_m \to B_r \to O \to -B_m \to -B_r \to O \to B_m$ 的顺序变化。

将上述变化过程的各点连接起来，可得到一条封闭曲线 $abcdefa$。在铁磁性物质反复被磁化的过程中得到的这条 B-H 曲线称为磁滞回线。图 4.39（b）中磁滞回线与 H、B 变化的对应关系如表 4.6 所示。

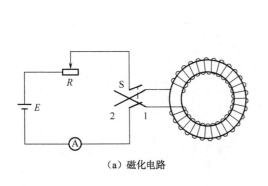

（a）磁化电路

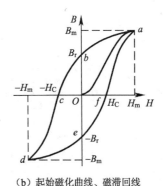

（b）起始磁化曲线、磁滞回线

图 4.39　磁化电路和起始磁化曲线、磁滞回线

表 4.6　图 4.39（b）中磁滞回线与 H、B 变化的对应关系

磁场强度 H 的变化	$O \rightarrow H_m$	$H_m \rightarrow O$	$O \rightarrow -H_C$	$-H_C \rightarrow -H_m$	$-H_m \rightarrow O$	$O \rightarrow H_C$	$H_C \rightarrow H_m$
磁感应强度 B 的变化	$O \rightarrow B_m$	$B_m \rightarrow B_r$	$B_r \rightarrow O$	$O \rightarrow -B_m$	$-B_m \rightarrow -B_r$	$-B_r \rightarrow O$	$O \rightarrow B_m$
得到的磁滞回线	Oa	ab	bc	cd	de	ef	fa

由图 4.39（b）可以得到如下内容。

（1）当 $H=0$ 时，B 不为零，铁磁性物质还保留一定值的磁感应强度 B_r。通常称 B_r 为铁磁性物质的剩磁。

（2）要消除剩磁 B_r，使 B 降为零，必须加一个反向磁场 H_C。这个反向磁场强度 H_C 叫作该铁磁性物质的矫顽磁力，简称矫顽力。

（3）H 上升到某一值和下降到同一值时，对应的 B 不相同，且 B 的变化总是滞后于 H 的变化，这种现象称为磁滞现象。

磁滞现象形成的原因是铁磁性物质中的磁分子具有惯性且存在摩擦。在反复磁化过程中，外部能源必须提供一定能量克服磁滞作用，这部分能量在由铁磁性物质构成的铁芯中转化为热能被损耗，故称为磁滞损耗。在不同外磁场强度 H 下得到的一系列磁滞回线如图 4.40 所示。把这些磁滞回线的顶点连接起来得到的曲线称为基本磁化曲线，又称平均磁化曲线、实用磁化曲线。图 4.41 所示为几种常用铁磁性物质的基本磁化曲线。在电动机、变压器等电气设备的磁路计算中使用的曲线一般都是基本磁化曲线。

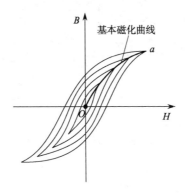

图 4.40　在不同外磁场强度 H 下得到的一系列磁滞回线

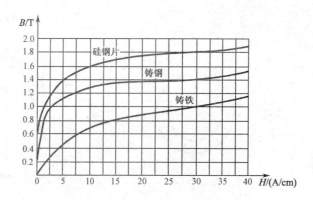

图 4.41 几种常用铁磁性物质的基本磁化曲线

3. 常用磁性材料

中国是世界上最先发现物质磁性现象和应用磁性材料的国家。早在战国时期就有关于天然磁性材料（如磁铁矿）的记载。11世纪中国就发明了制造人工永磁材料的方法。《梦溪笔谈》中记载了指南针的制作和使用。近代，电力工业的发展促进了金属磁性材料——硅钢片（Si-Fe合金）的研制。

磁性是物质的基本属性。物质按照内部结构及在外磁场中的性状可分为抗磁性物质、顺磁性物质、磁性物质、反铁磁性物质和亚铁磁性物质。

磁性材料是指具有磁有序结构的强磁性物质，广义上包括可应用其磁性和磁效应的弱磁性物质及反铁磁性物质。铁磁性物质和亚铁磁性物质为强磁性物质，抗磁性物质和顺磁性物质为弱磁性物质。磁性材料按性质分为金属和非金属两类，前者主要是指电工钢、镍基合金、稀土合金等，后者主要是指铁氧体材料。例如，永久磁铁——钕磁铁（Neodymium Magnet），也称为钕铁硼磁体（NdFeB Magnet）（$Nd_2Fe_{14}B$），是由钕、铁、硼形成的四方晶系晶体。钕铁硼磁体被广泛应用于电子产品中，如硬盘、手机、耳机、用电池供电的工具等。低压电气开关磁铁如图4.42所示。

图 4.42 低压电气开关磁铁

不同的铁磁材料具有不同的磁滞回线，其剩磁和矫顽力也不同，因此它们的特性及在工程上的用途也各不相同。

通常把铁磁材料分为如下三大类。

（1）软磁材料：如硅钢片、铸铁、铸钢等。这类材料的特点是矫顽力和剩磁较小，易磁化也易去磁，磁滞回线较窄，如图4.43所示，常用来制作电动机、变压器、电磁铁等设备的铁芯。

（2）硬磁材料：如钨钢、钴钢、铝、镍、钴合金等。这类材料的特点是矫顽力和剩磁均较大，不易磁化也不易去磁，磁滞回线较宽，如图4.44所示，常用来制作永久磁铁和扬声器的磁钢等。

（3）矩磁材料（矩形磁滞回线材料）：这种材料的特点是在很小的外磁作用下就能磁化，一经磁化便达到饱和，当去掉外磁作用后，磁性仍能保持在饱和值，其磁滞回线近似为矩形，如图4.45所示，常用来制作记忆元件，如计算机中存储器的磁芯。

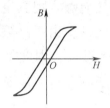
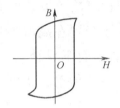
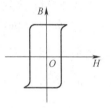

图4.43 软磁材料的磁滞回线　　图4.44 硬磁材料的磁滞回线　　图4.45 矩磁材料的磁滞回线

4.3.3 涡流与磁屏蔽

1. 涡流

问题与思考 ▶▶▶▶

观察电动机和变压器的铁芯，可以看到它们都不是整块金属，而是由许多涂有绝缘漆的薄硅钢片叠压制成的，为什么要这样做呢？

如图4.46（a）所示，把铁块放在交变磁场中，铁块内将产生感应电流。感应电流在铁块内自成闭合回路，形成的似水漩涡称为涡电流，简称涡流。由于整块金属导体的电阻很小，所以涡流很大，铁芯不可避免地会发热，温度升高，不仅会造成能量损耗（称为涡流损耗），而且会使绝缘材料性能下降，甚至会烧毁绝缘材料造成事故。为了尽可能地减小涡流，电动机、变压器的铁芯通常会用涂有绝缘漆的薄硅钢片叠压制成，如图4.46（b）所示。这样，涡流被限制在狭窄的薄片之内，进而使涡流损耗大大降低。

涡流现象并不总是有害的，在一些场合可以被利用。例如，感应加热技术已经被广泛应用于有色金属的冶炼，利用涡流加热的电炉称为高频感应炉。此外，某些仪器常利用涡流的制动作用制作阻尼装置。

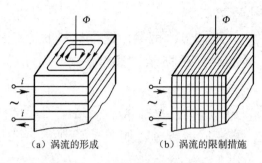

（a）涡流的形成　　　　（b）涡流的限制措施

图 4.46　涡流的形成及限制措施

　　图 4.47 所示为高频感应炉示意图。坩埚外缘绕有线圈，当给线圈通高频交变电流时，线圈内就会激发很强的高频交变磁场，这时放在坩埚内被冶炼的金属会因电磁感应而产生强大的涡流，释放出大量的热，从而熔化。这种冶炼方法的独到之处就是能够实现真空无接触加热，既可以确保金属不被污染，又避免了金属在高温条件下氧化。此外，由于高频感应炉对金属的加热是使金属内部各处同时加热，而不是使热量从外面传递进去，因此加热的效率高、速度快。高频感应炉已广泛用于冶炼特种钢、难熔或活泼性较强的金属，以及提纯半导体材料等。

　　图 4.48 所示为电磁阻尼示意图。在电磁铁未通电时，铜片的自由摆动要经过较长时间才会停下来。当电磁铁被励磁后，由于穿过运动导体的磁通发生了变化，因此铜片内将产生涡流，铜片的自由摆动因受阻力而迅速停止。电磁仪表为了使测量时指针的摆动迅速稳定下来，采用了类似的电磁阻尼。电力机车中使用的电磁制动器也是根据该原理制成的。

接高频
交流电源

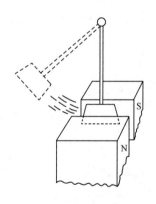

图 4.47　高频感应炉示意图　　　　图 4.48　电磁阻尼示意图

2. 磁屏蔽

　　在电子设备中，有些部件需要防止外界磁场干扰，有些部件需要防止辐射磁场干扰外界。为了解决这个问题，可以用磁性材料或导电材料制成一个屏蔽罩，使设备与外界隔离，这种方法称为磁屏蔽。

　　如图 4.49（a）所示，由于由磁性材料制成的屏蔽罩磁阻很小，为外界干扰磁场提供了通畅的磁路，所以磁感线通过屏蔽罩被短路，不再影响屏蔽在里面的部件。

　　对于高频交变磁场，磁屏蔽主要是利用电磁感应产生的涡流的磁场来抵消外磁场干扰的，如图 4.49（b）所示。所以，在进行高频磁屏蔽时，不必用很厚的磁性材料制作屏蔽罩，用导电性能好的铜片或铝片制作屏蔽罩即可。

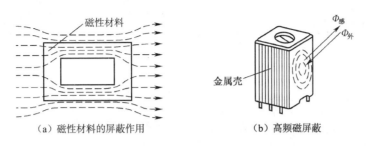

（a）磁性材料的屏蔽作用　　　　　（b）高频磁屏蔽

图 4.49　磁屏蔽

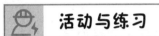 **活动与练习** ▶▶▶▶

4.3–1　关于磁路有哪些概念？结合实际例子加以解释。

4.3–2　试用磁化的观点来解释磁铁吸引铁屑的现象。

4.3–3　什么是剩磁？什么是矫顽力？铁磁材料分为几类？试举例说明各有什么用途。

4.3–4　通过网络检索、查阅资料，了解更多关于涡流与磁屏蔽的知识及其在工程技术中的应用。

4.4　电感

4.4.1　电感器和电感量

1. 电感器

 观察与认识 ▶▶▶▶

图 4.50 所示为部分常见电感器，你认识几种，都在哪儿见过？除此之外，你还见过其他种类的电感器吗？

（a）　　　　　　（b）　　　　　　（c）

图 4.50　部分常见电感器

（d）   （e）   （f）

图 4.50　部分常见电感器（续）

由各种规格的漆包线绕制在形状和大小不同的各种骨架或磁性材料上的线圈称为电感线圈或电感器。电感器按结构可以分为空心电感器和有芯电感器两大类，按是否可调可以分为固定电感器、可调电感器和微调电感器三大类。此外，电感器还可以按功能、工作频率等划分。图 4.50 所示的部分常见电感器分别为（a）单层空心线圈；（b）磁环线圈；（c）扼流线圈；（d）中频线圈；（e）磁屏蔽电感器；（f）片式高频电感器。

电感器在电工电子技术中广泛用于滤波电路、谐振电路、存储信息、瞬态保护等领域，还在电力设备中用于实现限流、平波、电压补偿等功能。因此，电感器是电工电子技术中的重要器件。

2. 电感器的电感量

电感器的线圈中若通电流 I，则线圈产生磁通 Φ。线圈的磁通 Φ 与它所交链的匝数 N 的乘积称为线圈的磁通链，简称磁链，用 ψ 表示，即

$$\psi = N\Phi$$

磁通链 ψ 是电流 I 的函数。为了表示线圈产生磁通链的能力，将线圈产生的磁通链 ψ 与电流 I 的比值称为线圈的电感量（简称电感）或自感系数（简称自感），用字母 L 表示，即

$$L = \frac{\psi}{I} \tag{4 - 16}$$

式中，ψ 表示线圈的磁通链，单位为 Wb；I 表示线圈中的电流，单位为 A；L 表示线圈的电感，单位为 H。

在实际应用中，电感的单位还有 mH 和 μH，它们与 H 的关系是

$$1\text{mH} = 10^{-3}\text{H}, 1\mu\text{H} = 10^{-6}\text{H}$$

4.4.2　电感器的参数

图 4.51（a）所示的环形螺旋线圈均匀地密绕在由某磁性材料制成的圆环上，可以近似地认为磁通都集中在线圈的内部。

设线圈的匝数为 N；圆环的平均周长为 l，单位为 m；横截面积为 S，单位为 m^2；圆环的磁导率为 μ，单位为 H/m。由实验和理论分析可得，当线圈中通电流 I（A）时，其内部的磁感应强度为

$$B = \mu H = \frac{\mu N I}{l}$$

线圈的磁通链为

$$\psi = N\varPhi = NBS = \frac{\mu N^2 IS}{l}$$

故电感 L（H）为

$$L = \frac{\psi}{I} = \frac{\mu N^2 S}{l} \qquad (4-17)$$

式（4-17）说明，电感 L 是电感器固有的，其大小决定于线圈中介质的磁导率、线圈的匝数及几何尺寸（形状、大小）。因此，把电感作为电感器的主要参数。图 4.51（b）所示为电感器外表面标注的电感。

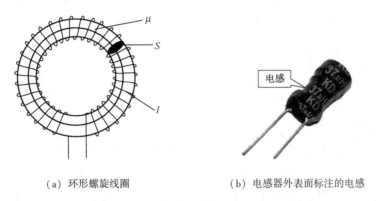

（a）环形螺旋线圈　　　　　　（b）电感器外表面标注的电感

图 4.51 环形螺旋线圈及电感器外表面标注的电感

实际电感器的线圈常用导线绕制而成，因此，除具有电感外还具有电阻。线圈自身对直流电的阻碍作用称为线圈的直流电阻，该值很小，常忽略不计，此时线圈就成为一种只有电感没有电阻的理想线圈，即纯电感线圈，简称电感。因此，"电感"具有双重意思：既是电路中的一个元件，又是电路中的一个参数。

电感器允许通过的最大电流称为额定电流，超过这一电流时电感器将不能正常工作，甚至损坏。

对于空心线圈，只要附近不存在磁性材料，其电感就是一个常量，因此空心线圈也被称为线性电感器；铁芯线圈的铁芯磁导率不是常数，其电感会随着电流的变化而变化，因此铁芯线圈也被称为非线性电感器。

几种电感器的电气原理图符号如图 4.52 所示。

（a）空心电感器　　　（b）有芯电感器　　　（c）实际电感器（考虑电阻）　　　（d）可调电感器　　　（e）三相电感器

图 4.52 几种电感器的电气原理图符号

4.4.3　实验：电感器的检测

做中学　▶▶▶▶

1. 实验目的

学习判断电感器好坏的简易方法。

2. 实验器材

万用表一只，电感器若干。

3. 实验步骤

要检测电感器的电感需要使用专门的仪器，如交流电桥或具有测量电感功能的万用表等。在实际中，一般可以仅检查电感器有无开路或断路故障，简易方法是用万用表的欧姆挡测量电感器的直流电阻。

如图4.53所示，使用万用表的电阻挡 R×1 测量电感器两端的直流电阻。一般高频电感器的直流电阻为零点几欧至几欧；中频电感器的直流电阻为几欧至几十欧；低频电感器的直流电阻为几十欧至几百欧。将测量值与其技术标准所规定的数值进行比较：若测量值比规定的数值小很多，甚至为零，则说明电感器存在局部短路或严重短路情况；若测量值比规定的数值大很多，甚至为无穷大，则说明电感器存在断路情况。这两种情况都表明电感器已损坏，不能使用。

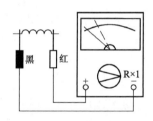

图4.53　电感器的检测

活动与练习　▶▶▶▶

4.4-1　通过上网检索或查阅资料，了解更多与电感器相关的内容。

4.4-2　电感器的电感由什么决定？什么叫作线性电感器？什么叫作非线性电感器？

4.4-3　如何判断电感器的好坏？电感器的故障有哪几种？

4.5　互感

4.5.1　互感现象

观察与思考　▶▶▶▶

准备绕在同一铁芯上的两个线圈1和2，滑动变阻器R、开关S、电源E和电流计各一

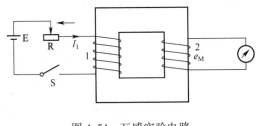

图 4.54 互感实验电路

个，按如图 4.54 所示的电路连接，观察在开关 S 闭合和断开的瞬间，电流计指针的变化情况。电流计指针的变化情况说明了什么？

在开关 S 闭合或断开的瞬间，电流计的指针会发生偏转，说明在线圈 1 中的电流变化时线圈 2 中产生了感应电动势。当一个线圈中的电流变化时，它所产生的变化的磁场会在另一个线圈中产生感应电动势的现象称为互感。能够发生互感的两个线圈称为互感线圈或磁耦合线圈。

在如图 4.54 所示的互感实验电路中，当开关 S 闭合以后，迅速移动滑动变阻器的滑动端，仔细观察电流计指针的变化情况。电流计指针的变化情况说明了什么？

在互感现象中产生的电动势称为互感电动势。当迅速改变滑动变阻器的阻值时，电流计的指针也会发生偏转，而且阻值变化的速度越快，电流计指针偏转的角度越大。这说明线圈 2 中的互感电动势大小与线圈 1 中的电流变化率有关。如果改变两个线圈的匝数、几何尺寸（形状、大小），改变它们之间的相对位置，改变互感磁路的介质，线圈 2 中的互感电动势也会随之改变。这说明，影响互感的因素包括两个线圈自身固有的参数和引起互感的电流变化率。

应用互感可以很方便地把能量或信号由一个线圈传递到另一个线圈。互感在电工技术和无线电技术中有着非常广泛的应用。各种各样的变压器（如电力变压器、收音机中的中频变压器），各种互感器（如电流互感器、电压互感器等），以及电焊机、钳形电流表等，都是根据互感原理制成的。

互感有时也会带来害处。例如，有线电话常常会由于两路电话间的互感而发生串音。在无线电设备中，若电感器的位置安放不当，电感器间可能会相互干扰，从而影响设备的正常工作。在这些情况下，需要避免互感的干扰。

4.5.2 互感线圈的同名端

当两个或两个以上的线圈进行耦合或连接时，通常需要知道线圈中感应电动势的极性。这种感应电动势的极性不仅与互感磁通的增加或减少有关，而且与线圈的绕向有关。对于已经绕制好的成品线圈，如变压器、互感器的绕组，一般无法从外形上辨认出绕向，而且在电路图中按照实际结构绘制线圈的原理图符号也不方便，因此，常用特殊标记来表示线圈的绕向。

把因互感线圈的绕向一致而感应电动势极性一致的端子称为同名端，反之称为异名端。

同名端用"·"或"*"标记。有了同名端标记之后，每个线圈的具体绕向及线圈之间的相对位置就不必画成如图4.55（a）所示的形式了，画成如图4.55（b）、（c）所示的形式即可。图4.55（b）、（c）中标注的 M 及双向箭头，表示A、B两个线圈间具有磁耦合。知道同名端后，就可以很方便地判断出互感电动势的极性。

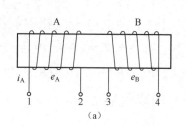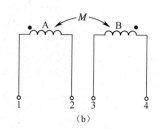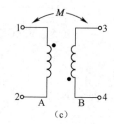

图4.55　互感线圈同名端的标注

对于已知绕向的互感线圈，按照同名端的概念，使两个线圈产生磁通方向一致的电流流入端就是同名端，所以图4.55中的1、4或2、3为同名端。

同名端在工程技术中有着广泛的应用。例如，在电力系统中，当两台变压器并列运行时，作为继电保护装置的电压互感器或电流互感器，都必须注意同名端的连接，如果接错，就会造成事故；对于收音机中的本机振荡电路，如果把互感器的极性接错，就不能起振。

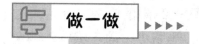

互感线圈同名端的实验测定

互感线圈的同名端可以通过实验测定。图4.56所示为测试互感线圈同名端的实验电路，E 为1.5～3V，R 为100Ω，S为单刀开关，V为直流电压表。在开关S闭合瞬间，直流电压表的指针会快速摆动一下。若指针向正方向摆动，则线圈1接电池正极的一端与线圈2接直流电压表正极的一端为同名端。

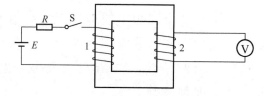

图4.56　测试互感线圈同名端的实验电路

若指针向反方向摆动，则线圈1接电池正极的一端与线圈2接直流电压表负极的一端为同名端。

上述测试互感线圈同名端的实验原理是什么？（提示：在开关S闭合瞬间，流入线圈1接电池正极一端的电流_____，线圈2接直流电压表正极一端产生的互感电压极性为_____。）

4.5.3　变压器

变压器是根据互感原理制成的电气设备，被广泛应用于电力系统和电子线路中。供电系统通过使用电力变压器可以升高或降低电压，以满足电力输送和用户使用的不同电压需求；各种电气设备利用电源变压器，来改变供电电压；在电子、电信技术中，变压器常被用于实现信号能量的耦合、选择、改变相位、阻抗匹配等功能。

 观察与认识 ▶▶▶▶

图 4.57 所示为几种常见变压器，你认识哪几种？能说出它们的名称和用途吗？

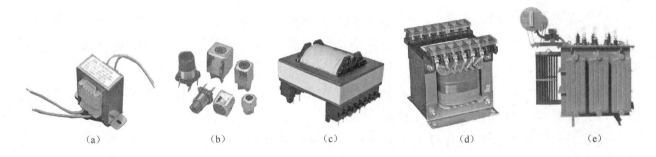

（a）　　　　　（b）　　　　　（c）　　　　　（d）　　　　　（e）

图 4.57　几种常见变压器

图 4.57 所示的几种常见变压器分别为（a）音频变压器；（b）中频变压器；（c）高频变压器；（d）电源变压器；（e）电力变压器。

1. 变压器的结构

变压器主要由铁芯、骨架和线圈（绕组）组成。壳式变压器的结构和符号如图 4.58（a）所示，ACE 2024 中的变压器原理图符号如图 4.58（b）所示。

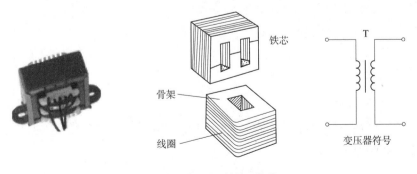

（a）壳式变压器的结构和符号

图 4.58　壳式变压器的结构和符号及 ACE 2024 中的变压器原理图符号

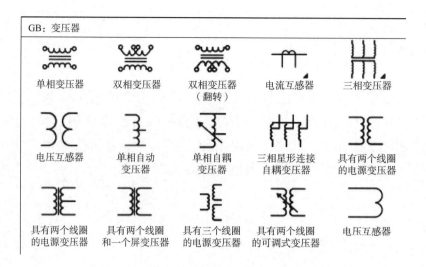

GB：变压器

| 单相变压器 | 双相变压器 | 双相变压器（翻转） | 电流互感器 | 三相变压器 |

| 电压互感器 | 单相自动变压器 | 单相自耦变压器 | 三相星形连接自耦变压器 | 具有两个线圈的电源变压器 |

| 具有两个线圈的电源变压器 | 具有两个线圈和一个屏变压器 | 具有三个线圈的电源变压器 | 具有两个线圈的可调式变压器 | 电压互感器 |

（b）ACE 2024 中的变压器原理图符号

图 4.58　壳式变压器的结构和符号及 ACE 2024 中的变压器原理图符号（续）

铁芯是变压器的磁路部分。为了增强磁耦合、减少磁滞及涡流损耗，铁芯通常采用磁导率高的绝缘硅钢片叠加制成。在电子设备中，为了缩小变压器的体积、提高变压器的质量和效率，目前已逐渐采用 C 形铁芯，并用坡莫合金及各种铁氧体代替硅钢片。工作频率较高的变压器多采用铁氧体作为铁芯。铁芯分为心式和壳式两种，心式铁芯呈"口"字形，线圈包着铁芯；壳式铁芯呈"日"字形，铁芯包着线圈。

绕在骨架上的线圈是变压器的电路部分。骨架一般由胶木板、聚苯乙烯等材料制成，形状多为方桶形和圆桶形。线圈是由优质的漆包线在骨架上绕制而成的。在工作时，与电源相接的线圈为原线圈（初级绕组），与负载相接的线圈为副线圈（次级绕组）。

2. 变压器的变比

1）电压变换

如图 4.59 所示，在原线圈上施加交变电压 U_1（输入电压）后，铁芯中将产生交变磁通 Φ，原线圈、副线圈中分别产生感应电动势 E_1 和 E_2。感应电动势的大小与交变磁通 Φ 的变化率、线圈的匝数成正比。若分别用 N_1、N_2 表示原线圈、副线圈的匝数，则有比例式：

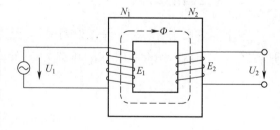

图 4.59　变压器的工作原理

$$\frac{E_1}{E_2} = \frac{N_1}{N_2}$$

若副线圈断路，线圈内无电流通过，副线圈两端的电压（输出电压）U_2 与 E_2 相等，忽略原线圈导线电阻的电压降，则有

$$\frac{U_1}{U_2} = \frac{E_1}{E_2} = \frac{N_1}{N_2} = n$$

上式说明，变压器输入电压、输出电压的大小与原线圈、副线圈的匝数成正比。式中，n

称为变压器的变压比。

2）电流变换

当副线圈接上负载时，负载中将有输出电流 I_2 通过。若原线圈中的输入电流为 I_1，则变压器的输入功率 $P_1 = U_1 I_1$。如果不考虑变压器的损耗（理想变压器），则变压器的输出功率 $P_2 = U_2 I_2$，视为等于输入功率，即

$$U_1 I_1 = U_2 I_2$$

由此可得

$$\frac{U_1}{U_2} = \frac{I_2}{I_1} = \frac{N_1}{N_2} = n \qquad (4-18)$$

上式说明，变压器在变换电压的同时，也会变换电流，其中输入电流、输出电流与原线圈、副线圈的匝数成反比。

3）阻抗变换

在电子技术中，往往要求负载获得最大功率输出，这就要求负载阻抗等于电源内阻抗（阻抗匹配），变压器在变换电压、电流的同时，也会变换阻抗。适当设计变压器的变压比，并将其接在电源与负载之间就能实现阻抗匹配，从而获得最大功率输出。

如图 4.60（a）所示，从变压器初级两端看进去的阻抗（输入阻抗）为

$$Z_1 = \frac{U_1}{I_1}$$

从变压器的次级两端看进去的阻抗（输出阻抗）为

$$Z_2 = \frac{U_2}{I_2}$$

由于

$$\frac{U_1}{U_2} = \frac{I_2}{I_1} = \frac{N_1}{N_2} = n$$

所以

$$\frac{Z_1}{Z_2} = \frac{U_1/I_1}{U_2/I_2} = \frac{U_1 I_2}{I_1 U_2} = n^2$$

即

$$Z_1 = n^2 Z_2 \qquad (4-19)$$

如图 4.60（b）所示，只要使等效阻抗 $n^2 Z_2$ 等于电源内阻抗，即可实现阻抗匹配。

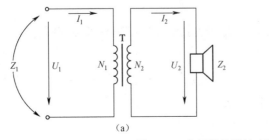

图 4.60　变压器的阻抗变换

【例 4.5】　　某晶体管收音机的功率放大电路的输出阻抗为 800Ω。现在需要接阻抗为 8Ω 的扬声器。为了获得最大功率输出，输出变压器的变压比应为多少？

解： 对输出变压器而言，输入阻抗 $Z_1 = 800\Omega$，输出阻抗 $Z_2 = 8\Omega$，由 $Z_1 = n^2 Z_2$ 可得

$$n = \sqrt{\frac{Z_1}{Z_2}} = \sqrt{\frac{800}{8}} = 10$$

变压器的损耗

变压器在工作时要不断地从电源吸收能量并将能量输出给负载。电流流经导线时会产生热能损耗（铜损）；交变磁通在铁芯中会产生涡流损耗和磁滞损耗（铁损）。由于变压器是静止的电气设备，所以没有因转动而产生的能量损耗。小型变压器的效率一般为 70%～80%，大型变压器的效率可达 99%。

4.5-1　什么是互感？影响互感的因素有哪些？

4.5-2　通过走访和查阅资料，了解更多互感在工程技术中的应用。

4.5-3　什么是同名端？引入同名端具有什么意义？影响同名端的因素有什么？

4.5-4　试判定图 4.61 中各组线圈的同名端。

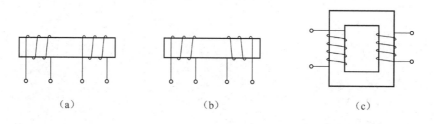

(a)　　　　　　　　　(b)　　　　　　　　　(c)

图 4.61　题 4.5-4 图

4.5-5　通过走访和查阅资料，了解更多同名端在工程技术中的应用。

4.5-6　变压器的变压比 $n = 15$，输入电压为 3000V，输出电压为_____；当输出电流为 60A 时，输入电流为_____。

4.5-7　某变压器副线圈匝数为 400，把原线圈接到 220V 交流电源上，测得输出电压为 55V，求原线圈的匝数。

4.5-8　单管功率放大器的输出变压器的变压比 $n = 4$，输出阻抗 $Z_1 = 128\Omega$，变压器次级接多大阻值的负载时放大器的输出功率最大？

单元小结

 ▶▶▶▶

1. 电容与电感

项目	电容	电感
定义式	$C = \dfrac{Q}{U}$	$L = \dfrac{\psi}{I}$
计算式	$C = \varepsilon \dfrac{S}{d}$	$L = \dfrac{\mu N^2 S}{l}$
单位	F	H
原理图符号	—⊦⊢—	—⌒⌒⌒—
元件特性	储存电荷、储存电场能	产生磁通链、储存磁场能
元件参数	标称容量、额定工作电压（耐压值）	电感（忽略电阻）
元件检测	可用万用表的电阻挡进行初检 （检测击穿、断路、漏电、容量减小等故障）	可用万用表的电阻挡进行初检 （检测短路、断路等故障）

2. 电容器的连接

项目	串联	并联
电路图	C_1　C_2　C_3 U_1, Q_1　U_2, Q_2　U_3, Q_3 $+ \longrightarrow U \longrightarrow -$	U　U_1, Q_1⊣⊢C_1　U_2, Q_2⊣⊢C_2　U_3, Q_3⊣⊢C_3
电压	$U = U_1 + U_2 + U_3$ 各电容器两端的电压与其电容成反比 $\dfrac{U_1}{U_2} = \dfrac{C_2}{C_1}$, $\dfrac{U_2}{U_3} = \dfrac{C_3}{C_2}$	$U = U_1 = U_2 = U_3$
电荷量	$Q = Q_1 = Q_2 = Q_3$	$Q = Q_1 + Q_2 + Q_3$ 各电容器上的电荷量与其电容成正比 $\dfrac{Q_1}{Q_2} = \dfrac{C_1}{C_2}$, $\dfrac{Q_2}{Q_3} = \dfrac{C_2}{C_3}$

项目	串联	并联
等效电容	$\dfrac{1}{C} = \dfrac{1}{C_1} + \dfrac{1}{C_2} + \dfrac{1}{C_3}$	$C = C_1 + C_2 + C_3$
作用	电容器串联使等效电容变小，耐压值变大。要求每个电容器的耐压值都要大于其承受的实际电压	电容器并联使等效电容变大，但不能提高耐压值。要求每个电容器的耐压值都要大于电路的外加电压

3. 磁场的基本物理量

物理量	符号	基本单位	含义及定义式
磁通	Φ	Wb	垂直通过某单位面积上的磁感线的总数 （表示磁场在空间某个区域内的分布情况）
磁感应强度	B	T	表示磁场的强弱，$B = \dfrac{\Phi}{S}$
磁导率	μ	H/m	表示物质的导磁性能，真空的磁导率 $\mu_0 = 4\pi \times 10^{-7} \text{H/m}$，相对磁导率 $\mu_r = \dfrac{\mu}{\mu_0}$
磁场强度	H	A/m	表示磁场的强弱（与磁介质的磁导率无关），$H = \dfrac{B}{\mu}$

4. 电流的磁效应

通电直导体周围会产生磁场，该磁场的方向可用安培定则判定。

5. 磁场对电流的作用

（1）通电直导体在磁场中受的作用力称为电磁力或安培力，其方向用左手定则判定。
（2）通电线圈在磁场中因受电磁力矩的作用而转动，转动方向用左手定则判定。

6. 电磁感应

当穿过线圈回路的磁通发生变化时，线圈回路中会产生感应电动势，称为电磁感应。直导体切割磁感线产生的感应电动势的方向用右手定则判定。

7. 磁路

项目	含义
磁路	由导磁材料或导磁材料和气隙构成的闭合路径
主磁通	磁路中的磁通通过预定路径的部分

项目	含义
漏磁通	磁路中的磁通不通过预定路径的部分
磁通势（磁动势）	通过线圈的电流和线圈匝数的乘积，$E_m = IN$
磁阻	磁路对磁通的阻碍作用，$R_m = \dfrac{l}{\mu S}$
磁路的欧姆定律	通过磁路的磁通与磁通势成正比，与磁阻成反比，$\varPhi = \dfrac{E_m}{R_m}$

8. 铁磁性物质的磁化

使原来不显磁性的物质具有磁性的过程称为磁化。

铁磁性物质的磁化过程可用起始磁化曲线和磁滞回线描述。

铁磁材料分为三大类：软磁材料、硬磁材料、矩磁材料。

9. 涡流与磁屏蔽

涡流：感应电流在铁块内自成闭合回路，形成的似水漩涡。

磁屏蔽：用由磁性材料或导电材料制成的屏蔽罩罩住设备，使其与外界磁场隔离的方法。

10. 互感

互感现象：当一个线圈中的电流变化时，它所产生的变化的磁场会在另一个线圈中产生感应电动势的现象。能够发生互感现象的两个线圈称为互感线圈或磁耦合线圈。

影响互感的因素：两个线圈自身固有的参数和引起互感的电流变化率。

同名端：因互感线圈的绕向一致而感应电动势极性一致的端子。利用同名端，可以方便地判断互感电动势的极性。

11. 变压器

变压器是根据互感原理制成的电气设备。

若忽略损耗，则初级、次级电压、电流与线圈匝数的关系式是

$$\frac{U_1}{U_2} = \frac{I_2}{I_1} = \frac{N_1}{N_2} = n\,(\,n \text{ 称为变压器的变压比}\,)$$

变换阻抗的关系式是

$$\frac{Z_1}{Z_2} = \left(\frac{N_1}{N_2}\right)^2 = n^2$$

单元复习题

4-1　某电容器的电容为 $10\mu F$，当其两端加 10V 电压时，极板所带电荷量为_____。

4-2　某空气介质的平行板电容器在充电后仍与电源保持连接，在极板中间放入 $\varepsilon_r = 2$ 的电介质，则电容器所带电荷量将（　　）。

A. 增加一倍　　　　B. 减少一半　　　　C. 不变　　　　D. 无规律

4-3　已知两电容器 $C_1 = 2C_2$。

（1）若电容为 C_1 的电容器与电容为 C_2 的电容器并联，则充电后电容为 C_1 的电容器和电容为 C_2 的电容器所带电荷量 Q_1、Q_2 的关系是（　　）。

A. $Q_1 = Q_2$　　　　B. $Q_1 = 2Q_2$　　　　C. $2Q_1 = Q_2$

（2）若电容为 C_1 的电容器与电容为 C_2 的电容器串联，则充电后电容为 C_1 的电容器和电容为 C_2 的电容器两端的电压 U_1、U_2 的关系是（　　）。

A. $U_1 = U_2$　　　　B. $U_1 = 2U_2$　　　　C. $2U_1 = U_2$

4-4　有两个电容器，$C_1 = 2\mu F$，耐压值为 60V；$C_2 = 4\mu F$，耐压值为 100V。将两个电容器串联后接到 120V 的电源上，能否安全工作？

4-5　如图 4.62 所示的两个电容器组，其中每个电容器的电容均为 $12\mu F$，耐压值均为 40V。试求：①图 4.62（a）的等效电容和耐压值；②图 4.62（b）的等效电容和耐压值。

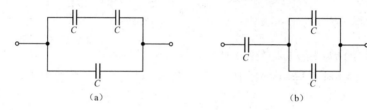

图 4.62　题 4-5 图

4-6　在图 4.63 中标出铁芯磁化后的磁极或线圈端点所加电压的极性。

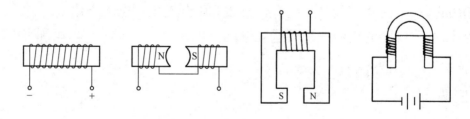

图 4.63　题 4-6 图

4-7　试判断如图 4.64 所示的磁场中通电直导体受到的电磁力的方向。

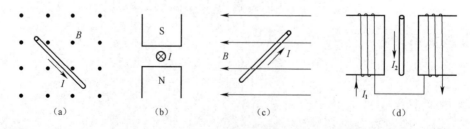

图 4.64　题 4-7 图

4-8　试判断如图 4.65 所示的磁场中线圈因受电磁力矩而旋转的方向。

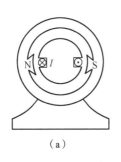 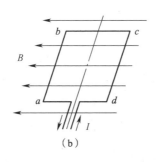 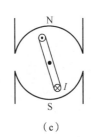

（a）　　　　　　　（b）　　　　　　　（c）

图4.65　题4-8图

4-9　已知电流通过某线圈时产生0.04Wb的磁通，假设该线圈为1500匝，电感为12H，求通过线圈的电流。

4-10　试判定图4.66中各组线圈的同名端。

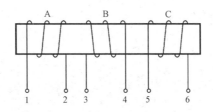

图4.66　题4-10图

4-11　理想变压器原线圈的匝数为1000，将其接在220V电源上，副线圈的匝数为50。试求：①变压器的变压比；②次级开路电压；③如果输出电流为72A，则输入电流是多少？

4-12　用理想变压器使放大器与200Ω的耳机匹配以获得最大功率。如果放大器的内阻抗为12kΩ，电动势为1.0V，试求变压器的变压比和耳机获得的功率。

教学微视频　　　　　　　　　　　　　◀◀◀◀扫一扫

单元 5

单相正弦交流电路

1000kV 特高压输电线路

在生产建设和日常生活中，正弦交流电与我们密不可分。交流电可以通过变压器改变电压大小，以便远距离输电，并为用户提供所需电压等级，因此交流电的应用极为广泛。一些必须使用直流电的场合往往也要使用整流设备将交流电变换为直流电。上图是中国的"电力高速公路"——1000kV 特高压输电线路。

本单元综合教学目标

1. 熟悉电工实验室工频电源的配置，认识常用交流电仪器仪表，会使用万用表、试电笔等。

2. 理解正弦交流电的解析式、波形图、旋转矢量表示法，以及正弦量表示法的相互转换等，掌握正弦交流电的三要素。

3. 理解有效值、最大值、角频率、周期、相位等概念，掌握它们之间的关系。

4. 掌握电阻、电感、电容的电压与电流关系，理解有功功率、无功功率等概念。

5. 会使用信号发生器、毫伏表和示波器，会使用示波器观察信号波形，会测量正弦电压的频率和峰值，会测量交流串联电路的电压和电流等。

6. 理解 RL、RC、RLC 等串联电路的阻抗概念，掌握电压三角形、阻抗三角形的应用。

7. 会使用数字仿真万用表、仿真示波器等仪器进行相关实验。

8. 理解电路中的瞬时功率、有功功率等物理概念，会计算电路的有功功率、无功功率和视在功率。

9. 理解功率三角形、功率因数，并了解功率因数的意义。

职业岗位技能综合素质要求

1. 认识并熟悉电工实验室工频电源的配置，以及函数信号发生器、钳形电流表、万用表、单相调压器、试电笔等仪器仪表和常用电工工具。

2. 会使用信号发生器、毫伏表和示波器，会测量并观察正弦电压的频率和峰值的信号波，会观察电阻、电感、电容的电压与电流的关系。

3. 能掌握 RL、RC、RLC 等串联电路实验与数字仿真实验。

4. 能绘制荧光灯电路图，会按图纸要求安装荧光灯电路，能排除荧光灯电路的简单故障。

5. 会使用仪表测量交流电路的功率和功率因数，能进行提高功率因数的数字仿真实验。

6. 熟知并掌握常用照明电路配电板的组成、各器件外部结构和性能，以及安装与设计。

7. 树立爱岗敬业、遵纪守法、安全第一、操作规范的职业素养与意识。

数字化核心素养与课程思政目标

1. 增强关于单相正弦交流电路数字仿真实验的设计与操控分析能力。

2. 增强仿真软件相关技术信息意识，发展分层识别思维。

3. 要培养挺膺担当的精神，以奋发有为的姿态，增强数字化应用意识，实现个人价值。

4. 树立良好操控习惯的专业技能导向，培养具有鲜明个性的技能工匠。

5. 熟练操作数字化软件，并能用其解决常见问题。

6. 自觉践行社会主义核心价值观，培养认真、严谨、细致、一丝不苟的工匠精神，以及终身学习、与时俱进的精神。

5.1 实验：交流电路的认识

做中学 ▶▶▶▶

1. 实验目的

（1）熟悉电工实验室工频电源的配置。

（2）了解基本的交流电仪器仪表。

（3）了解试电笔的构造，并学会使用试电笔。

2. 实验器材

（1）电工实验台。

（2）信号发生器、交流电压表、交流电流表、钳形电流表、万用表、单相调压器、试电笔。

3. 实验步骤与要求

1）熟悉电工实验室工频电源的配置

工频是指交流电源的频率标准。中国电力工业的标准频率为50Hz，有些国家或地区（如美国等）电力工业的标准频率为60Hz。

电工实验室的工频电源有单相交流电源和三相交流电源两种，配置有多个规格的电源输出电压，且具有三相漏电开关和保险盒二级保护功能。

（1）三相交流电输出：提供380V三相交流电（带中性线）。

（2）单相交流电输出：提供220V单相交流电（市电）。

（3）单相、三相可调交流电输出：提供0～240V连续可调的单相交流电，0～380V连续可调的三相交流电，由交流电压表指示输出电压。

实验：在教师指导下，熟悉工频电源，用万用表的交流电压挡测量几种电源的输出电压。

2）了解基本的交流电仪器仪表

交流电仪器仪表种类繁多，主要用途是提供信号、进行电工测量。

（1）交流电流表。

交流电流表用于测量交流电路中的电流，通常有电磁式和电动式两种。电磁式交流电流表适用于一般测量，具有结构简单、过载能力强等优点，缺点是刻度不均匀，测量机构本身的磁场较弱，易受外磁场影响，精确度等级通常为0.5～2.5级；电动式交流电流表适用于精密测量，具有准确度高、适用范围广等优点，缺点是自身功耗较大、过载能力弱，且价格较贵，精确度等级通常为0.2～1.0级。

图5.1（a）所示为交流电流表实物图。

多量程的交流电流表将表内固定线圈分成多段，通过将多段线圈串联、并联实现不同的量程。图5.1（b）所示为两个量程的交流电流表的线圈和接线。

当被测电流很大时，需要利用互感器的电流变换作用扩大交流电流表的量程。

在使用交流电流表时要将交流电流

 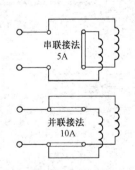

（a）交流电流表实物图　（b）两个量程的交流电流表的线圈和接线

图5.1　交流电流表

表串联在被测电路中；要根据被测电流的大小选择适当的量程，从而保证安全使用仪表并得到较精确的测量数据。若测量前无法判别电流大小，则应先选择较大量程试测，再逐渐调换为适当的量程。为减小测量误差，应使指针尽可能接近满刻度，最好指示在不小于满刻度三分之二的区域。因为交流电流表的内阻一般较小，所以严禁把交流电流表并联在电路中。

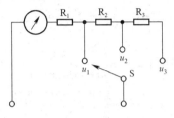

（a）交流电压表实物图　　　（b）三个量程的交流电压表电路

图 5.2　交流电压表

（2）交流电压表。

交流电压表用于测量交流电路中的电压，有电磁式和电动式两种。

图 5.2（a）所示为交流电压表实物图。

多量程的交流电压表通过在表内与表头串联倍压器（分压电阻）扩大量程。图 5.2（b）所示为三个量程的交流电压表电路。

在测量较高电压时，需要利用互感器的电压变换作用将电压降低后再测量。

在使用交流电压表时，要将交流电压表并联在被测电路中；要根据被测电压的大小选择适当的量程，选择方法同交流电流表。交流电压表的内阻一般较大。

（3）钳形电流表。

钳形电流表是一种在不断开电路的情况下测量交流电流的专用仪表，简称钳形表，其外形如图 1.14 所示。

钳形电流表由电流互感器和整流式电流表组成。在测量电流时，压开钳子，套入被测载流导线，该导线就是电流互感器的一次绕组，电流互感器的二次绕组绕在铁芯上，与电流表接通。此时，被测导线的电流在铁芯中产生交变磁通，使二次绕组感应出与流过导线的电流成一定比例的二次电流。根据电流互感器一次绕组、二次绕组间存在一定变比关系，由电流表的指示值即可知道被测电流的数值。图 5.3（a）所示为钳形电流表原理图。

在使用钳形电流表时应注意以下几点。

① 在测量之前，要进行机械调零（指针式钳形电流表），清洁钳口。

② 先估计被测电流大小，选择合适的量程，不可用小量程测量大电流。如果被测电流较小，读数不明显，则在条件允许的前提下，可将载流导线多绕几圈后放进钳口进行测量，将最终读数除以放进钳口的导线根数就是实际的电流。

③ 被测载流导线必须置于钳口中间，钳口必须闭紧，如图 5.3（b）所示。

④ 不要在测量过程中变换量程。

⑤ 不允许用钳形电流表测量高压电路的电流，以免发生事故。

⑥ 在使用钳形电流表时要远离磁场，以减小磁场的影响。

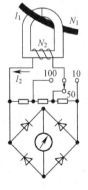
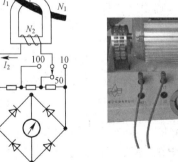

（a）钳形电流表原理图　　　　　（b）用钳形电流表测电流

图 5.3　钳形电流表

⑦ 使用完毕，要将调节开关放在最大电流量程处。

（4）万用表。

万用表是一种多用途、多量程的测量仪表，按指示方式不同，分为模拟式万用表和数字式万用表两种，有较多型号。万用表一般可以测量交流电压、直流电压、直流电流、电阻，有的还可以测量交流电流，以及电感、电容、二极管、晶体管的某些参数等。模拟式万用表的表头是磁电式电流表，数字式万用表的表头是数字电压表。它们虽然结构不完全相同，但基本原理是一样的。万用表具有功能多、量程宽、灵敏度高、价格低、使用方便等优点，是电工必备的电工仪表之一。万用表面板如图 5.4 所示，其中图 5.4（a）所示为模拟式万用表面板，图 5.4（b）所示为数字式万用表面板。

万用表在使用前，要先进行机械调零，再将红表笔、黑表笔分别插入"＋""－"插孔。

① 测量直流电压（方法同直流电压表）。

将转换开关置于直流电压挡，根据所测电压的高低将转换开关置于相应的量程处。若无法估计电压的高低，则可先使用万用表的最高量程，再由高到低逐级调到合适的量程。在测量时，应将万用表并联接在被测电路中，注意正极、负极不要接反。

② 测量交流电压（方法同交流电压表）。

将转换开关置于交流电压挡，根据所测电压的高低将转换开关置于相应的量程。若无法估计电压的高

（a）模拟式万用表面板　（b）数字式万用表面板

图 5.4　万用表面板

低，则应和测量直流电压一样，先使用万用表的最高量程，再由高到低逐级调到合适的量程。在测量时应将万用表并联接在被测电路中。测量交流电压不分正极、负极。

③ 测量直流电流（方法同直流电流表）。

将转换开关置于直流电流挡，根据所测电流的大小将转换开关置于相应的量程处。若无法估计电流的大小，则应和测量直流电压一样，先使用万用表的最高量程，再由高到低逐级调到合适的量程。在测量时应将万用表串联接在被测电路中，注意正极、负极不要接反。

④ 测量电阻。

将转换开关置于电阻挡的适当量程处。先将两个表笔短接，旋动欧姆调零旋钮，使指针指在电阻"0"刻度处（叫作欧姆调零，若无法将指针调至"0"刻度处，则需要更换电池）。所测电阻的阻值等于表盘的读数乘以倍率。

在使用万用表时应注意以下几点。

● 正确放置转换开关的位置，切忌用电流挡或电阻挡测量电压。

● 严禁带电转换量程，在测量过程中，不能旋动转换开关，特别是在测量高电压和大电流时。

● 在测量直流电流、直流电压时，必须注意极性，若指针反偏，则应将两个表笔对调并明确其方向。

● 在测量电阻时，不可带电测量；在测量电路中至少应将电阻一端与电路断开；在换挡后欧姆挡要重新进行调零。

● 在测量完毕后，要将转换开关置于空挡或交、直流电压最高挡。

（5）信号发生器。

能够输出测试信号的仪器统称信号发生器，用于产生被测电路所需参数的测试信号。信号发生器根据用户对波形的设定命令来产生信号。在电子实验和测试处理中，信号发生器本身并不是测量工具，它根据使用者的要求，仿真各种波形的测试信号，并将信号提供给被测电路，以满足测试需求。

信号发生器有很多分类方法，其中一种方法是将信号发生器分为混合信号发生器和逻辑信号发生器。混合信号发生器主要输出模拟波形；逻辑信号发生器输出数字码型。混合信号发生器又可分为函数信号发生器和任意波形/函数发生器，其中函数信号发生器输出标准波形，如正弦波、锯齿波、方波等，任意波形/函数发生器输出用户自定义的任意波形；逻辑信号发生器又可分为脉冲信号发生器和码型发生器，其中脉冲信号发生器生成较少方波或脉冲波，码型发生器生成许多通道的数字码形。

另外，信号发生器还可以按照输出信号的类型分类，如射频信号发生器、扫描信号发生器、频率合成器、噪声信号发生器、脉冲信号发生器等；也可以按照使用频段分类，不同频段的信号发生器对应不同的应用领域。

图 5.5 所示为几种类型信号发生器，信号发生器的使用将在 5.4 节进行介绍。

（a）函数信号发生器

（b）脉冲信号发生器

（c）低频信号发生器

（d）高频信号发生器

图 5.5　几种类型信号发生器

（6）单相调压器。

单相调压器是一种特殊的自耦变压器，其实物图如图 5.6（a）所示。与普通变压器类似，在结构上，自耦变压器也是由铁芯和原线圈、副线圈组成的。其特殊性在于，副线圈不单独绕制，而是与原线圈共用一个线圈，如图 5.6（b）所示。在技术上，小容量自耦变压器多被制成线圈中间抽头可滑动接触的形式，以便连续调节输出电压。能够连续调节输出电压的自耦变压器又叫作自耦调压器，简称调压器，被广泛应用在工程技术和实验中。为了便于连续调压，自耦调压器的铁芯被做成圆环形；线圈被均匀绕在铁芯上，线圈上端面除去绝缘漆，以便由碳刷和转柄制成的调压组件在其上面接触滑动，进而实现连续调压，其原理图如

图 5.6（c）所示。

（a）单相调压器实物图

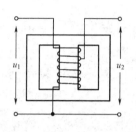
（b）单相调压器原理图

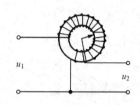
（c）自耦调压器原理图

图 5.6　单相调压器

单相调压器的使用方法：在接电源前，将调压手柄调至零；用导线将输入端钮通过电源开关（断状态）与工频 220V 交流电源连接，将输出端钮与外电路或负载连接；闭合电源开关，顺时针调节调压手柄，直到输出电压表指示所需电压；用毕，断开电源开关，拆除连接导线，将调压手柄调至零。

使用单相调压器时应注意以下几点。

① 由于单相调压器的原线圈、副线圈间有直接电连接，所以不能将其用作隔离变压器和安全变压器。

② 不得带电接线和拆线，人体不得直接接触原线圈、副线圈及相连电路裸露的部分，以免触电。

实验：在教师指导下，熟悉上述交流电仪器仪表的外形、功能等。

3）试电笔的用途与结构及其使用方法

（1）用途与结构。

试电笔是检测线路或电气设备是否带电（和大地之间是否有电压降）的工具。按照测量电压的高低，试电笔分为三种：①高压试电笔，在 10kV 及以上项目作业时使用，是电工的日常检测用具；②低压试电笔，用于线电压为 500V 及以下项目的带电体检测；③弱电试电笔，用于电子产品的测试，一般测试电压为 6~24V。按照接触方式，试电笔分为两种：①接触式试电笔，通过接触带电体获得电信号的检测工具，通常有一字形（兼作试电笔和一字螺钉旋具）和钢笔式（直接在液晶窗口显示测量数据）；②智能感应式试电笔，无须和被测导体进行物理接触，利用智能感应测试，即可检查控制线、导体和插座上的电压或沿导线检查断路位置，可以最大限度地保障检测人员的人身安全。按外形，试电笔分为笔式、旋具式和数字显示式等。图 5.7 所示为普通氖管试电笔结构和智能感应式试电笔外形。其中，普通氖管试电笔通过氖管发光来指示被测导体带电。

（2）使用方法。

在使用试电笔时，正确握法是手与试电笔尾部（笔式）或顶部（旋具式）的金属体接触，笔尖或旋具头与被检测导体接触，如图 5.8（a）所示。这样，若被测导体带电，则电流由被测导体经试电笔和人体与大地构成回路，只要带电体与大地之间的电压超过 60V，试电笔中的氖管就会发光，或者显示屏上显示数字。图 5.8（b）所示为两种错误握法。

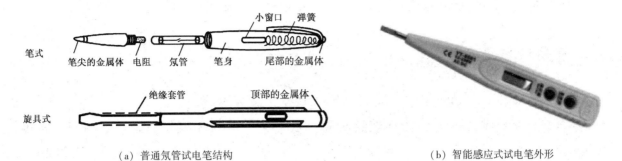

（a）普通氖管试电笔结构　　　　　　　　　　（b）智能感应式试电笔外形

图 5.7　普通氖管试电笔结构和智能感应式试电笔外形

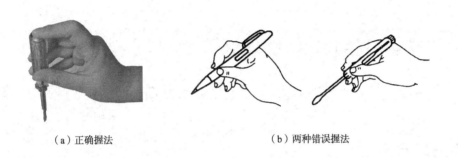

（a）正确握法　　　　　　　　　（b）两种错误握法

图 5.8　试电笔的正确握法和两种错误握法

在使用试电笔时还应注意以下几点。

① 试电笔只可用于测量低压（60～500V）电路，对于电压在 500V 以上的电路，应使用高压试电笔（常称为验电器）进行测试。

② 在使用前要确认试电笔完好（可在确定带电的导体上证实试电笔氖管可以发光或显示屏可以显示数字）。

③ 在明亮的光线下进行测试时，应注意避光，以便观察氖管或显示屏的情况。

④ 在检测时应避免试电笔笔尖的金属体与多个导体相接触，以防造成短路。

⑤ 旋具式试电笔的金属杆上必须套有绝缘套管，仅留出刀口部分用于测试。

（3）其他功能。

试电笔除用于检验低压导线、用电器和电气设备是否带电以外，还有如下功能。

① 识别中性线和相线。用试电笔测试通电的交流电线路，使氖管发光的是相线。在正常情况下，中性线不会使氖管发光。

② 判断电压的高低。在用试电笔测试时，可根据氖管发光的亮度来估计电压的高低。

③ 识别直流电与交流电。在用试电笔测试交流电时，氖管两个电极同时发光；在用试电笔测试直流电时，氖管只有一个电极发光。

④ 区分直流电的正极、负极。将试电笔连接在直流电的正极与负极之间，使氖管发光的一端为正极。

实验：在教师指导下，学习试电笔的使用方法。

① 分别测试电工实验室工频电源的相线和中性线。

② 分别测试电工实验室 220V 和 380V 电源的相线。

③ 分别测试单相调压器输出的高、低不同的电压，观察试电笔氖管发光的亮度。

活动与练习 ▶▶▶▶

5.1-1 参观商场、查阅资料，认识了解更多交流电仪器仪表。

5.1-2 熟记电工实验室工频电源的配置，基本交流电仪器仪表的名称、作用，试电笔的结构及使用方法。

5.1-3 完成"实验：交流电路的认识"的实验报告（报告内容参见"活动与练习 3.5-3"）。

5.2 正弦交流电的基本物理量

正弦交流电是指电流（或电压、电动势）的大小和方向随时间按正弦规律变化的交流电。

观察与思考 ▶▶▶▶

图 5.9 所示为交流发电机模型，交流发电机是根据电磁感应原理制成的。N 和 S 为两个固定磁极，磁极之间放置一个可以绕轴 oo' 转动的线圈 $abcd$。使线圈匀速转动，观察检流计的变化。观察到的现象说明了什么？

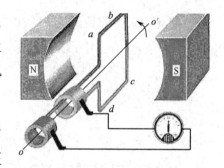

图 5.9 交流发电机模型

在线圈转动时，检流计指针左右摆动，说明线圈中有感应电流产生，而且电流的大小与方向都在变化。可以证明，当线圈匀速转动时，线圈中产生的感应电动势按正弦规律变化。

实际的发电机比如图 5.9 所示的交流发电机模型更复杂，线圈匝数很多，磁极一般也不止一对。磁极是由电磁铁制成的，一般多采用旋转式磁极，为了获得按正弦规律分布的磁场，需要采用特殊工艺把磁极做成特定形状。

5.2.1 解析式与波形图

经过理论推导，可以得出正弦交流电解析式（又称瞬时值表达式）的一般形式。因为正弦交流电是按正弦规律变化的，所以其表达式为正弦函数形式：

$$\begin{cases} i = I_{\mathrm{m}}\sin(\omega t + \varphi_i) & \text{（正弦交流电流）} \\ u = U_{\mathrm{m}}\sin(\omega t + \varphi_u) & \text{（正弦交流电压）} \\ e = E_{\mathrm{m}}\sin(\omega t + \varphi_e) & \text{（正弦交流电动势）} \end{cases} \quad (5-1)$$

图 5.10 所示为正弦交流电动势的波形图，它实际就是一条正弦曲线。坐标横轴表示时间 t，坐标纵轴表示瞬时电动势 e。同样，若坐标纵轴表示瞬时电流 i，则对应波形图为正弦交流电流的波形图；若坐标纵轴表示瞬时电压 u，则对应波形图为正弦交流电压的波形图。

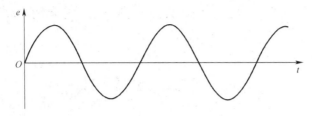

图 5.10　正弦交流电动势的波形图

5.2.2　瞬时值、最大值和有效值

由于交流电的电流和电压的大小和方向是随时间而变化的，而直流电的电流和电压是数值固定和方向恒定的，因此交流电的描述不同于直流电。在正弦交流电路中，电流和电压在任一瞬时的数值称为正弦交流电的瞬时值，瞬时值是随着时间而变化的。用小写字母 i、u、e 分别表示交流电流、交流电压和交流电动势的瞬时值，同式（5-1）中的 i、u、e。

正弦交流电在按正弦规律变化的过程中瞬时最大值称为最大值，有时称为幅值、峰值。最大值不随时间变化，用带下标 m 的大写字母表示。式（5-1）中的 I_m、U_m、U_m 分别表示交流电流、交流电压和交流电动势的最大值。

正弦交流电的瞬时值总是随时间变化的，难以用来计量正弦交流电的大小和它的做功能力。工程上常采用有效值来计量正弦交流电的大小。正弦交流电的有效值是根据它的热效应来确定的，根据热效应相等原理，如果正弦交流电流 i 通过阻值为 R 的电阻在一个周期内所产生的热量和直流电流 I 通过同一电阻在相同时间内所产生的热量相等，则这个直流电流 I 的值叫作正弦交流电流 i 的有效值。有效值用大写字母表示，如 I、U、E 分别表示交流电流、交流电压和交流电动势的有效值。

对于正弦交流电，根据理论推导，其最大值是有效值的 $\sqrt{2}$ 倍，即

$$I_m = \sqrt{2}I, U_m = \sqrt{2}U, E_m = \sqrt{2}E \qquad (5-2)$$

通常所说的交流电的电流、电压、电动势的值，在不进行特殊说明时都是指有效值。例如，市网电压 220V，是指其有效值为 220V；交流电气设备铭牌上标的电压、电流也都是指有效值，如白炽灯上标的 "220V" 就是指白炽灯额定电压的有效值是 220V；交流电流表、交流电压表上的刻度值，也是指交流电流和交流电压的有效值。

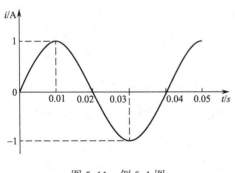

图 5.11　例 5.1 图

【例 5.1】　图 5.11 所示为某一正弦交流电流的波形图，试分别说明 $t=0s$、$t=0.01s$、$t=0.02s$、$t=0.03s$ 时交流电流的瞬时值。

解： 当 $t=0$ s 时，交流电流的瞬时值 $i=0A$。

当 $t = 0.01$s 时，交流电流的瞬时值 $i = 1$A，$i > 0$ 表示正向。

当 $t = 0.02$s 时，交流电流的瞬时值 $i = 0$A 。

当 $t = 0.03$s 时，交流电流的瞬时值 $i = -1$A，$i < 0$ 表示反向。

【例 5.2】 已知某正弦交流电动势 $e = 311\sin314t$ V，试求该电动势的最大值、有效值和在 $t = 0.1$s 时的瞬时值。

解： 由已知条件可得

$$E_m = 311V, \quad E = \frac{311V}{\sqrt{2}} \approx 220V$$

$t = 0.1$s 时该电动势的瞬时值为 $e = 311\sin314t = 311\sin(100\pi \times 0.1) = 0(V)$。

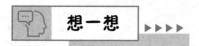

在实际应用中，耐压值为 220V 的电容能不能直接接到电压为 220V 的交流电源上呢？

5.2.3 周期、频率和角频率

周期、频率和角频率是表示交流电变化快慢的物理量。

正弦交流电变化一周经历的时间称为周期，用字母 T 表示，单位为 s，如图 5.12 所示。

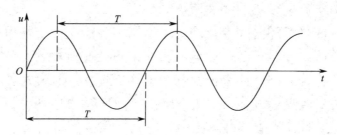

图 5.12 正弦交流电的周期

交流电每秒内变化的周期数称为频率，用字母 f 表示，单位为 Hz。工程上频率常用的单位还有千赫（kHz）和兆赫（MHz）：

$$1kHz = 10^3 Hz, 1MHz = 10^6 Hz$$

交流电变化得越快，频率越高，周期越短。周期和频率互为倒数，即

$$f = \frac{1}{T} \text{ 或 } T = \frac{1}{f} \qquad (5-3)$$

交流电每秒内变化的电角度称为角频率，用 ω 表示，单位为 rad/s。式（5-1）中的 ω 就是正弦交流电的角频率。当交流电变化一周时，相当于角度（ωt）变化了 2πrad（360°），所用时间为一个周期 T，即

$$\omega = \frac{2\pi}{T} = 2\pi f \qquad (5-4)$$

5.2.4　相位、初相和相位差

从交流电的瞬时值表达式中可以看出，交流电的瞬时值虽然是随时间按正弦规律变化的，但它的大小不是简单地由时间 t 来确定的，而是由 $\omega t + \varphi$ 来确定的。我们称 $\omega t + \varphi$ 为相位。其中，φ 是 $t = 0$ 时对应的相位，叫作初相位，又称初相角、初相，如式（5-1）中的 φ。

两个同频率交流电的相位之差称为相位差，用 $\Delta \varphi$ 表示，即

$$\Delta \varphi = \varphi_1 - \varphi_2 \tag{5-5}$$

相位差说明了两个同频率交流电随时间的变化在步调上的先后。正弦交流电的相位关系如图 5.13 所示。若 $\Delta \varphi = 0$，则称这两个同频率的正弦交流电为同相；若 $\Delta \varphi = 180°$，则称这两个同频率的正弦交流电为反相；若 $\Delta \varphi = 90°$，则称这两个同频率的正弦交流电为正交。

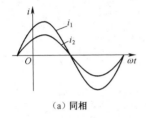 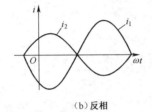 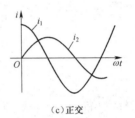

（a）同相　　　　　　（b）反相　　　　　　（c）正交

图 5.13　正弦交流电的相位关系

对于两个同频率的正弦量，如 $i_1 = I_{m1}\sin(\omega t + \varphi_1)$，$i_2 = I_{m2}\sin(\omega t + \varphi_2)$，当 $\Delta \varphi = \varphi_1 - \varphi_2 > 0$ 时，称 i_1 超前 i_2 $\Delta \varphi$ 或称 i_2 滞后 i_1 $\Delta \varphi$，如图 5.14 所示；当 $\Delta \varphi = \varphi_1 - \varphi_2 < 0$ 时，称 i_1 滞后 i_2 $\Delta \varphi$ 或称 i_2 超前 i_1 $\Delta \varphi$。（注意：$|\varphi| \leqslant 180°$，$|\Delta \varphi| \leqslant 180°$。）

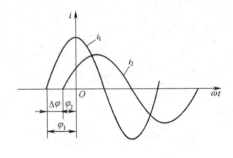

图 5.14　正弦交流电的超前与滞后

【例 5.3】　已知正弦交流电动势 $e = 14.1\sin(800\pi t + 30°)$（V），正弦交流电流 $i = 2\sin(800\pi t)$（A），试求 e 与 i 之间的相位关系。

解：相位差 $\Delta \varphi = \varphi_e - \varphi_i = 30° - 0° = 30°$，即 e 超前 i $30°$。

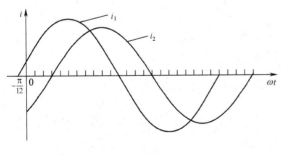

图 5.15　例 5.4 图

【例 5.4】　如图 5.15 所示，电流 i_1 和 i_2 的初相各为多少？哪个超前？超前多少？

解：由图 5.15 可得

$$\varphi_{i1} = \frac{\pi}{12}, \quad \varphi_{i2} = -\frac{\pi}{4}$$

则有

$$\Delta \varphi_{12} = \varphi_{i1} - \varphi_{i2} = \frac{\pi}{12} - \left(-\frac{\pi}{4}\right) = \frac{\pi}{3}$$

因为 $\Delta \varphi_{12} > 0$，所以 i_1 超前 i_2 $\frac{\pi}{3}$。

5.2.5　正弦交流电的三要素

正弦交流电的特征表现在其变化的快慢、大小及初值三个方面，这三个方面分别由角频率（或周期、频率）、最大值（或有效值）和初相来确定，所以角频率、最大值和初相称为正弦交流电的三要素。只要知道了某正弦交流电的这三个要素，该正弦交流电也就确定了。

【例5.5】　已知某正弦交流电动势 $e = 14.1\sin(800\pi t + 30°)(V)$，写出该正弦交流电动势的三要素。

解：$E_m = 14.1(V)$，$\omega = 800\pi(rad/s)$，$\varphi_e = 30°$。

【例5.6】　某正弦交流电压的有效值 $U = 220V$，周期 $T = 0.02s$；当 $t = 0$ 时，$u = 220V$。求电压的瞬时值表达式。

解：由题意可得

$$U_m = \sqrt{2}U = 220\sqrt{2}(V)$$

$$\omega = \frac{2\pi}{T} \approx \frac{2 \times 3.14}{0.02} = 314(rad/s)$$

根据电压瞬时值表达式的一般形式 $u = U_m\sin(\omega t + \varphi_u)$ 有

$$u = 220\sqrt{2}\sin(314t + \varphi_u)$$

已知当 $t = 0$ 时，$u = 220V$，即

$$220 = 220\sqrt{2}\sin\varphi_u$$

由此可得

$$\sin\varphi_u = \frac{\sqrt{2}}{2}$$

即 $\varphi_u = 45°$。

因此，电压的瞬时值表达式为

$$u = 220\sqrt{2}\sin(314t + 45°)(V)$$

 活动与练习

5.2-1　正弦交流电压 $u = 220\sqrt{2}\sin\omega t(V)$ 中的 ω 为 $100\pi rad/s$，分别计算 $t = 0s$、$t = 0.005s$、$t = 0.01s$、$t = 0.015s$ 和 $t = 0.02s$ 时电压的瞬时值。

5.2-2　某正弦交流电流在 0.2s 内变化了 10 周，求它的周期和频率。

5.2-3　求正弦交流电动势 $e = 311\sin\left(314t + \dfrac{\pi}{4}\right)(V)$ 的最大值、有效值、周期、频率、角频率、初相，并计算 $t = 0.01s$ 时的相位。

5.2-4　正弦交流电压的波形图如图 5.16 所示，电压 u_1 和 u_2 的初相 φ_{u1}、φ_{u2} 分别为多少？u_1 和 u_2 哪个超前？超前多少？

5.2-5　有一个电容的耐压值为 250V，它能否接在 220V 的交流电路中呢？为什么？

5.2-6 已知某正弦交流电流的最大值 $I_m = 2A$，频率 $f = 50Hz$，初相为 $\frac{\pi}{6}$。写出它的瞬时值表达式，并绘出它的波形图。

5.2-7 已知某正弦交流电流的频率是 50Hz，用万用表交流电流挡测量得到的读数为 0.3A。若此交流电流的初相是 $-\frac{\pi}{2}$，试写出它的瞬时值表达式。

5.2-8 已知正弦交流电压与正弦交流电流的瞬时值表达式分别为 $u = U_m\sin(314t + 60°)(V)$，$i = I_m\sin(314t + 30°)(A)$。问电压和电流哪个超前？哪个滞后？相位差是多少？

5.2-9 两个同频率正弦交流电流的波形图如图 5.17 所示。已知 i_1 的有效值为 18A，初相为 90°，i_2 的有效值为 i_1 有效值的 2/3，两个电流的相位差为 50°，试写出 i_1 及 i_2 的瞬时值表达式。

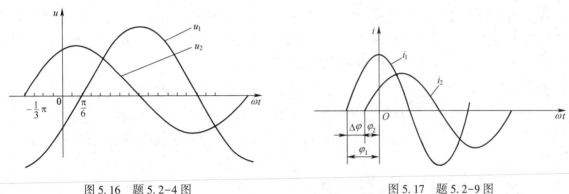

图 5.16 题 5.2-4 图 图 5.17 题 5.2-9 图

5.3 旋转矢量表示法

 问题与探究 ▶▶▶▶

瞬时值表达式和波形图虽然都能明确地表示某个正弦交流电的三要素，但要将两个正弦量相加或相减时，使用这两种表示方法很麻烦。旋转矢量表示法可以使正弦量的加、减运算简单又形象，正弦量的旋转矢量表示法为分析交流电路带来很大便利。

如何用旋转矢量表示正弦量呢？

5.3.1 正弦量的旋转矢量表示法

对于任一正弦交流电而言，只要知道其三要素（最大值、角频率和初相），就可以写出它的瞬时值表达式。若某一正弦交流电压的最大值为 U_m，角频率为 ω，初相为 φ_u，则该正弦交流电压的瞬时值表达式为 $u = U_m\sin(\omega t + \varphi_u)$。

现用一段线段的长度表示正弦量的最大值 U_m 或有效值 U，用线段与水平基线的夹角表示正弦量的初相 φ_u，线段沿逆时针方向旋转的角速度大小为角频率 ω，于是该正弦交流电压就可以用如图 5.18 所示的矢量图表示。

若用该线段的长度表示电压的最大值，则对应的正弦交流电压的矢量称为正弦交流电压的最大值矢量 $\dot{U}_m$，其矢量表达式为

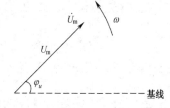

图 5.18　正弦交流电压的矢量图

$$\dot{U}_m = U_m \angle \varphi_u \qquad (5-6)$$

若用该线段的长度表示电压的有效值，则对应的正弦交流电压的矢量称为正弦交流电压的有效值矢量 $\dot{U}$，其矢量表达式为

$$\dot{U} = U \angle \varphi_u \qquad (5-7)$$

正弦量的比较和计算必须在角频率相同的正弦量之间进行，因此，矢量图中各矢量间的相对位置是不变的，即它们是相对静止的。所以，在进行正弦量的比较和计算时，只考虑其初始状态即可。因此，在画矢量图时可将角频率省去。

在正弦交流电路中，电流、电压、电动势的最大值矢量分别用符号 $\dot{I}_m$、$\dot{U}_m$ 和 $\dot{E}_m$ 表示，有效值矢量分别用 $\dot{I}$、$\dot{U}$ 和 $\dot{E}$ 表示。需要指出的是，正弦量的旋转矢量表示法只是一种数学方法，正弦量本身不是矢量，在空间中没有方向性，正弦量是按正弦规律变化的代数量。

5.3.2　正弦量表示法的相互转换

正弦交流电有多种表示方法，最常用的是瞬时值表示法、波形图表示法、旋转矢量表示法，这些表示法可以相互转换。

【例 5.7】　写出如图 5.19 所示的正弦量的瞬时值表达式。

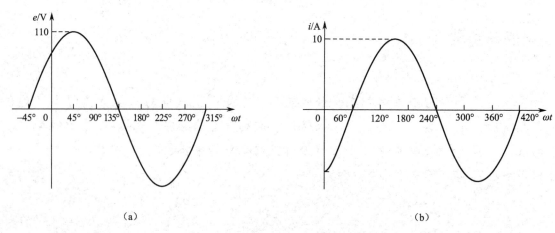

（a）　　　　　　　　　　　　　（b）

图 5.19　例 5.7 图

解：由图 5.19（a）可知，$E_m = 110\text{V}$，$\varphi_e = 45°$，则正弦交流电动势的瞬时值表达式为

$$e = 110\sin(\omega t + 45°)(\text{V})$$

由图 5.19（b）可知，$I_m = 10\text{A}$，$\varphi_i = -60°$，则正弦交流电流的瞬时值表达式为

$$i = 10\sin(\omega t - 60°)\,(A)$$

【例 5.8】　写出下列正弦量的有效值矢量表达式，并画出其有效值矢量图。

$$u = 14.14\sin\left(\omega t - \frac{\pi}{4}\right)\,(V)$$

$$i = 7.07\sin\left(\omega t + \frac{\pi}{4}\right)\,(A)$$

解：根据电压的有效值矢量表达式 $\dot{U} = U \angle \varphi_u$，由题可知，$U_m = 14.14V, \varphi_u = -\dfrac{\pi}{4}$，所以有

$$U = \frac{\sqrt{2}}{2}U_m = \frac{\sqrt{2}}{2} \times 14.14 \approx 10\,(V)$$

$$\dot{U} = 10 \angle -\frac{\pi}{4}\,(V)$$

同理，根据电流的有效值矢量表达式 $\dot{I} = I \angle \varphi_i$，由题意可知，$I_m = 7.07A, \varphi_i = \dfrac{\pi}{4}$，所以有

$$I = \frac{\sqrt{2}}{2}I_m = \frac{\sqrt{2}}{2} \times 7.07 \approx 5\,(A)$$

$$\dot{I} = 5 \angle \frac{\pi}{4}\,(A)$$

u、i 的有效值矢量图如图 5.20 所示。

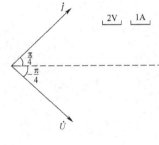

图 5.20　例 5.8 图

提醒注意 ▶▶▶▶

（1）在画矢量图时要先规定单位长度代表的正弦量值，如图 5.20 所示。

（2）同频率的几个矢量可以画在同一矢量图中，不同频率的矢量不能画在同一矢量图中。

观察与思考 ▶▶▶▶

在矢量图中能直观地比较同频率正弦量间的相位关系。在小于 180° 的范围内，沿逆时针方向"领先"的是超前矢量。仔细观察如图 5.20 所示的矢量图，指出电流和电压谁超前，超前多少。

活动与练习 ▶▶▶▶

5.3-1　已知 $u = 10\sqrt{2}\sin\left(\omega t - \dfrac{\pi}{4}\right)$（V），写出其有效值矢量表达式、最大值矢量表达式，并画出矢量图。

5.3-2　在如图 5.21 所示的正弦交流电的矢量图中，电流 $\dot{i}$ 为参考矢量，指出各正弦量的初相，并比较 $\dot{U}_R$ 与 $\dot{i}$、$\dot{U}_C$ 与 $\dot{U}_L$、$\dot{U}_L$ 与 $\dot{i}$、$\dot{U}$ 与 $\dot{i}$ 的相位关系。

5.3-3　图 5.22 所示为两个角频率为 ω 的正弦交流电压矢量，写出它们的瞬时值表达式。

5.3-4　根据下列正弦量已知条件，画出它们的有效值矢量图。

（1）$U_m = 311V$，$\varphi_u = 45°$。

（2）$I = 15A$，$\varphi_i = -90°$。

5.3-5　在同一坐标平面中，画出以下两个交流电的矢量图，并指出哪个超前，超前多少。

（1）$i_1 = 10\sin(\omega t + 120°)$（A）。

（2）$u_2 = 220\sin(\omega t + 30°)$（V）。

5.3-6　写出如图 5.23 所示的正弦交流电压 u_1 和 u_2 的瞬时值表达式，以及有效值矢量表达式，并画出矢量图。

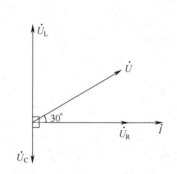

图 5.21　题 5.3-2 图

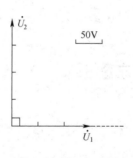

图 5.22　题 5.3-3 图

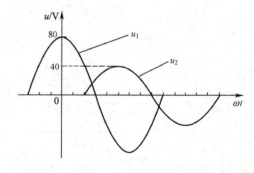

图 5.23　题 5.3-6 图

5.4　单一参数的交流电路

最简单的交流电路是由电阻、电感或电容单个电路元件组成的。这些电路元件仅由 R、L、C 三个参数中的一个来表征其特性，称这种电路为单一参数的交流电路。复杂的交流电路可以视为是由单一参数的交流电路组合而成的。

5.4.1　纯电阻正弦交流电路

由正弦交流电源和纯电阻元件构成的电路称为纯电阻正弦交流电路。这里的纯电阻元件是指电路中的负载是纯电阻性的。图5.24所示为几种常见的纯电阻性负载。

电烙铁

白炽灯

电熨斗

电阻炉

电饭锅

电热水器

图5.24 几种常见的纯电阻性负载

 观察与思考 ▶▶▶▶

按如图5.25（a）所示的电路连接线路，在纯电阻性负载两端加超低频交流电源电压u，调整好电源频率和电压，电路中将有交流电流i通过纯电阻性负载。交流电压u与交流电流i的波形图如图5.25（b）所示，矢量图如图5.25（c）所示。仔细观察交流电流表和交流电压表的指针变化情况，有什么规律？绘制如图5.25（a）所示的纯电阻正弦交流电路的仿真电路，并添加数字万用表、示波器、电流探针，在纯电阻性负载两端加10V低频交流电源电压，仔细观察示波器的输出电压波形。纯电阻正弦交流电路的仿真电路及仿真运行结果如图5.25（d）所示。注意，图5.25（d）中示波器各参数的设置可参照5.4.4节关于示波器的具体操作步骤的描述；电流探针保持默认设置，即输出电压到电流比率为1V/mA。

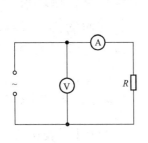

（a）纯电阻正弦交流电路

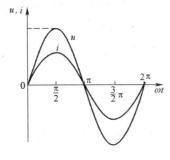

（b）交流电压u与交流电流i的波形图

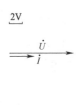

（c）矢量图

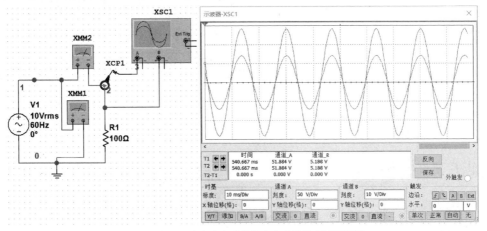

（d）纯电阻正弦交流电路的仿真电路及仿真运行结果

图5.25 纯电阻正弦交流电路、波形图、矢量图、仿真电路及仿真运行结果

通过仿真实验可以看到，电流表指针与电压表指针的摆动步调是一致的。改变电源输出电压的幅度，发现电流表指针摆动的角度与电压表指针摆动的角度成正比。这说明，任一时刻的电流与电压成正比。

实验和理论证明，电流瞬时值 i 与电压瞬时值 u 的关系式为

$$i = \frac{u}{R} \tag{5-8}$$

若设交流电源的电压 $u = U_m \sin\omega t$，则通过阻值为 R 的纯电阻性负载的电流瞬时值为

$$i = \frac{u}{R} = \frac{U_m \sin\omega t}{R} = I_m \sin\omega t$$

式中

$$I_m = \frac{U_m}{R} \tag{5-9}$$

若式（5-9）中的电压用有效值形式表示，则有

$$I = \frac{U}{R} \tag{5-10}$$

式（5-8）、式（5-9）和式（5-10）表明，在纯电阻正弦交流电路中，电流与电压的瞬时值、最大值和有效值三种形式的表达式与直流电路中欧姆定律的表达式是相同的，即三种形式都遵循欧姆定律。

从电压 $u = U_m \sin\omega t$ 和电流 $i = I_m \sin\omega t$ 中可以看出，在电压 u 的作用下，通过阻值为 R 的电阻的电流 i 的角频率和变化规律都与电压 u 相同，它随着电压的变化而变化，二者的相位是相同的，即在纯电阻正弦交流电路中，电流与电压同相（$\varphi_i = \varphi_u$），其波形图和矢量图如图 5.25（b）、（c）所示。

【例 5.9】 将一个标有"220V，100W"的灯泡接在交流电源上，若电源电压 $u = 311\sin\left(314t + \dfrac{\pi}{6}\right)$（V），试求通过灯泡的电流的有效值，并写出电流的瞬时值表达式。

解：根据 $u = 311\sin\left(314t + \dfrac{\pi}{6}\right)$（V），可得 $U_m = 311$（V），$U = \dfrac{\sqrt{2}}{2}U_m = \dfrac{\sqrt{2}}{2} \times 311 \approx 220$（V）

根据题意可以算出灯泡电阻：

$$R = \frac{U^2}{P} = \frac{220^2}{100} = 484（\Omega）$$

根据欧姆定律可得

$$I = \frac{U}{R} = \frac{220}{484} \approx 0.45（A）$$

纯电阻正弦交流电路：

$$\varphi_i = \varphi_u = \frac{\pi}{6}$$

电流的瞬时值表达式：

$$i = I_m \cdot \sin(\omega t + \varphi_i)$$

$$= \sqrt{2}I \cdot \sin\left(314t + \frac{\pi}{6}\right)$$

$$= \sqrt{2} \cdot 0.45\sin\left(314t + \frac{\pi}{6}\right)$$

$$\approx 0.636\sin\left(314t + \frac{\pi}{6}\right)(\text{A})$$

5.4.2　纯电感正弦交流电路

与纯电阻正弦交流电路相似，由正弦交流电源和纯电感构成的电路称为纯电感正弦交流电路。这里所说的纯电感是指电感的直流电阻和分布电容都为零的理想电感。实际电感都有一定阻值，只要其阻值小到可以忽略，就可以将实际电感视为纯电感。

 观察与思考 ▶▶▶▶

图 5.26 所示为含有纯电感的实验电路，电感 L 和灯泡串联在电路中（灯泡和电感的直流电阻可忽略不计）。利用双刀双掷开关 S 可以分别把这个电路接到直流电源和正弦交流电源上，直流电源电压和正弦交流电源电压的有效值相等。观察灯泡亮度的变化，其变化说明了什么？

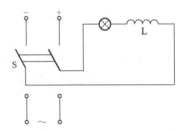

图 5.26　含有纯电感的实验电路

可以看到，当双刀双掷开关 S 接直流电源时，灯泡较亮；当双刀双掷开关 S 接正弦交流电源时，灯泡较暗。这表明电感对交流电具有阻碍作用。当交流电通过电感时，电感产生的自感电动势阻碍了电流的变化，因此形成了电感对交流电的阻碍作用。

 做一做 ▶▶▶▶

按如图 5.27（a）所示的电路连接线路，L 是阻值可忽略不计的纯电感，电源频率不变，改变正弦交流电压，正弦交流电压 u 与正弦交流电流 i 的波形图如图 5.27（b）所示，矢量图如图 5.27（c）所示。记录几组电压与电流的值，分析实验数据，会得出什么结论？绘制如图 5.27（a）所示的纯电感正弦交流电路的仿真电路，并添加数字万用表、示波器、电流探针，在 L 两端加上 15V 低频交流电源电压，仔细观察示波器输出的正弦交流电压的波形。纯电感正弦交流电路的仿真电路及仿真运行结果如图 5.27（d）所示。要注意仿真电路中示波器各参数的设置。

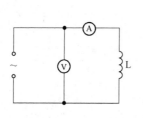 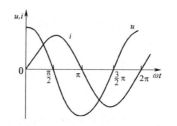

（a）纯电感正弦交流电路　　　（b）正弦交流电压 u 与正弦交流电流 i 的波形图　　　（c）矢量图

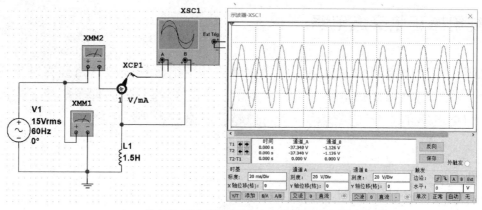

（d）纯电感正弦交流电路的仿真电路及仿真运行结果

图 5.27　纯电感正弦交流电路、波形图、矢量图、仿真电路及仿真运行结果

通过分析实验数据，可以得出电感上的电流 I 与电压 U 成正比的结论。

进一步的实验和理论证明，在纯电感正弦交流电路中，电流与电压的变化关系可表示为

$$I = \frac{U}{X_L} \tag{5-11}$$

式（5-11）称为纯电感正弦交流电路的欧姆定律表达式。式中，X_L 相当于纯电阻正弦交流电路中的电阻 R，是用来表示电感对交流电阻碍作用大小的物理量，称为感抗，单位为 Ω。

若将 $I = \frac{U}{X_L}$ 中的电流和电压用最大值形式表示，则有

$$I_m = \frac{U_m}{X_L} \tag{5-12}$$

从上面的分析可以看出，电流与电压的关系并不直接与电感的电感量构成恒定比例关系，而是与感抗呈比例关系，那么感抗的大小与哪些因素有关呢？实验和理论证明，感抗 X_L 不仅与电感 L 有关，而且与交流电的变化频率 f 有关。这是因为电感对交流电的阻碍作用源自交变电流通过电感时产生的自感电动势，而自感电动势 e 的大小与电感 L 和电感中的电流变化率 $\frac{\Delta i}{\Delta t}$ 有关：

$$e = -L\frac{\Delta i}{\Delta t}$$

理论分析证明，感抗 X_L 与电感 L、交流电的频率 f 的关系为

$$X_L = 2\pi f L = \omega L \tag{5-13}$$

交流电的频率越高，即电流变化率 $\frac{\Delta i}{\Delta t}$ 越大，线圈产生的自感电动势越大，对交流电的阻

碍作用越大。由于直流电的频率为 0，因此 $X_L = 0$，电感在直流电路中被视为短路线。电感的这种特性被称为"通直流、阻交流""通低频、阻高频"。

实验和理论分析还可以证明，纯电感正弦交流电路中电流与电压的变化规律和变化频率都是相同的，只是相位不像纯电阻正弦交流电路那样是同相的，而是电压相位总超前电流相位 90°（或称电流相位滞后电压相位 90°），即 $\varphi_u - \varphi_i = 90°$，其波形图和矢量图如图 5.27（b）、（c）所示。

⚡ 试一试　▶▶▶▶

通过前面的学习，我们知道了在纯电感正弦交流电路中电流与电压的有效值形式、最大值形式都符合欧姆定律，请试着分析，在感抗为 X_L 的纯电感正弦交流电路中，电压与电流的瞬时值形式的欧姆定律表达式 $i = \dfrac{u}{X_L}$ 是否成立。

提示：设电流或电压为参考正弦量，从电压和电流的瞬时值表达式入手进行分析。

【例 5.10】　日光灯的镇流器若忽略内阻则可以看作纯电感。已知某镇流器 $L = 1.59\text{H}$，加在镇流器两端的电压 $u_L = 120\sqrt{2}\sin(314t + 90°)$（V），①求镇流器的感抗 X_L；②求通过镇流器的电流 I；③写出电流的瞬时值表达式；④定性地画出电压 u_L 和电流 i_L 的矢量图。

解：根据题意可知：

$$U_{Lm} = 120\sqrt{2}\,(\text{V}),\ U_L = 120\,(\text{V}),\ \omega = 314\,(\text{rad/s}),\ f = \frac{\omega}{2\pi} = \frac{314}{2\pi} \approx 50\,(\text{Hz}),\ \varphi_u = 90°$$

（1）感抗为

$$X_L = 2\pi f L = 314 \times 1.59 \approx 500\,(\Omega)$$

（2）根据纯电感正弦交流电路的欧姆定律可得

$$I_L = \frac{U_L}{X_L} = \frac{120}{500} = 0.24\,(\text{A})$$

（3）在纯电感正弦交流电路中有

$$\varphi_u - \varphi_i = 90°$$

则

$$\varphi_i = \varphi_u - 90° = 90° - 90° = 0°$$

于是有

$$\begin{aligned}
i_L &= I_{Lm}\sin(\omega t + \varphi_i) \\
&= 0.24\sqrt{2}\sin(314t + 0°) \\
&= 0.339\sin 314t\,(\text{A})
\end{aligned}$$

（4）矢量图如图 5.28 所示，其中 $\dot{I}_L = 0.24\angle 0°$（A），$\dot{U}_L = 120\angle 90°$（V）。

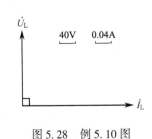

图 5.28　例 5.10 图

5.4.3 纯电容正弦交流电路

由正弦交流电源和纯电容构成的电路称为纯电容正弦交流电路。这里所说的纯电容是指漏电阻和分布电感均可忽略不计的理想电容。

观察与思考 ▶▶▶▶

含有纯电容的实验电路如图5.29所示，分别观察如下情况下的灯泡亮度变化。

（1）开关S接直流电源。

（2）开关S接正弦交流电源。

（3）把纯电容从电路中取下，使灯泡直接与正弦交流电源相接。

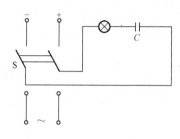

图5.29 含有纯电容的实验电路

可以看到，当开关S接直流电源时，灯泡不亮，说明直流电不能通过电容。当开关S接正弦交流电源时，灯泡亮，说明正弦交流电能通过电容。当把电容从电路中取下，使灯泡直接与正弦交流电源相接时，灯泡比接纯电容时亮得多，表明电容对交流电具有阻碍作用。

电容对交流电的阻碍作用称为容抗，用 X_C 表示，单位是 Ω。同纯电感正弦交流电路中的感抗相似，电容对交流电的阻碍作用不仅与电容的容量 C 有关，而且与电源的频率 f 有关，同时电容的容量 C 越大，容抗 X_C 越小；电源的频率 f 越高，容抗 X_C 越小。因为电容的容量越大，在相同电压作用下电容存储的电荷越多，充、放电电流越大，所以容抗越小；交流电的频率越高，充、放电进行得越快，容抗越小。电容的容抗 X_C 与电容的容量 C、交流电的频率 f 的关系为

$$X_C = \frac{1}{2\pi fC} = \frac{1}{\omega C} \tag{5-14}$$

从式（5-14）中可以看到，当 $f=0$ 时（直流电），$X_C \to \infty$，相当于断路，即直流电不能通过电容。电容的这种特性被称为"通交流、隔直流""通高频、阻低频"。

实验和理论分析还可以证明，在纯电容正弦交流电路［见图5.30（a）］中，电流与电压的变化频率是相同的，只是电压相位滞后电流相位90°（或称电流相位超前电压相位90°），即 $\varphi_i - \varphi_u = 90°$，如图5.30（b）、（c）所示。

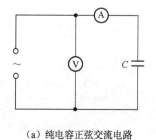

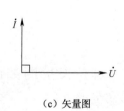

（a）纯电容正弦交流电路　　（b）交流电压u与交流电流i的波形图　　（c）矢量图

图5.30 纯电容正弦交流电路、波形图、矢量图

问题与探究 ▶▶▶▶

在纯电容正弦交流电路中，电流与电压的数值关系如何？

按如图 5.30（a）所示的电路连接线路，参照图 5.25（d）和图 5.27（d）完成仿真电路设计，保持电源频率不变，改变交流电源电压，记录几组电压与电流的值，分析实验数据，会得出什么结论？

通过分析实验数据，可以得出容量为 C 的电容上的电流 I 与电压 U 成正比的结论。

进一步的实验和理论证明，在纯电容正弦交流电路中，电流与电压的变化关系可表示为

$$I_m = \frac{U_m}{X_C} \tag{5-15}$$

若用有效值形式表示，则有

$$I = \frac{U}{X_C} \tag{5-16}$$

与纯电感正弦交流电路一样，公式 $I_m = \frac{U_m}{X_C}$、$I = \frac{U}{X_C}$ 反映了纯电容正弦交流电路中电流与电压的数量关系，即纯电容正弦交流电路的欧姆定律表达式。

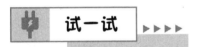 试一试 ▶▶▶▶

通过前面的学习，我们知道了在纯电容正弦交流电路中电流与电压的有效值形式和最大值形式都符合欧姆定律。试分析在容抗为 X_C 的纯电容正弦交流电路中，电压与电流的瞬时值形式的欧姆定律表达式 $i = \frac{u}{X_C}$ 是否成立。

【例 5.11】 在纯电容正弦交流电路中，已知 $10\mu F$ 电容两端的电压 $u = 311\sin(314t + 90°)(V)$，①求电容的容抗；②求电路中的电流 I；③写出电流的瞬时值表达式；④画出电压 u 和电流 i 的矢量图。

解：根据题意可知：

$$U_m = 311(V), U = \frac{\sqrt{2}}{2}U_m = \frac{\sqrt{2}}{2} \times 311 \approx 220(V),$$

$$C = 10\mu F, \omega = 314 \text{ rad/s}, \varphi_u = 90°$$

（1）容抗为

$$X_C = \frac{1}{2\pi f C} = \frac{1}{\omega C} = \frac{1}{314 \times 10 \times 10^{-6}} \approx 318(\Omega)$$

（2）根据纯电容正弦交流电路的欧姆定律可得

$$I = \frac{U}{X_C} = \frac{220}{318} \approx 0.692(A)$$

（3）在纯电容正弦交流电路中 $\varphi_i - \varphi_u = 90°$，由此可得

$$\varphi_i = 90° + \varphi_u = 90° + 90° = 180°$$

$$i = I_m \sin(\omega t + \varphi_i)$$

$$= 0.692 \cdot \sqrt{2} \sin(314t + 180°)$$

$$\approx 0.979 \sin(314t + 180°)(A)$$

（4）矢量图如图 5.31 所示，其中 $\dot{U} = 220\angle 90°(V)$，$\dot{I} = 0.692\angle 180°(A)$。

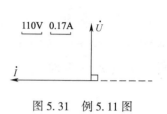

图 5.31　例 5.11 图

5.4.4　实验：函数信号发生器、毫伏表和示波器的使用

1. 实验目的

（1）学会使用函数信号发生器、毫伏表和示波器。
（2）学会用示波器观察波形、测量频率和峰值。
（3）学会用示波器观察电路元件的电压和电流的关系。

2. 实验器材

（1）函数信号发生器（1台）、毫伏表（1只）和双踪示波器（1台）。
（2）1Ω、5kΩ 的电阻各一个。
（3）0.1H 的电感一个。
（4）3600pF ~ 10μF 的电容一个。

3. 实验步骤与要求

1）认识函数信号发生器、毫伏表和示波器

（1）函数信号发生器。

函数信号发生器是使用较为广泛的通用信号发生器，可以提供正弦波、锯齿波、方波、脉冲波。函数信号发生器型号繁多，不同型号的函数信号发生器的面板不同，但基本组成和功能大同小异。下面以 SG1652 函数信号发生器为例，来介绍函数信号发生器的使用方法。

a. 控制面板。

SG1652 函数信号发生器的面板如图 5.32 所示。

① 电源开关按键。

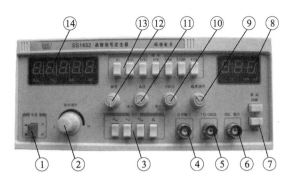

图 5.32　SG1652 函数信号发生器的面板

② 频率调节旋钮：选择好频段后，调节频率调节旋钮即可得到需要的频率。

③ 函数波形选择按键：有正弦波、锯齿波、方波等波形供选择。

④ 压控输入端。

⑤ TTL/CMOS 输出端：输出逻辑电平信号。

⑥ 信号输出端：输出函数信号，输出阻抗为 50Ω。

⑦ 输出幅度衰减器衰减/递增选择按键：每按一次，衰减/递增 20dB 或 40dB。

⑧ 输出幅度显示屏：三位数码管显示输出信号的幅度（峰-峰值）或 dB 值。

⑨ 输出幅度调节旋钮：沿顺时针方向旋转，输出信号的幅度增大；反之，输出信号的幅度减小。

⑩ CMOS 调节旋钮。

⑪ 直流调节旋钮。

⑫ 脉宽调节旋钮。

⑬ 频段选择按键：有×1、×10、×100、×1k、×10k、×100k、×1M 七挡。

⑭ 频率显示屏：五位数码管显示输出信号的频率，单位为 Hz、kHz。

b. 使用方法及注意事项。

在使用时，先开机预热 15 min，待仪器进入稳定工作状态后，通过调节各按键及旋钮，可以得到不同波形、频率、幅度的信号。

仪器应放置在干燥并通风的地方，保持清洁，避免剧烈震动。在使用时仪器周围不应有能产生高热和强电磁场的设备。

（2）毫伏表。

测量交流电压可以使用交流电压表或万用表的交流电压挡。用交流电压表和万用表测量频率为 50Hz 的交流电压可以得到比较准确的结果。对于频率不是 50Hz 的交流电信号，使用毫伏表进行测量可以得到更准确的结果。毫伏表型号繁多，不同型号毫伏表的面板不相同，但基本组成和功能大同小异。下面以 DF2170A 双通道毫伏表为例，来介绍毫伏表的使用方法。

a. 控制面板。

DF2170A 双通道毫伏表的面板如图 5.33 所示，图中①为 CH1 的量程选择旋钮；②为表盘面；③为 CH2 的量程选择旋钮；④为 CH2 输入端；⑤为电源开关按键；⑥为机械调零螺钉旋钮；⑦为电源指示灯；⑧为 CH1 输入端。

b. 使用方法。

① 根据毫伏表的电源要求连接电源。（注：在接通电源 10s 内指针有几次无规则摆动的

现象是正常的。）

② 进行机械调零。调整调零螺钉旋钮，使表头指针指在"0"刻度处。

③ 按电源开关按键，打开毫伏表，进行电气调零。将毫伏表的输入端短路，调节调零螺钉旋钮，使表头指针指在"0"刻度处。

④ 估计被测电压，选择合适的量程。如果无法估计被测电压，就先选择最大量程，然后逐渐减小，直至量程合适（指针偏转至满偏刻度的2/3）。

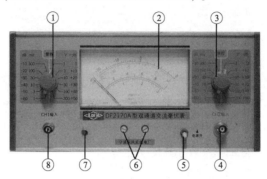

图 5.33　DF2170A 双通道毫伏表的面板

⑤ 在测量时，应将毫伏表的测量输入端与被测电路并联。

⑥ 在测量时，每次换挡都要进行电气调零。

c. 使用注意事项。

① 毫伏表的输入端中有一端是接地的，在测量时，该端应与被测电路的公共接地点相连。

② 在测量时，应先接地线，再接待测信号线。在测量完毕时，应先断开另一根待测信号线，再断开地线。

③ 在测小信号时，要远离其他信号源。

④ 接通电源后，在不测量时，应将输入端短接，或者将量程选择旋钮置于最大量程处。

（3）示波器。

示波器是一种电信号综合测试仪，可以显示电信号的波形，也可以测定电信号的幅值、频率等参数。双踪示波器可以测量两个信号之间的时间差或相位差。在实际应用中，凡是能转化为电压信号的电学量和非电学量（如压力、温度、磁感应强度、光强度等）都可以用示波器来观测。示波器型号繁多。不同型号示波器的面板不同，但其基本组成和功能大同小异。图5.34所示为几种示波器。

图 5.34　几种示波器

下面介绍常用示波器的控制面板及使用方法。

a. 控制面板。

① 亮度调节旋钮（INTENSITY）：用于调节光迹亮度（有些示波器称为辉度），使用时应使光迹亮度适当。若光迹过亮，则示波管容易损坏；若光迹过暗，则不便于观察波形。

② 聚焦调节旋钮（FOCUS）：用于调节光迹的聚焦（粗细）程度，在使用时以图形清晰为佳。

③ 信号输入通道：双踪示波器有两个输入通道，分别为通道 1［CH1 INPUT（X）］和通道 2［CH2 INPUT（Y）］，在使用时将示波器外壳接地，两个输入通道分别接示波器探针，将探针插至待测部位进行测量。

④ 通道选择键（垂直方式选择）。

CH1：通道 1 单独显示。

CH2：通道 2 单独显示。

ALT：两通道交替显示。

CHOP：两通道断续显示（用于在扫描速度较慢时进行双踪显示）。

ADD：两通道信号叠加显示。

⑤ 垂直灵敏度调节旋钮（VOLT/DIV）：用于调节垂直偏转灵敏度，调节该旋钮使波形显示在方格坐标的范围内，大小适中。该旋钮指示的数值（如 0.5V/DIV，表示垂直方向每格对应的电压为 0.5V）乘以被测信号在屏幕垂直方向所占格数，得到的结果就是被测信号的幅度。

⑥ 垂直移动调节旋钮（POSITION）：用于调节光迹在屏幕垂直方向的位置。

⑦ 水平扫描调节旋钮（TIME/DIV）：用于调节水平速度。调节该旋钮，以显示一个完整周期的波形。该旋钮指示的数值（如 0.5ms/DIV，表示水平方向每格对应时间为 0.5ms）乘以被测信号一个周期所占格数，得到的结果就是被测信号的周期，也可以换算成频率。

⑧ 水平位置调节旋钮（POSITION）：用于调节光迹在屏幕水平方向的位置。

⑨ 触发方式选择（通常有四种触发方式）。

·常态（NORM）：当无信号时，屏幕上无显示；当有信号时，与电平控制配合显示稳定波形。

·自动（AUTO）：当无信号时，屏幕上显示光迹；当有信号时，与电平控制配合显示稳定波形。

·电视场（TV）：用于显示电视场信号。

·峰值自动（P-P AUTO）：当无信号时，屏幕上显示光迹；当有信号时，无须调节电平就能获得稳定波形。

b. 使用方法。

① 测量电压。

打开显示屏电源，在显示屏上应看到一条扫描线或亮点，即光迹。调节亮度调节旋钮，使光迹亮度适中；调节聚焦调节旋钮，使扫描线细而亮、点圆而小。把待测信号输入某信号输入通道，调节水平扫描调节旋钮使波形稳定；调节垂直灵敏度调节旋钮，使波形大小适中；将垂直微调和水平微调置于校准位置。

读出波形的峰-峰（P-P）值 H（用显示屏上水平线之间的格数表示，单位为 DIV）（见

图5.35），由下式便可计算出电压的峰-峰值：

$$U_{P-P} = V/DIV \times H\ DIV$$

V/DIV 表示显示屏上水平线之间每格对应的电压，可通过旋转垂直灵敏度调节旋钮来调节。在测量被测信号的电压时，应调节垂直灵敏度调节旋钮，以使波形的幅度尽量大，但不能超出显示屏。

电压的最大值 U_m 等于峰值 U_P，等于峰-峰值 U_{P-P} 的 1/2，即

$$U_m = U_P = \frac{1}{2}U_{P-P}$$

② 测量频率。

调节水平位置调节旋钮，使波形的水平位置适当。读出被测波形上相邻两个波峰或波谷或零值点的水平距离 L（用显示屏上的竖直线之间的格数表示，单位为 DIV）（见图5.36）。

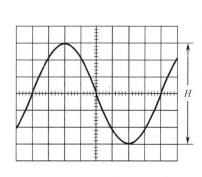

图5.35 测量电压

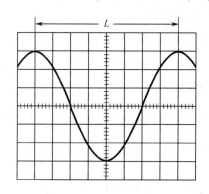

图5.36 测量频率

信号周期：

$$T = t/DIV \times L\ DIV$$

则信号频率为

$$f = 1/T$$

t/DIV 表示显示屏上竖直线之间每格对应的时间，可通过旋转水平扫描调节旋钮调节。在测量被测信号的周期和频率时，应调节水平扫描调节旋钮，以使被测信号相邻两个波峰（或波谷或零值点）的水平距离尽量大，但不能超出显示屏。

③ 用示波器观测相位关系。

按 ALT 按键，将双踪示波器置于双踪（交替）显示方式，以观测相位关系。将 u_1、u_2 两个信号分别送到示波器的两个信号输入通道，调节相关旋钮，使显示屏上显示大小适当的稳定波形。注意：两个正弦波对应波形上、下部分一定要相对于同一个水平轴线对称，如图5.37所示（为了方便，常常调整垂直灵敏度调节旋钮，使两个波形幅度相等）。从显示的波形图上可以观察到 u_1 与 u_2 两个信号的相位关系，判断

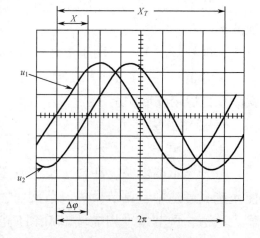

图5.37 用示波器观测相位关系

是信号 u_1 超前信号 u_2 还是信号 u_1 滞后信号 u_2。显示屏上两个波形起点的间隔就是两个信号的相位差 $\Delta\varphi$。

从显示屏上测出一个波长的长度 X_T（对应 2π 相位角），以及两个波形对应起点的间隔 X（对应相位差 $\Delta\varphi$），可算得

$$\Delta\varphi = 2\pi\frac{X}{X_T}$$

c. 使用注意事项。

① 示波器工作环境的温度为 $0\sim40℃$，相对湿度为 $20\%\sim90\%$。

② 示波器使用输出电压为 220（$1\pm5\%$）V 的交流电源。

③ 为了保护显示屏不被灼伤，在使用示波器时，光迹亮度不要太强，也不要让光迹长时间停在显示屏某个位置处。在使用过程中，如果短时间不用，则可通过亮度调节旋钮将光迹亮度调到最小，不要频繁通断示波器的电源，以保护示波管，延长其使用寿命。

④ 示波器在工作时，要远离强磁场（如大功率的变压器），否则测出的波形会有重影和噪波干扰。

2）用示波器观察波形、测量频率和峰值

（1）观察波形。

① 打开示波器，按照示波器使用方法进行必要的选择与调整。直接观察 220V、50Hz 市电的电压信号波形。

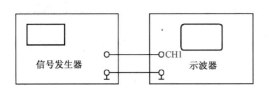

图 5.38　信号发生器和示波器的连接

② 按图 5.38 连接信号发生器和示波器。信号发生器输出一个电压信号到示波器的 CH1 通道，观察此电压信号波形。重新调整信号发生器输出电压的峰值和频率，再观察波形。重复几次，熟练掌握用示波器观察波形的基本操作。打开 NI Multisim，添加信号发生器和泰克示波器（Tektronix Oscillo-scope）、地线等，完成导线连接，设置泰克示波器各挡位和信号发生器参数等，如图 5.39 所示，运行仿真，观察其波形。泰克示波器仿真波形输出如图 5.40 所示。

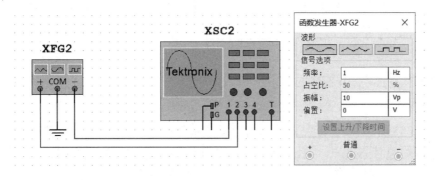

图 5.39　仿真信号发生器和示波器的连接及参数设置

（2）测量频率和峰值。

① 对（1）中②的信号发生器输出电压的频率和峰值进行测量，将信号发生器输出值和示波器测量值填入表 5.1。

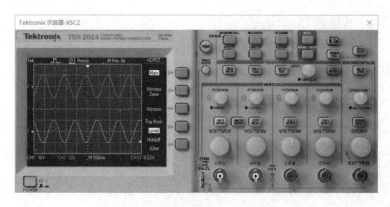

图 5.40　泰克示波器仿真波形输出

表 5.1　电压信号频率和峰值的测量实验数据

次数	信号发生器输出值		示波器测量值			
	有效值 U/V	频率 f/Hz	峰值 U_P/V		频率 f/Hz	
			V/DIV	垂直格数	t/DIV	T 内格数
1						
			U_P =		T =	f =
2						
			U_P =		T =	f =
3						
			U_P =		T =	f =

② 将表 5.1 中的信号发生器输出值与示波器测量值做对比（注意：前者电压是有效值，后者电压是最大值），分析存在误差的原因。

3）用示波器观察电路元件的电压与电流的关系

（1）实验原理。

① 电阻元件上电压与电流的关系。

实验电路如图 5.41（a）所示。

在纯电阻正弦交流电路中电流与电压同相，由于阻值为 R_1 的电阻两端的电压与电流相位相同，因此把阻值为 R_1 的电阻两端的电压波形视为电路中的电流波形，通过双踪示波器观察、比较该波形与端电压波形。

② 电感元件上电压与电流的关系。

实验电路如图 5.41（b）所示。

为了使电路参数接近纯电感电路参数，取 R_1 很小以至可以忽略（相对 X_L 而言），阻值为 R_1 的电阻两端的电压波形即可代表电路中的电流波形，RL 两端的电压波形可视为纯电感两端的电压波形。通过双踪示波器观察、比较两波形的相位关系。

③ 电容元件上电压与电流的关系。

实验电路如图 5.41（c）所示。

与纯电感正弦交流电路相似，阻值为 R_1 的电阻两端的电压波形可代表电路中的电流波形，RC 两端的电压波形可视为纯电容两端电压的波形。通过双踪示波器观察比较两波形的相位关系。

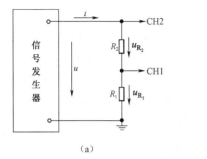 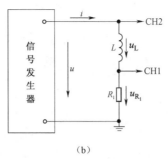 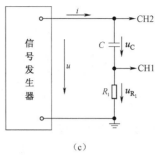

(a)　　　　　　　　　　(b)　　　　　　　　　　(c)

图 5.41　用示波器观察电路元件的电压与电流的关系

（2）实验步骤。

① 确定信号发生器输出电压及频率（如 $U=2\text{V}$，$f=2\text{kHz}$），并选择相应的示波器量程。

② 按图 5.41（a）连接电路，CH2 显示电压 u 的波形，CH1 显示电流 i 的波形。因为 R_1 很小，所以 CH1 输入端的 Y 轴衰减需要小一些，以便与 CH2 进行比较。观察两个波形，确定相位关系，在图 5.42 中画出其波形示意图。

③ 按图 5.41（b）连接电路，步骤同②，观察波形，确定相位关系，在图 5.42 中画出其波形示意图。

④ 按图 5.41（c）连接电路，步骤同②，观察波形，确定相位关系，在图 5.42 中画出其波形示意图。

电阻	电感	电容
相位关系：	相位关系：	相位关系：

图 5.42　电阻、电感、电容上的电压与电流波形示意图

4. 问题讨论

（1）示波器是怎样测量电流波形的？

（2）在用示波器观察电阻、电感、电容上的电压与电流相位关系的实验中，阻值为 R_1 的电阻有什么作用？

（3）若提高信号发生器频率，上述各实验波形的相位关系是否会有变化？

活动与练习 ▶▶▶▶

5.4-1　把标有"220V，40W"的灯泡接到市网照明电路中，通过灯泡的最大电流是多少？

5.4-2　对于纯电阻正弦交流电路，下列各式哪个正确？哪个不正确？

(a) $i=\dfrac{U}{R}$　　(b) $i=\dfrac{u}{R}$　　(c) $I=\dfrac{u}{R}$　　(d) $I=\dfrac{U}{R}$　　(e) $I_{\text{m}}=\dfrac{U}{R}$　　(f) $I_{\text{m}}=\dfrac{U_{\text{m}}}{R}$

5.4-3 电路如图 5.43 所示，若端电压的最大值为 311V，电阻为 2.4kΩ。试求图中电流表和电压表的读数。

5.4-4 将一个 2420W 的电热桶（可视为纯电阻负载）接在电压 $u = 311\sin314t(\text{V})$ 的交流电源上。试写出电路中电流的瞬时值表达式，并画出电压 u 与电流 i 的波形图。

5.4-5 在纯电感正弦交流电路中，当 $i = I_\text{m}\sin\left(\omega t + \dfrac{\pi}{6}\right)(\text{A})$、感抗为 X_L 时，电感两端电压的瞬时值表达式 $u = \underline{\hspace{3cm}}$（V）。

5.4-6 对于纯电感正弦交流电路，下列各式哪个正确？哪个不正确？

(a) $i = \dfrac{u}{X_\text{L}}$ (b) $i = \dfrac{U}{X_\text{L}}$ (c) $i = \dfrac{U_\text{m}}{L}$ (d) $i = \dfrac{u}{L}$ (e) $I = \dfrac{U}{X_\text{L}}$

(f) $I = \dfrac{U_\text{m}}{X_\text{L}}$ (g) $I_\text{m} = \dfrac{u}{X_\text{L}}$ (h) $I_\text{m} = \dfrac{U}{X_\text{L}}$ (i) $I_\text{m} = \dfrac{U_\text{m}}{X_\text{L}}$

5.4-7 电路如图 5.44 所示，已知电感 $L = 63.5$（mH）、电压 $u = 141\sin314t(\text{V})$。求电流表和电压表的读数，并写出电路中电流的瞬时值表达式。

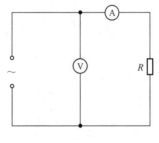

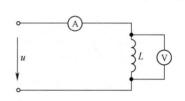

图 5.43 题 5.4-3 图   图 5.44 题 5.4-7 图

5.4-8 收音机中某线圈的电感为 0.2mH，试分别求频率为 600kHz 和 800kHz 时的感抗。如果要使其中产生 0.01mA 的电流，试求这两种频率下线圈两端应有的电压。

5.4-9 一个洗衣机使用的是 10μF 的电容，接在市网电源上，通过电容的电流最大值是多少？

5.4-10 下列各式中，哪个正确？哪个不正确？

(a) $i = \dfrac{u}{C}$ (b) $i = \dfrac{u}{X_\text{C}}$ (c) $i = \dfrac{U}{X_\text{C}}$

(d) $i = \dfrac{U_\text{m}}{C}$ (e) $I = \dfrac{U}{X_\text{C}}$ (f) $I = \dfrac{U_\text{m}}{X_\text{C}}$

(g) $I = \dfrac{U}{C}$ (h) $I_\text{m} = \dfrac{U_\text{m}}{C}$ (i) $I_\text{m} = \dfrac{U_\text{m}}{X_\text{C}}$

5.4-11 一个电容在接在市网电源上时容抗为 3180Ω，在接在频率为 100Hz 的电源上时，该电容的容量和容抗是多少？

5.4-12 将一个容量为 10μF 的电容接在电压 $u = 220\sqrt{2}\sin\left(314t - \dfrac{\pi}{6}\right)(\text{V})$ 的交流电源

上。①写出电流的瞬时值表达式；②画出电压 u、电流 i 的波形图和矢量图。

　　5.4-13　完成"实验：信号发生器、毫伏表和示波器的使用"实验报告（报告内容参见"活动与练习 3.2-9"）。

5.5 串联交流电路

 问题与探究 ▶▶▶▶

　　在实际电路中，只有一个纯电阻或纯电感或纯电容的情况是很少出现的，更多的情况是在一个电路中，同时含有两种或两种以上元器件。这种电路中的电压与电流关系是怎样的呢？下面讨论含有多种元器件的正弦交流电路。

5.5.1　RL 串联电路

　　大多数用电器同时具有电阻和电感，而且在一般情况下实际结构上的电阻和电感彼此不能分离，如图 5.45 所示。

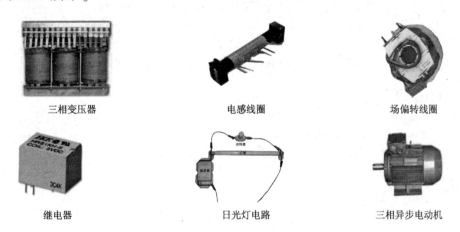

三相变压器　　　　　　　　电感线圈　　　　　　　　场偏转线圈

继电器　　　　　　　　日光灯电路　　　　　　　　三相异步电动机

图 5.45　同时具有电阻和电感的用电器

　　在分析电路时为了方便，可用一个纯电阻和一个纯电感串联的等效电路来代替相关电路。RL 串联电路就是纯电阻和纯电感两种元件串联的交流电路，如图 5.46（a）所示。

 **观察与思考** ▶▶▶▶

　　按图 5.46（a）连接电路，调节低频信号发生器电源电压和频率，依次读出电阻、电感和电源两端电压表的读数，能得出什么结论？

分析实验数据可发现，用电压表测量的电阻两端电压和电感两端电压的代数和不等于总电压，即

$$U \neq U_{R} + U_{L}$$

为了解释这个结果，我们进行如下分析。

1. 电压三角形

在分析电路时，往往要先确定一个参考正弦量。所谓参考正弦量，是指电路中所有正弦量的相位都以它为基准。为方便分析，一般令参考正弦量的初相为零。串联电路的特征是所有串联元件中通过的电流是相同的，因此选择电流作为参考正弦量。

在如图 5.46（a）所示的 RL 串联电路中的参考方向下，设 $i = \sqrt{2}I\sin\omega t$，用矢量形式表示为 $\dot{I} = I \angle 0^{\circ}$（或 $\dot{I}_{m} = I_{m} \angle 0^{\circ}$）。

根据纯电阻正弦交流电路和纯电感正弦交流电路中电流与电压的关系可以得到如下关系式。

电阻两端的电压为

$$u_{R} = \sqrt{2}U_{R}\sin\omega t = \sqrt{2}IR\sin\omega t$$

用矢量式表示为

$$\dot{U}_{R} = U_{R} \angle 0^{\circ} = IR \angle 0^{\circ}$$

电感两端的电压为

$$u_{L} = \sqrt{2}U_{L}\sin(\omega t + 90^{\circ}) = \sqrt{2}IX_{L}\sin(\omega t + 90^{\circ})$$

用矢量式表示为

$$\dot{U}_{L} = U_{L} \angle 90^{\circ} = IX_{L} \angle 90^{\circ}$$

根据回路电压定律，电路两端的总电压 u 为

$$u = u_{R} + u_{L}$$

用矢量式表示为

$$\dot{U} = \dot{U}_{R} + \dot{U}_{L}$$

根据矢量平行四边形定则画出矢量图，如图 5.46（b）所示。把矢量 $\dot{U}_{L}$ 平移到矢量 $\dot{U}_{R}$ 末端，即可得到如图 5.46（c）所示的电压矢量三角形（简称电压三角形）。矢量 $\dot{U}_{R}$ 的长度等于电阻两端电压的有效值 $U_{R} = IR$，矢量 $\dot{U}_{L}$ 的长度等于电感两端电压的有效值 $U_{L} = IX_{L}$；矢量 $\dot{U}$ 的长度等于总电压 u 的有效值 U。根据勾股定理，总电压有效值与分电压有效值的关系为

$$U = \sqrt{U_{R}^{2} + U_{L}^{2}} = I\sqrt{R^{2} + X_{L}^{2}} \tag{5-17}$$

令 $Z = \sqrt{R^{2} + X_{L}^{2}}$，则有

$$U = IZ \ \text{或} \ U_{m} = I_{m}Z \tag{5-18}$$

由图 5.46（b）、（c）可得，总电压 u 与电流 i 的相位差 φ 为

$$\varphi = \arctan \frac{U_{\text{L}}}{U_{\text{R}}} (0° < \varphi < 90°) \qquad (5-19)$$

这种端电压相位总是超前电流相位 φ 的交流电路称为感性电路。

2. 阻抗三角形

式（5-18）中的 Z 称为 RL 串联电路的阻抗，可表示为

$$Z = \frac{U}{I} = \sqrt{R^2 + X_{\text{L}}^2} \qquad (5-20)$$

式中，Z 的单位是 Ω。Z 体现了 RL 串联负载对交流电的阻碍作用。

由于 RL 串联电路中通过各元件的电流是相同的，所以在电压三角形中，将三个边同时除以电流 I 就可以得到一个与电压三角形相似的三角形——阻抗三角形，如图 5.46（d）所示。

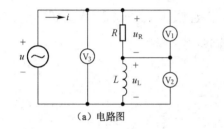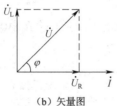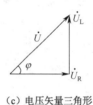

（a）电路图　　　　　　（b）矢量图　　　　　　（c）电压矢量三角形　　　　（d）阻抗三角形

图 5.46　RL 串联电路

阻抗三角形反映了 RL 串联电路的总阻抗 Z 与电阻 R 和感抗 X_{L} 的数量关系，即

$$Z = \sqrt{R^2 + X_{\text{L}}^2} \quad (Z \neq R + X_{\text{L}})$$

阻抗三角形中的 φ 称为阻抗角。阻抗角反映了 RL 串联电路中端电压与电流的相位关系，即

$$\varphi = \arctan \frac{X_{\text{L}}}{R} (0° < \varphi < 90°) \qquad (5-21)$$

【例 5.12】　用欧姆表测得某电感的阻值为 220Ω，把该电感接在 220V、50Hz 的交流电源上，测得电流 I 为 0.5A。求：①电感的电感量；②电阻电压 U_{R}、电感电压 U_{L}；③总电压与电路中电流的相位差 φ。

解：根据题意可知，此电路是一个 RL 串联电路，电感的电阻 $R = 220\Omega$。

（1）因为有

$$I = \frac{U}{Z}$$

所以有

$$Z = \frac{U}{I} = \frac{220}{0.5} = 440(\Omega)$$

又因为有

$$Z = \sqrt{R^2 + X_{\text{L}}^2}$$

所以有

$$X_L = \sqrt{Z^2 - R^2} = \sqrt{440^2 - 220^2} \approx 381(\Omega)$$

又因为有

$$X_L = \omega L = 2\pi f L$$

所以有

$$L = \frac{X_L}{2\pi f} = \frac{381}{2\pi \times 50} \approx 1.21(\text{H})$$

（2） $U_R = IR = 0.5 \times 220 = 110(\text{V})$ 。

$U_L = IX_L = 0.5 \times 381 = 190.5(\text{V})$ 。

（3） $\varphi = \arctan \frac{X_L}{R} = \arctan \frac{381}{220} \approx 60°$ 。

【例5.13】 实际的电感可以通过测量电压、电流来求其电阻和电感量。给电感加上 $U = 36\text{V}$ 的直流电压，测得流过电感的直流电流 $I = 0.6\text{A}$ ；给电感加上工频220V的电压，测得流过电感的电流有效值 $I = 2.2\text{A}$ ，求该电感的电阻 R 和电感量 L 。

解：在加直流电压时，电感的电阻 R 为

$$R = \frac{U}{I} = \frac{36}{0.6} = 60(\Omega)$$

在加工频电压时，电感的阻抗 Z 为

$$Z = \frac{U}{I} = \frac{220}{2.2} = 100(\Omega)$$

故电感的感抗为

$$X_L = \sqrt{Z^2 - R^2} = \sqrt{100^2 - 60^2} = 80(\Omega)$$

电感量为

$$L = \frac{X_L}{2\pi f} = \frac{80}{2\pi \times 50} \approx 0.255(\text{H})$$

5.5.2 RC 串联电路

由纯电阻和纯电容两种元件串联构成的电路称为 RC 串联电路，如图 5.47（a）所示。RC 串联电路的应用十分广泛，电子技术中常用的 RC 移相式振荡器、电压放大器中常用的阻容耦合电路都是 RC 串联电路。RC 串联电路的分析方法同 RL 串联电路的分析方法相似。

1. 电压三角形

设 $i = \sqrt{2} I \sin\omega t$ ，用矢量形式表示为 $\dot{I} = I\angle 0°$ ，根据纯电阻正弦交流电路和纯电容正弦交流电路中电流与电压的关系可以得到如下关系式。

电阻两端的电压为

$$u_R = \sqrt{2} U_R \sin\omega t = \sqrt{2} IR \sin\omega t$$

用矢量式表示为

$$\dot{U}_R = U_R \angle 0° = IR \angle 0°$$

电容两端的电压为

$$u_C = \sqrt{2}\,U_C \sin(\omega t - 90°) = \sqrt{2}\,IX_C \sin(\omega t - 90°)$$

用矢量式表示为

$$\dot{U}_C = U_C \angle -90° = IX_C \angle -90°$$

根据回路电压定律，电路两端的总电压 u 为

$$u = u_R + u_C$$

用矢量式表示为

$$\dot{U} = \dot{U}_R + \dot{U}_C$$

根据矢量平行四边形定则画出矢量图，如图 5.47（b）所示。把矢量 $\dot{U}_C$ 平移到矢量 $\dot{U}_R$ 末端，即可得到如图 5.47（c）所示的电压三角形。矢量 $\dot{U}_R$ 的长度等于电阻电压的有效值 $U_R = IR$，矢量 $\dot{U}_C$ 的长度等于电容电压的有效值 $U_C = IX_C$，矢量 $\dot{U}$ 的长度等于总电压 u 的有效值 U。根据勾股定理，总电压有效值与分电压有效值的关系为

$$U = \sqrt{U_R^2 + U_C^2} = I\sqrt{R^2 + X_C^2} \tag{5-22}$$

令 $Z = \sqrt{R^2 + X_C^2}$，则有

$$U = I\sqrt{R^2 + X_C^2} = IZ \tag{5-23}$$

由图 5.47（b）、（c）可得，总电压 u 与电流 i 的相位差 φ 为

$$\varphi = -\arctan\frac{U_C}{U_R}\,(-90° < \varphi < 0°) \tag{5-24}$$

这种端电压相位总是滞后电流相位 φ 的交流电路称为容性电路。

2. 阻抗三角形

由式（5-23）可得，RC 串联电路的阻抗为

$$Z = \frac{U}{I} = \sqrt{R^2 + X_C^2} \tag{5-25}$$

式中，Z 的单位是 Ω。阻抗 Z 体现了 RC 串联负载对交流电的阻碍作用。

由于 RC 串联电路中通过各元件的电流是相同的，所以在电压三角形中，将三个边同时除以电流 I 即可得到一个与电压三角形相似的三角形——阻抗三角形，如图 5.47（d）所示。

阻抗三角形反映了 RC 串联电路的总阻抗 Z 与电阻 R 和容抗 X_C 的数量关系，即

$$Z = \sqrt{R^2 + X_C^2}\,(Z \neq R + X_C)$$

阻抗三角形中的阻抗角 φ 反映了 RC 串联电路中端电压与电流的相位关系，即

$$\varphi = -\arctan\frac{X_C}{R} \quad (-90° < \varphi < 0°) \tag{5-26}$$

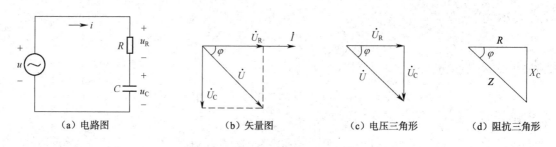

（a）电路图　　　　　　　　（b）矢量图　　　　　　（c）电压三角形　　　　（d）阻抗三角形

图 5.47　RC 串联电路

【**例 5.14**】　　已知 RC 串联电路中的电阻 $R = 30\Omega$，电容 $C = 80\mu F$，电源电压 $u = 220\sqrt{2}\sin 314t(\mathrm{V})$。求电路中的电流瞬时值表达式 i。

解：根据题意可得

$$U_\mathrm{m} = 220\sqrt{2}\,\mathrm{V}，\quad \omega = 314\mathrm{rad/s}$$

$$X_\mathrm{C} = \frac{1}{\omega C} = \frac{1}{314 \times 80 \times 10^{-6}} \approx 40(\Omega)$$

$$Z = \sqrt{R^2 + X_\mathrm{C}^2} = \sqrt{30^2 + 40^2} = 50(\Omega)$$

$$I_\mathrm{m} = \frac{U_\mathrm{m}}{Z} = \frac{220\sqrt{2}}{50} \approx 6.22(\mathrm{A})$$

端电压与电流的相位差为

$$\varphi = -\arctan\frac{X_\mathrm{C}}{R} = -\arctan\frac{40}{30} \approx -53°$$

因为 $\varphi = \varphi_u - \varphi_i$，$\varphi_u = 0°$，所以有

$$\varphi_i = \varphi_u - \varphi = 0° - (-53°) = 53°$$

电路中电流的瞬时值表达式为

$$i = I_\mathrm{m}\sin(\omega t + \varphi_i) = 6.22\sin(314t + 53°)(\mathrm{A})$$

5.5.3　RLC 串联电路

由电阻、电感和电容串联构成的交流电路称为 RLC 串联电路，如图 5.48（a）所示。无线电技术中的串联谐振电路和电力供电系统中的串联补偿电路都属于 RLC 串联电路。这种电路中涉及 R、L、C 三个参数，是最具一般意义的串联电路，前面讨论的 RL 串联电路及 RC 串联电路可以看作 RLC 串联电路的特例，下面采用相同的方法进行分析。

1. 电压三角形

设通过 RLC 串联电路的电流 $i = \sqrt{2}I\sin\omega t$，用矢量形式表示为 $\dot{I} = I\angle 0°$，根据纯电阻正弦交流电路、纯电感正弦交流电路和纯电容正弦交流电路中电流与电压的关系可以得到如下关系式。

电阻两端的电压为

$$u_R = \sqrt{2}\,U_R\sin\omega t = \sqrt{2}\,IR\sin\omega t$$

用矢量式表示为

$$\dot{U}_R = U_R \angle 0° = IR \angle 0°$$

电感两端的电压为

$$u_L = \sqrt{2}\,U_L\sin(\omega t + 90°) = \sqrt{2}\,IX_L\sin(\omega t + 90°)$$

用矢量式表示为

$$\dot{U}_L = U_L \angle 90° = IX_L \angle 90°$$

电容两端的电压为

$$U_C = \sqrt{2}\,U_C\sin(\omega t - 90°) = \sqrt{2}\,IX_C\sin(\omega t - 90°)$$

用矢量式表示为

$$\dot{U}_C = U_C \angle -90° = IX_C \angle -90°$$

根据回路电压定律，电路两端的总电压 u 为

$$u = u_R + u_L + u_C$$

用矢量式表示为

$$\dot{U} = \dot{U}_R + \dot{U}_L + \dot{U}_C$$

当 $U_L > U_C$ 时，根据矢量平行四边形定则画出其矢量图和电压三角形，如图 5.48（b）、（c）所示。矢量 $\dot{U}_R$ 的长度等于电阻电压的有效值 U_R；矢量 $\dot{U}_X = \dot{U}_L + \dot{U}_C$ 称为电抗电压，其长度等于电感电压有效值与电容电压有效值之差，即 $U_X = U_L - U_C$；矢量 $\dot{U}$ 的长度等于总电压 u 的有效值 U。根据勾股定理，总电压有效值与分电压有效值的关系为

$$
\begin{aligned}
U &= \sqrt{U_R^2 + (U_L - U_C)^2} \\
&= \sqrt{(IR)^2 + (IX_L - IX_C)^2} \\
&= I\sqrt{R^2 + (X_L - X_C)^2}
\end{aligned}
\tag{5-27}
$$

可见，在 RLC 串联电路中，端电压与电路中电流的数量关系为

$$U = I\sqrt{R^2 + (X_L - X_C)^2}$$

令 $\sqrt{R^2 + (X_L - X_C)^2} = Z$，则交流电路电压与电流的欧姆定律形式为

$$U = IZ \text{ 或 } U_m = I_m Z \tag{5-28}$$

由图 5.48（b）、（c）可得，总电压 u 与电流 i 的相位差 φ 为

$$\varphi = \arctan\frac{U_L - U_C}{U_R} \tag{5-29}$$

2. 阻抗三角形

式（5-28）中的 Z 称为 RLC 串联电路的阻抗，即

$$Z = \sqrt{R^2 + (X_L - X_C)^2} \tag{5-30}$$

式中，Z 的单位是 Ω，体现了 RLC 串联负载对交流电的阻碍作用；$X_L - X_C$ 为电抗，用字母 X 表示，即

$$X = X_L - X_C$$

由于 RLC 串联电路中通过各元件的电流是相同的，所以在电压三角形中，将三个边同时除以电流 I 可以得到一个与电压三角形相似的三角形——阻抗三角形，如图 5.48（d）所示。阻抗三角形反映了 RLC 串联电路的总阻抗 Z 与电阻 R、感抗 X_L、容抗 X_C 的数量关系。

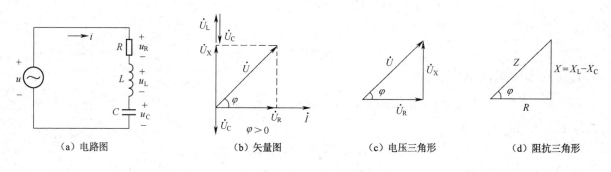

（a）电路图   （b）矢量图   （c）电压三角形   （d）阻抗三角形

图 5.48   RLC 串联电路

阻抗三角形中的阻抗角 φ 也反映了 RLC 串联电路中端电压与电流的相位关系，即

$$\varphi = \arctan \frac{X_L - X_C}{R} \qquad (5-31)$$

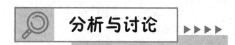 **分析与讨论** ▶▶▶▶

由于 RLC 串联电路中既有电感又有电容，所以电路有如下三种情况。

① 当 $X_L > X_C$（$U_L > U_C$）时，$0° < \varphi < 90°$，端电压的相位超前电路中电流的相位 φ。此时电路呈感性，称为感性电路。

② 当 $X_L < X_C$（$U_L < U_C$）时，$-90° < \varphi < 0°$，端电压的相位滞后电路中电流的相位 φ。此时电路呈容性，称为容性电路。

③ 当 $X_L = X_C$（$U_L = U_C$）时，$\varphi = 0°$，端电压的相位与电路中电流的相位相同。此时电路呈电阻性，称为电阻性电路。

 **提醒注意** ▶▶▶▶

电路的感性、容性和电阻性，都是电路对外表现特征，不能把它们等同于 RL 串联电路、RC 串联电路和纯电阻正弦交流电路。

 **想一想** ▶▶▶▶

通过前面的学习，我们知道了在 RLC 串联电路中，总电压有效值与分电压有效值的关系

是 $U = \sqrt{U_R^2 + (U_L - U_C)^2}$。请你分析一下，该电路中的总电压是否一定大于电感电压或电容电压。

【例 5.15】　在 RLC 串联电路中，已知 $R = 30\Omega, L = 445\mathrm{mH}, C = 32\mu\mathrm{F}$，端电压 $u = 220\sqrt{2}\sin 314t(\mathrm{V})$。求：①电路的总阻抗 Z；②电路中的电流 I；③ U_R、U_L、U_C；④电压与电流的相位差 φ，以及此电路呈现的性质。

解： 根据题意可得

$$U = 220\mathrm{V}, \omega = 314\mathrm{rad/s}$$

（1） $X_L = \omega L = 314 \times 445 \times 10^{-3} \approx 140(\Omega)$。

$$X_C = \frac{1}{\omega C} = \frac{1}{314 \times 32 \times 10^{-6}} \approx 100(\Omega)。$$

$$Z = \sqrt{R^2 + (X_L - X_C)^2} = \sqrt{30^2 + (140 - 100)^2} = 50(\Omega)。$$

（2） $I = \dfrac{U}{Z} = \dfrac{220}{50} = 4.4(\mathrm{A})$。

（3） $U_R = IR = 4.4 \times 30 = 132(\mathrm{V})$。

$$U_L = IX_L = 4.4 \times 140 = 616(\mathrm{V})。$$

$$U_C = IX_C = 4.4 \times 100 = 440(\mathrm{V})。$$

（4） $\varphi = \arctan \dfrac{X}{R} = \arctan \dfrac{X_L - X_C}{R} = \arctan \dfrac{140 - 100}{30} \approx 53°$。

因为 $\varphi > 0°$，所以电压的相位超前电流的相位，电路呈感性。

5.5.4　实验：交流串联电路的观察、测量与仿真验证

1. 实验目的

（1）熟悉用交流电压表、交流电流表测量交流串联电路中电压、电流的方法。

（2）进一步掌握调压器和示波器的使用方法。

（3）学习用示波器观察交流串联电路中电压与电流的相位差。

（4）利用数字仿真软件对 RL 串联电路、RLC 串联电路进行仿真验证。

2. 实验器材

（1）交流电压表、交流电流表，各一只。

（2）单相调压器、双踪示波器，各一台。

（3）电阻箱（$R = 0 \sim 9\,999\Omega$），一个。

（4）电感（$L = 10\text{mH}$），一个。

（5）电容（$C = 0.1\mu\text{F}$），一个。

（6）计算机仿真实验室相关设备。

3. 实验步骤

1）RL 串联电路的测量与观察

RL 串联电路实验电路图如图 5.49 所示。

① 按图 5.49 连接实验电路。（暂不连接示波器 CH1、CH2 输入端。）

② 调节电阻箱至某一阻值 R，并记入表 5.2。

③ 用万用表测量 RL 串联电路负载端的阻值 R_{RL}（断电测量），并记入表 5.2。

④ 接通电源，调节单相调压器，使输出端电压逐渐增大到某个值。

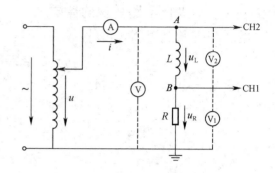

图 5.49　RL 串联电路实验电路图

⑤ 读取交流电流表数据，记入表 5.2。

⑥ 用交流电压表分别测量 RL 串联电路中的总路端电压 U、电阻的端电压 U_R 及电感的端电压 U_L，并记入表 5.2。

⑦ 将双踪示波器的接地端与实验电路的接地点相连，CH2 输入端接 A 点，CH1 输入端接 B 点，观察电压波形，测量两个波形的相位差，并记入表 5.2。

⑧ 改变电阻箱的阻值三次，测量三组 R_{RL}、I、U、U_R、U_L、φ，将数据记入表 5.2。

⑨ 运用公式 $\varphi = \arctan \dfrac{U_L}{U_R}$，算出 $\dot{U}$ 与 $\dot{i}$ 的相位差 φ'，并填入表 5.2。

表 5.2　RL 串联电路的测量与观察实验数据记录表

次数	R	测量值						计算值
		R_{RL}	I	U	U_R	U_L	φ	φ'
1								
2								
3								
4								

2）RC 串联电路的测量与观察

实验电路是将如图 5.49 所示的电路图中的电感改为电容。实验过程与"RL 串联电路的测量与观察"部分相同。提示：φ 的计算公式参考式（5-24），将实验数据记入表 5.3。

表 5.3　RC 串联电路的测量与观察实验数据记录表

次数	R	测量值						计算值
		R_{RC}	I	U	U_R	U_C	φ	φ'
1								

续表

次数	R	测量值						计算值
		R_{RC}	I	U	U_R	U_C	φ	φ'
2								
3								
4								

4. 问题讨论

（1）在 RL 串联电路和 RC 串联电路中，电阻的阻值 R 如何影响 $\dot{U}$ 与 $\dot{I}$ 的相位差？

（2）运用电压三角形计算 $U_{RL} = \sqrt{U_R^2 + U_L^2}$ 和 $U_{RC} = \sqrt{U_R^2 + U_C^2}$，与测量值做比较，判断二者是否相同，分析原因。

（3）比较 φ 和 φ' 是否相同，分析原因。

5. 仿真验证实验

（1）基于【例 5.12】，对 RL 串联电路进行仿真验证实验，如图 5.50 所示，主要步骤是绘制仿真电路并调试电感，以使测量结果更精确，使电路工作更稳定。电感阻值的影响通过串联 200Ω 的电阻来消除。设置交流的电压和电流，最终实现电路电流为 0.5A。该实验数据记录表参考表 5.2，将表 5.2 中的 R 改为 L 即可。

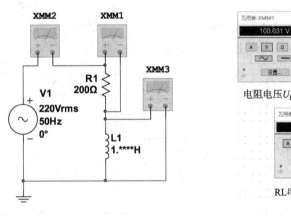 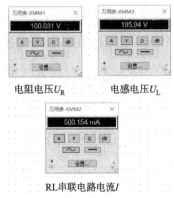

（a）RL 串联电路仿真验证实验图　　　　　（b）各数字万用表测量的参考结果

图 5.50　RL 串联电路仿真验证实验

（2）同理，基于【例 5.15】，对 RLC 串联电路进行仿真验证实验，如图 5.51 所示，主要步骤是绘制其仿真验证实验图并测量相关参数，为使测量结果更精确，可进行多次测量，对比例题解析，分析误差原因。该实验数据记录表参考表 5.2。

（3）感兴趣的读者，可以为如图 5.50（a）和图 5.51（a）所示的电路仿真验证实验图添加示波器仿真仪表，并设置相关挡位等，以对波形进行分析。

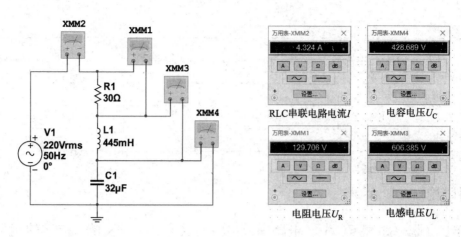

（a）RLC 串联电路仿真验证实验图　　　　　　（b）各数字万用表测量的参考结果

图 5.51　RLC 串联电路仿真验证实验

活动与练习　▶▶▶▶

5.5-1　在 RL 串联电路中，下列各式中哪个正确？哪个不正确？

（a）$U = U_R + U_L$　　　　　（b）$U^2 = U_R^2 + U_L^2$　　　　　（c）$Z = R + L$

（d）$Z = R + X_L$　　　　　（e）$Z^2 = R^2 + X_L^2$　　　　　（f）$Z^2 = R^2 + L^2$

（g）$\varphi = \arctan\dfrac{L}{R}$　　　　　（h）$\varphi = \arctan\dfrac{U_L}{U_R}$　　　　　（i）$\varphi = \arctan\dfrac{X_L}{R}$

5.5-2　求如图 5.52 所示电路中的未知电压。

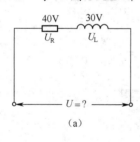

（a）　　　　　　　　　　　（b）　　　　　　　　　　　（c）

图 5.52　题 5.5-2 图

5.5-3　在 RL 串联电路中，$R = 200\Omega$，$X_L = 200\Omega$，端电压 $u = 200\sqrt{2}\sin(314t + 30°)(\text{V})$。求电流 i、电压 u_R 和 u_L，画出电流、电压矢量图。

5.5-4　某电感在接工频 220V 交流电源时，测得电流为 0.44A；在接 220V 直流电源时，测得电流为 0.73A。求该电感的电感量。

5.5-5　在 RC 串联电路中，下列各式中哪个正确？哪个不正确？

（a）$Z = R + X_C$　　　（b）$Z^2 = R^2 + X_C^2$　　　（c）$Z^2 = R^2 + C^2$　　　（d）$U = U_R + U_C$

（e）$U^2 = U_R^2 + U_C^2$　　　（f）$\dot{U} = \dot{U}_R + \dot{U}_C$　　　（g）$u = u_R + u_C$　　　（h）$\varphi = \arctan\dfrac{C}{R}$

（i）$\varphi = \arctan\dfrac{X_C}{R}$　　　（j）$\varphi = \arctan\dfrac{U_C}{U_R}$

5.5-6　在如图 5.53 所示的电路中，灯泡都能发光，哪个电路中的灯泡最亮？哪个电路中的灯泡最暗？

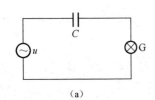

(a)

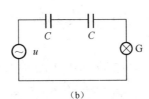

(b)

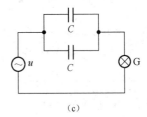

(c)

图 5.53　题 5.5-6 图

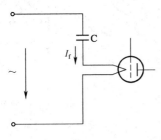

图 5.54　题 5.5-7 图

5.5-7　在图 5.54 所示的电路中，C 为电子管灯丝供电电路中的降压电容。已知电源电压 u 的有效值 $U = 220\text{V}$，频率 $f = 50\text{Hz}$，灯丝可以视为纯电阻。当灯丝电压为 6.3V 时，C 的耐压值不得小于多少？

5.5-8　在 $R = 30\Omega$，$C = 79.5\mu\text{F}$ 的 RC 串联电路中施加电压 $u = 311\sin314t(\text{V})$，问：①容抗 X_C 为多少？②阻抗 Z 为多少？③电路中的电流 I 为多少？④电阻电压 U_R 为多少？⑤电容电压 U_C 为多少？⑥电流与端电压的相位差为多少？

5.5-9　在 RLC 串联电路中，下列各式中哪个正确？哪个不正确？

(a) $U = U_R + U_L + U_C$

(b) $u = u_R + u_L + u_C$

(c) $\dot{U} = \dot{U}_R + \dot{U}_L + \dot{U}_C$

(d) $U = \sqrt{U_R^2 + U_L^2 + U_C^2}$

(e) $U = \sqrt{U_R^2 + (U_L + U_C)^2}$

(f) $U = \sqrt{U_R^2 + (U_L - U_C)^2}$

(g) $Z = R + X_L + X_C$

(h) $Z = R + L + C$

(i) $Z = \sqrt{R^2 + X_L^2 + X_C^2}$

(j) $Z = \sqrt{R^2 + X_L^2 - X_C^2}$

(k) $Z = \sqrt{R^2 + (X_L - X_C)^2}$

(l) $\varphi = \arctan\dfrac{U_L - U_C}{U_R}$

(m) $\varphi = \arctan\dfrac{X_L + X_C}{R}$

(n) $\varphi = -\arctan\dfrac{U_L - U_C}{U_R}$

5.5-10　在如图 5.55 所示的各电路中，灯泡都能发光，哪个电路中的灯泡最亮？哪个电路中的灯泡最暗？为什么？

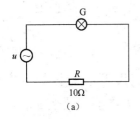

(a)

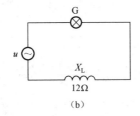

(b)

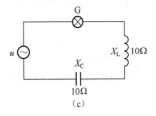

(c)

图 5.55　题 5.5-10 图

5.5-11　在 RLC 串联电路中，已知 $R = 30\Omega$，$L = 0.445\text{H}$，$C = 32\mu\text{F}$，电源电压 $u =$

$311\sin 314t(\text{V})$。试求电路中的电流 I，画出阻抗三角形，并判断电路的阻抗性质。

5.5-12 已知 RLC 串联电路中 $R = 30\Omega$，$L = 382\text{mH}$，$C = \dfrac{125}{\pi}\mu\text{F}$，正弦交流电源的规格为 220V、50Hz。试求：①总阻抗 Z；②电流 I；③ U_{R}、U_{L} 和 U_{C}；④阻抗角 φ，并说明电路的阻抗性；⑤画出电压、电流矢量图。

5.5-13 完成"实验：交流串联电路的观察、测量与仿真验证"实验报告（报告内容参见"活动与练习 3.2-9"）。

5.6 实验：常用电光源的认识与荧光灯电路的安装

1. 实验目的

（1）认识常用电光源、新型电光源，了解其构造和应用场合。
（2）学习绘制荧光灯电路图。
（3）识别图纸，掌握荧光灯电路的安装方法。
（4）熟悉常见荧光灯电路故障，进行简单故障排除操作。

2. 实验器材

（1）白炽灯、荧光灯、卤钨灯、高压汞灯、高压钠灯、金属卤化物灯、三基色荧光灯、LED。
（2）荧光灯灯管（或 U 形管、环形管）一根，镇流器（或电子镇流器）一个，启辉器一个，灯管支座一对。
（3）实习工具一套。

3. 实验步骤

1) 认识常用电光源、新型电光源，了解其构造和应用场合

电光源是指将电能转换为光能的器件或装置，广泛用于日常照明、工农业生产、国防和科研等方面。

（1）电光源的分类。

电光源一般可分为照明光源和辐射光源两大类。照明光源是指以照明为目的、主要输出可见光（波长为 $380 \sim 780\text{nm}$）的电光源，其规格品种繁多，功率从 0.1W 到 20kW 不等。辐射光源是指不以照明为目的、能辐射大量紫外光（波长为 $1 \sim 380\text{nm}$）或红外光（波长为 $780 \sim 1 \times 10^6\text{nm}$）的电光源，包括紫外光源、红外光源、非照明用可见光源。以上两大类电光源均为非相干光源。除此之外，还有一类电光源为相干光源，该类电光源通过激发态粒子受辐射

实现发光，输出波长范围从短波紫外直到远红外的光波，称为激光光源。

（2）电光源的结构。

不同类型的电光源有不同的结构，但一般都具有以下几部分：作为发光体的灯丝、电极、荧光粉；作为发光体外壳的玻璃、半透明陶瓷管、石英管；作为引线的导丝、芯柱、灯头；作为填充物的各类气体、汞、金属及其卤化物；消气剂、各类涂层、绝缘件及黏结剂等。

（3）常用的照明光源。

表5.4所示为常用的照明光源，列举了常用照明光源的外形、工作机理、优缺点和适用场合。

表5.4　常用的照明光源

类别		品种	外形	工作机理	优缺点	适用场合
热辐射光源		白炽灯		灯丝（金属钨）通电加热到白热状态，利用热辐射发出可见光	光色宜人，集光性好，发光迅速，易于控光，没有附件。 光效率低，寿命短。不利于节能环保	需要频繁开关及需要避免对测试设备产生高频干扰的地方，如艺术、装饰、陈列等照明场所
		卤钨灯		工作机理与白炽灯相同，但由于填充气体内含有部分卤族元素或卤化物，不会出现外壳发黑现象	结构简单，显色性好，体积小，灯丝稳定性和抗震性优良。 光效率较低，管壁温度要比白炽灯高	要求照度较高、显色性较好或要求调光的场所，如舞台、体育馆、大会堂、宴会厅，或者汽车用灯等
*气体放电光源（弧光放电类）	低气压气体放电灯	荧光灯		两端各有一个灯丝，管内充有微量氩和稀薄的汞蒸气，灯管内壁上涂有荧光粉，灯丝间的气体在导电时会发出紫外线，使荧光粉发出可见光	显色性好、光效率高、寿命长，光线柔和，较省电且性价比高。 功率因数低，需要附件，工作不稳定，在电压低时难启动	起居室、办公室、商店、橱窗等
*气体放电光源（弧光放电类）	高强度气体放电灯	高压汞灯		放电管内装有高压汞蒸气，放电管外是涂有荧光粉的玻壳。通电后放电管产生很强的紫外线，照射在荧光玻壳上，发出可见光	光线柔和，结构简单，成本低，维修费用低，光效率高，寿命长，耗电少。 启动时间长，工作不稳定，易自熄。光中不含红色，照射下的物体发青色	工矿企业、仓库、广场、高速公路、机场、车站、码头、街道等
		高压钠灯		电弧管两个电极间产生电弧，其高温作用使管内的钠、汞同时受热蒸发成为钠蒸气、汞蒸气，阴极发射的电子撞击放电物质原子，使其获得能量，在激发态、稳定态间无限循环，多余能量以光辐射的形式释放	光效率高、耗电少、寿命长、透雾能力强、不诱虫。 需要配镇流器，功率因数较低，工作稳定性差，易自熄	工矿企业、仓库、广场、高速公路、机场、车站、码头、街道等

续表

类别	品种	外形	工作机理	优缺点	适用场合
*气体放电光源(弧光放电类)	高强度气体放电灯	金属卤化物灯	在高压汞灯的基础上，将金属卤化物充入电弧管，在汞和稀有金属的卤化物混合蒸气中产生电弧放电，通过金属原子电离实现发光	光效率高、显色性能好、寿命长、功率大，是一种接近日光色的第三代节能新光源。紫外线辐射较强	体育场馆、展览中心、大型商场等需要大面积照明的场所

（4）新型电光源。

近些年来，新型电光源得到迅速发展。新型电光源发展趋势主要是提高发光效率，减小体积，改良电光源的显色性，延长其寿命，最终达到高效节能的目的。达到上述目的的途径是研制新型材料、采用新工艺，以及进一步研究新的发光机理。

① 三基色荧光灯。

三基色荧光灯如图5.56（a）所示，常被称为节能灯，其发光机理与日光灯发光机理相似，但体积更小、效率更高。

② LED。

LED如图5.56（b）所示，是一种半导体固体发光器件，被称为第四代照明光源或绿色光源，具有节能、环保、寿命长、体积小等特点，寿命可达6万~10万小时，比传统光源寿命长10倍以上；电光功率转换效率接近100%，在相同照明效果下比传统光源节能80%以上。

③ ACE 2004指示灯原理图符号如图5.56（c）所示，ACE 2004各种LED原理图符号如图5.56（d）所示。

(a) 三基色荧光灯　　　　　　　　　　　　　　　　(b) LED

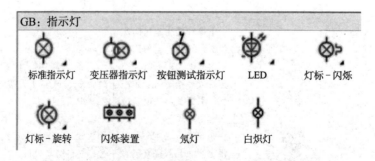

(c) ACE 2004指示灯原理图符号

图5.56　新型电光源

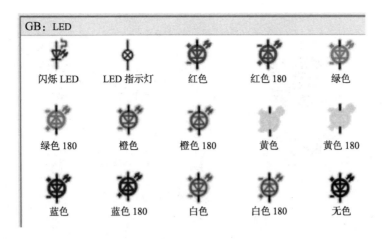

（d）ACE 2004 各种 LED 原理图符号

图 5.56　新型电光源（续）

实验：在教师指导下，认识常用电光源、新型电光源，了解其外形、构造和应用场合。

2）荧光灯电路的安装和故障排除

（1）荧光灯电路的组成。

荧光灯电路主要由荧光灯管、启辉器、镇流器组成。图 5.57 所示为荧光灯电路的实物图和原理图。

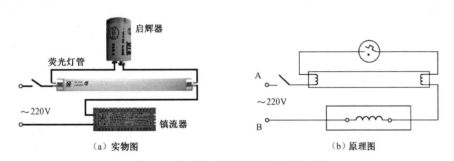

（a）实物图　　　　　　　　　　　（b）原理图

图 5.57　荧光灯电路的实物图和原理图

① 荧光灯管。

荧光灯管的外形如图 5.57（a）所示。荧光灯管是一根细长的玻璃管，其内壁涂有一层荧光粉薄膜，荧光灯管的两端装有钨丝，钨丝上涂有受热后易发射电子的氧化物。在将荧光灯管内抽成真空后，向其中充入一定量惰性气体和少量汞气。惰性气体有利于荧光灯的启动，同时有利于延长荧光灯管的寿命；汞气作为主要的导电材料，在放电时会产生紫外线，进而激发荧光灯管内壁的荧光粉，使其发出可见光。

② 启辉器。

启辉器的外形如图 5.57（a）所示，主要由辉光放电管和电容组成，其内部结构如图 5.58 所示。其中，辉光放电管内部的倒 U 形双金属片（动触片）是由热膨胀系数不同的两个金属片组成的，在一般情况下，动触片和静触片是分开的；小容量的电容用于防止启辉器动、静触片断开时产生火花，进而避免烧坏金属片组。

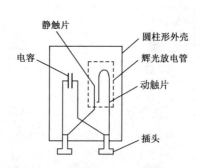

图 5.58 启辉器内部结构

③ 镇流器。

镇流器的外形如图 5.57（a）所示，是一个带铁芯的线圈。它有两个作用：一个是在启动时与启辉器配合产生瞬时高电压，点燃荧光灯管；另一个是在工作时利用串联在电路中的高电抗限制和稳定电路的工作电流，延长荧光灯管的寿命。

镇流器分为单线圈式和双线圈式两种，它的电路接法有多种形式，如图 5.59 所示。

通常荧光灯使用的镇流器为电子镇流器。电子镇流器主要由二极管、三极管、电容、电阻、磁环变压器等元器件组成。

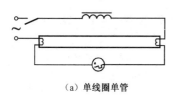
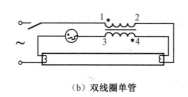
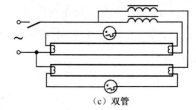

（a）单线圈单管   （b）双线圈单管   （c）双管

图 5.59 镇流器的电路接法

（2）荧光灯电路的安装。

① 用万用表检测元器件：荧光灯管两端灯丝的电阻应为几欧，镇流器的电阻应为 20 ~ 30Ω，启辉器不导通，电容应有充电效应。

② 电路安装：根据图 5.57 安装荧光灯电路。

③ 试通电：接好线路，在经教师检查合格后，通电并观察荧光灯电路的工作情况。

（3）荧光灯电路的故障排除。

与白炽灯相比，荧光灯电路较为复杂，出现的故障现象也较多，常见的故障现象、故障原因及排除方法如表 5.5 所示。

表 5.5 常见的故障现象、故障原因及排除方法

故障现象	故障原因	排除方法
不亮	电源不通或电压过低	用试电笔或万用表检查电源，接通电源
	灯丝断了	用万用表检查灯丝电阻，更换荧光灯管
	灯具存在断线或接触不良现象	修理断线，改善插接件的接触情况
	镇流器损坏	用万用表检查直流电阻，更换镇流器
	启辉器不合格或损坏	检查并更换合格启辉器

续表

故障现象	故障原因	排除方法
启辉器亮，荧光灯管不亮	电源电压过低	用万用表检查电源，改善供电
	灯具接线出错	改正接线
启辉器亮，荧光灯管闪烁	气温过低	热敷荧光灯管
启辉器亮，灯丝发红	启辉器内的电容被击穿	更换电容或更换启辉器
	启辉器损坏	更换启辉器
	荧光灯管老化	更换荧光灯管
启辉器不亮，荧光灯管两端亮	启辉器内的电容被击穿或双金属片粘连	修理或更换电容或更换启辉器
灯光在荧光灯管内旋转	新荧光灯管	暂时现象，启动几次即可消除
	镇流器不配套	更换配套镇流器
	荧光灯管质量不好	更换荧光灯管
启动困难	电源电压过低	用万用表检查电源，改善供电
	镇流器不配套	更换镇流器
	启辉器不合格或不配套	更换启辉器
荧光灯管一端或两端变黑	电源电压偏高	用万用表检查电源，改善供电
	开关开启、关闭过于频繁	控制关灯次数
	镇流器不配套或匝间短路	更换镇流器
	接线错误或接触不良	纠正接线或改善接触状态
	荧光灯管质量不好	更换荧光灯管
灯具发声	镇流器震动	垫胶垫并加固
灯具过热	电源电压过高	用万用表检查电源，调整供电
	散热不良	改善散热条件
启辉器有杂音	启辉器内的电容失效	在启辉器内并联电容

实验：在教师指导下，熟悉荧光灯电路，绘制荧光灯电路图，安装荧光灯电路，熟悉并实践排除荧光灯电路的简单故障（可将同学实习安装的荧光灯电路出现的故障设为排除对象，或者由教师设置故障点供学生练习故障排除方法）。

4. 问题讨论

（1）用万用表分别测量荧光灯管、镇流器两端电压，二者与总电压之间存在什么关系？

（2）当启辉器损坏且无替换器件时，有何应急办法点亮荧光灯？

活动与练习 ▶▶▶▶

完成"实验：常用电光源的认识与荧光灯电路的安装"的实验报告（报告内容参见"活动与练习 3.5-3"）。

5.7 交流电路的功率

 问题与探究 ▶▶▶▶▶

单位时间内电流所做的功称为功率，它是能量转换速率的量度。在直流电路中，当电流通过电阻时，电阻将一定的电能转化为热能，电流对电阻做功，对应功率 $P = UI$。在交流电路中，当电流流过电阻、电感、电容时，电流所做的功和能量转换的情况如何呢？

5.7.1 瞬时功率

由于在正弦交流电路中电流是随时间变化的，所以正弦交流电路中的功率也是随时间变化的。我们把某一时刻的功率称为瞬时功率，用小写字母 p 表示。瞬时功率是瞬时电压与瞬时电流的乘积，单位是 W：

$$p = ui \tag{5 - 32}$$

1. 纯电阻正弦交流电路的瞬时功率 p_R

在阻值为 R 的纯电阻正弦交流电路中，设电路中的电流 $i = I_m\sin\omega t$，根据纯电阻正弦交流电路中电流与电压的关系可得

$$u_R = I_m R\sin\omega t = U_{Rm}\sin\omega t$$
$$p_R = u_R i = (U_{Rm}\sin\omega t)(I_m\sin\omega t)$$

经化简得

$$p_R = u_R i = U_R I - U_R I\cos2\omega t \tag{5 - 33}$$

纯电阻正弦交流电路中电流 i、电压 u 和瞬时功率 p_R 的波形如图 5.60 所示。

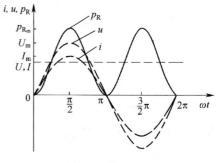

图 5.60　纯电阻正弦交流电路中电流 i、电压 u 和瞬时功率 p_R 的波形

 问题与思考 ▶▶▶▶▶

根据图 5.60，可以得出纯电阻正弦交流电路的瞬时功率 p_R 有何特点？
提示：①瞬时功率 p_R 是随时间按什么规律变化的？
②其变化频率为电流变化频率的多少倍？
③瞬时功率 p_R 的取值范围是什么？其中最大值 p_{Rm}、最小值 p_{min} 各为多少？

2. 纯电感正弦交流电路的瞬时功率 p_L

在电感量为 L 的纯电感正弦交流电路中，设电路中的电流 $i = I_m\sin\omega t$，根据纯电感正弦

交流电路中电流与电压的关系可得

$$u_L = I_m X_L \sin(\omega t + 90°) = U_{Lm}\sin(\omega t + 90°)$$

$$p_L = u_L i = U_{Lm}\sin(\omega t + 90°)I_m\sin\omega t$$

经化简得

$$p_L = u_L i = U_L I\sin2\omega t \qquad (5-34)$$

纯电感正弦交流电路中电流 i、电压 u 和瞬时功率 p_L 的波形如图 5.61 所示。

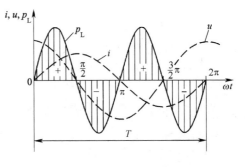

图 5.61　纯电感正弦交流电路中电流 i、电压 u 和瞬时功率 p_L 的波形

问题与思考 ▶▶▶▶

根据图 5.61，可以得出纯电感正弦交流电路的瞬时功率 p_L 有何特点？

提示：①瞬时功率 p_L 是随时间按什么规律变化的？

②其变化频率是电流变化频率的多少倍？

③瞬时功率 p_L 的振幅是多少？在 $0\sim T/4$ 和 $T/4\sim T/2$ 内瞬时功率 p_L 是正值还是负值？

3. 纯电容正弦交流电路的瞬时功率 p_C

同分析纯电感正弦交流电路的瞬时功率一样，对于纯电容正弦交流电路的瞬时功率 p_C，有

$$p_C = u_C i = U_C I\sin2\omega t \qquad (5-35)$$

问题与思考 ▶▶▶▶

仿照纯电感正弦交流电路，纯电容正弦交流电路的瞬时功率 p_C 有何特点？

5.7.2　有功功率

瞬时功率是随时间变化的，不便于进行计算分析，因为瞬时功率是周期函数，所以实际上常采用平均功率进行度量。平均功率是指瞬时功率在一个周期内的平均值，又称有功功率，表示电路中负载消耗的功率，用大写字母 P 表示，单位是 W。

对于纯电阻正弦交流电路而言，有功功率 P_R 为

$$P_R = U_R I \qquad (5-36)$$

根据纯电阻正弦交流电路的欧姆定律，有功功率 P_R 还可以表示为

$$P_R = I^2 R \text{ 或 } P_R = \frac{U_R^2}{R} \qquad (5-37)$$

提醒注意 ▶▶▶▶

式（5-36）、式（5-37）中的 U_R、I 分别表示交流电压的有效值和交流电流的有效值，不要与直流电混淆。

对于电感和电容来说，由于在一个周期内其瞬时功率半个周期为正、半个周期为负，因此它们的有功功率为零，即 $P_L = 0, P_C = 0$。这说明电感和电容在交流电路中不消耗能量，是储能元件。当 $P>0$ 时，存储能量；当 $P<0$ 时，释放能量。对于电感而言，存储能量是将电能转变为磁场能，释放能量是将磁场能转变为电能；对于电容而言，存储能量是将电能转变为电场能，释放能量是将电场能转变为电能。

5.7.3 无功功率

虽然电感和电容在交流电路中不消耗能量，但它们在电路中起着很重要的作用——能量转换。单位时间内能量转换的最大值（瞬时功率的最大值）称为无功功率，用字母 Q 表示。无功功率反映了电路中能量转换的最大速率。无功功率的单位是 Var。由纯电感正弦交流电路和纯电容正弦交流电路中的瞬时功率表达式可以得到如下关系式。

纯电感正弦交流电路的无功功率：

$$Q_L = U_L I \text{ 或 } Q_L = \frac{U_L^2}{X_L} = I^2 X_L \tag{5-38}$$

纯电容正弦交流电路的无功功率：

$$Q_C = U_C I \text{ 或 } Q_C = \frac{U_C^2}{X_C} = I^2 X_C \tag{5-39}$$

对于纯电阻正弦交流电路，由于电阻是耗能元件，电流在通过电阻时，电能转换为热能被消耗掉，电阻消耗的能量不能逆转回到电路中，所以纯电阻正弦交流电路的无功功率 Q_R 为零。

读一读 ▶▶▶▶

有功功率和无功功率

在交流电路中，由电源供给负载的电功率有两种，一种是有功功率，另一种是无功功率。

有功功率是保持用电设备正常运行而实际发出或消耗的电功率，用于将电能转换为其他形式能。例如，5.5kW 的电动机可以把 5.5kW 的电能转换为机械能，带动机床加工工件、水泵抽水、脱粒机脱粒；各种照明设备将电能转换为光能，供人们生活和工作照明。

无功功率是用来在电气设备中建立和维持磁场的电功率，它不对外做功，而是用于完成电路内电场、磁场的能量交换。凡是有电磁线圈的电气设备,要建立磁场,就要消耗无功功率。例如,40W 的日光灯,不仅需要 40 多瓦的有功功率(镇流器也需要消耗一部分有功功率)来发光,而且需要约 80Var 的无功功率供镇流器的线圈建立交变磁场。电动机需要建立和维持旋转磁场,使转子转动,从而带动机械运动,电动机的旋转磁场就是靠从电源获取的无功功率建立的。变压器也需要借助无功功率使其一次线圈产生磁场,进而在二次线圈中感应出电压。因此,没有无功功率,电动机就不会转动,变压器就不能变压,交流接触器就不会吸合。如果电网中的无功功率供不应求,用电设备就没有足够的无功功率来建立正常的电磁场,那么这些用电设备就不能在额定情况下维持工作,其端电压就要下降,从而影响其正常运行。

【例 5.16】 把一个电阻可忽略的电感接到电压 $u = 220\sqrt{2}\sin314t(\text{V})$ 的电源上,电感的电感量 $L = 0.35\text{H}$。试求:①有功功率;②无功功率;③瞬时功率表达式。

解:(1)因为电感是储能元件,在交流电路中不消耗能量,所以有功功率 $P_\text{L} = 0$。

(2)由 $u = 220\sqrt{2}\sin314t(\text{V})$ 可得

$$U_\text{Lm} = 220\sqrt{2} \approx 311(\text{V})$$

$$U_\text{L} = 220(\text{V})$$

$$X_\text{L} = \omega L = 314 \times 0.35 \approx 110(\Omega)$$

$$I = \frac{U_\text{L}}{X_\text{L}} = \frac{220}{110} = 2(\text{A})$$

所以有 $Q_\text{L} = U_\text{L}I = 220 \times 2 = 440(\text{Var})$。

(3)瞬时功率表达式为

$$
\begin{aligned}
p_\text{L} &= ui \\
&= U_\text{L}I\sin2\omega t \\
&= 220 \times 2 \times \sin(2 \times 314t) \\
&= 440\sin628t(\text{W})
\end{aligned}
$$

5.7.4 视在功率

在电阻、电感和电容串联电路中,存在有功功率 P_R、感性无功功率 Q_L 和容性无功功率 Q_C,由于通过电阻、电感和电容的是同一个电流 I,所以有 $P_\text{R} = U_\text{R}I$、$Q_\text{L} = U_\text{L}I$、$Q_\text{C} = U_\text{C}I$。电感两端电压 u_L 与电容两端电压 u_C 相位相反,感性无功功率 Q_L 和容性无功功率 Q_C 是可以互相补偿的。电感放出的能量被电容吸收,以电场能的形式储存在电容中;电容放出的能量被电感吸收,以磁场能的形式储存在电感中,减轻了电源的负担。电路中的无功功率为二者之差。

当电路呈感性时,无功功率为

$$Q = Q_\text{L} - Q_\text{C} = U_\text{L}I - U_\text{C}I = (U_\text{L} - U_\text{C})I = U_\text{X}I \tag{5-40}$$

当电路呈容性时,无功功率为

$$Q = Q_C - Q_L = U_C I - U_L I = (U_C - U_L)I = U_X I \qquad (5-41)$$

此时，电压三角形分别如图 5.62（a）、（c）所示，三条边同时乘以电流 I，就可以得到功率三角形，如图 5.62（b）、（d）所示。

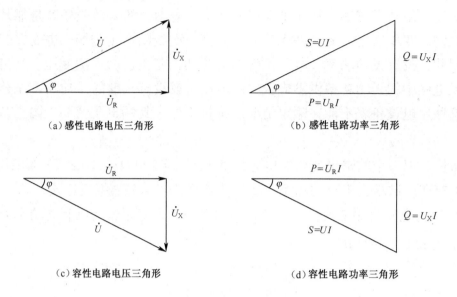

（a）感性电路电压三角形　　　　　　（b）感性电路功率三角形

（c）容性电路电压三角形　　　　　　（d）容性电路功率三角形

图 5.62　RLC 串联电路的电压三角形和功率三角形

功率三角形中的 S 称为视在功率，是电源两端电压与电路中电流（电源提供的电流）的乘积，即

$$S = UI \qquad (5-42)$$

视在功率既包含有功功率 P，又包含无功功率 Q，反映了电源的容量，其单位是伏安（VA）或千伏安（kVA）。

由功率三角形可得

$$S^2 = P^2 + Q^2 \qquad (5-43)$$
$$P = S\cos\varphi \qquad (5-44)$$
$$Q = S\sin\varphi \qquad (5-45)$$

5.7.5　功率因数

问题与思考 ▶▶▶▶

在 RLC 串联电路中，电阻是耗能元件，其功率是以有功功率形式体现的，电感和电容是储能元件，其功率是以无功功率形式体现的，即电路中既有能量的消耗，又有能量的交换。由此可见，电路中存在电源功率利用率问题。电源功率利用率如何表示呢？

分析发现，电源功率利用率与有功功率在电源容量中所占比例有关。有功功率与视在功率的比值被称为功率因数，用 $\cos\varphi$ 表示，即

$$\cos\varphi = \frac{P}{S} \qquad\qquad (5-46)$$

功率因数反映了 RLC 串联电路中负载对电源的利用率。$\cos\varphi$ 越大，说明有功功率在电源容量中所占比例越大，即电源的利用率越高。功率因数的大小由电路参数（R、L、C）和电源频率决定。从功率因数的定义式中可以看出，功率因数的最大值是 1，即有功功率等于视在功率，这说明电源的负载应为纯电阻。在实际生产和生活中，大多数电气设备属于感性负载。由前面的 RLC 串联电路可以知道，感性负载越大，电压三角形中的 φ 越大，因此功率因数越小，电源的利用率越低。

【例 5.17】　已知在 RLC 串联电路中 $R=40\Omega$，$X_L=70\Omega$，$X_C=40\Omega$，电路两端交流电压 $u=311\sin314t(\mathrm{V})$。求：①电路的阻抗 Z；②电流的有效值 I；③电路的有功功率 P、无功功率 Q、视在功率 S；④功率因数 $\cos\varphi$。

解：根据题意可知 $U_m=311(\mathrm{V})$，$U=220(\mathrm{V})$，$\omega=314(\mathrm{rad/s})$。

（1）$Z=\sqrt{R^2+(X_L-X_C)^2}$

$\qquad =\sqrt{40^2+(70-40)^2}=50(\Omega)$。

（2）$I=\dfrac{U}{Z}=\dfrac{220}{50}=4.4(\mathrm{A})$。

（3）$P=U_R I=I^2 R=4.4^2\times40\approx774(\mathrm{W})$。

$\qquad Q=(U_L-U_C)I=I^2 X=I^2(X_L-X_C)=4.4^2\times(70-40)=580.8(\mathrm{Var})$。

$\qquad S=UI=4.4\times220=968(\mathrm{VA})$。

（4）$\cos\varphi=\dfrac{P}{S}=\dfrac{774}{968}\approx0.8$。

活动与练习 ▶▶▶▶

5.7-1　在 RLC 串联电路中，下列各式中哪个正确？哪个不正确？

（a）$S=P+Q$ 　　　　　　（b）$S=\sqrt{P^2+Q^2}$

（c）$S=\dfrac{P}{\cos\varphi}$ 　　　　　　（d）$S=\dfrac{P}{\sin\varphi}$

（e）$\cos\varphi=\dfrac{P}{S}$ 　　　　　　（f）$\cos\varphi=\dfrac{U}{U_R}$

（g）$\varphi=\arctan\dfrac{Q}{P}$ 　　　　　（h）$\varphi=\arctan\dfrac{X}{R}$

（i）$\varphi=\arctan\dfrac{L-C}{R}$ 　　　　（j）$\varphi=\arctan\dfrac{U_L-U_C}{U_R}$

5.7-2　在 RLC 串联电路中，已知 $R=40\Omega$，$L=255\mathrm{mH}$，$C=63.7\mu\mathrm{F}$，电源电压 $U=220\mathrm{V}$，频率为 50Hz。试求：①U_R、U_L、U_C；②P、Q；③$\cos\varphi$。

5.7-3　一台电动机的额定电压为 220V，额定功率为 40W，功率因数 $\cos\varphi=0.6$。求此电动机的额定电流、无功功率和视在功率。

5.8 电能的测量与节能

5.8.1 实验：电能计量仪表

 做中学 ▶▶▶▶

1. 实验目的

（1）掌握单相感应式电能表的使用方法（计量电能）。

（2）了解新型电能计量仪表。

2. 实验器材

（1）单相感应式电能表。

（2）新型电能计量仪表（用于认识了解）。

3. 实验步骤与要求

1）单相感应式电能表

电能表是一种专门计量电能的仪表。工农业生产用电、家庭照明等一段时间内耗用的电能需要用电能表来计量。电能表分为单相电能表和三相电能表两种，三相电能表又分为有功电能表和无功电能表。单相电能表用于单相用电器和照明电路，三相电能表用于三相动力电路或其他三相正弦交流电路。

目前使用的绝大多数单相电能表是感应式电能表。图 5.63 所示为几种单相感应式电能表。

图 5.63　几种单相感应式电能表

（1）单相感应式电能表的选择。

① 电压。电能表的额定电压必须符合电压的规格。例如，照明电路的电压为220V，因此选择的电能表额定电压必须是220V。

② 电流。电能表的额定电流必须与负载的总功率相适应。在电压一定（220V）的情况下，可以根据总用电器负载的大小算出所需电能表的额定电流，计算公式是 $P=IU$。表5.6所示为不同规格的单相感应式电能表对应的用电器的最大功率。

表5.6 不同规格的单相感应式电能表对应的用电器的最大功率

单相感应式电能表的额定电流/A	1	2.5	3	5	10
用电器的最大功率/W	220	550	660	1100	2200

（2）单相感应式电能表的读数。

单相感应式电能表的计数器有5位或6位数字，从右向左依次为小数、个位、十位、百位、千位、万位；表面标有额定值，包括额定电压、额定电流、工作频率、每千瓦·时对应的铝盘转数等。其中，每千瓦·时对应的铝盘转数表示用电器每消耗1kW·h电能，电能表的铝盘转过的圈数。例如，2500r/kW·h表示用电器每消耗1kW·h电能，电能表的铝盘转过2500转。

电能表每千瓦·时对应的铝盘转数用 c 表示，铝盘转过的圈数用 n 表示，则用电量为

$$W = \frac{n}{c}$$

例如，$c=2500\text{r/kW}\cdot\text{h}$，$n=10000\text{r}$，则用电量 $W=\dfrac{n}{c}=4\text{kW}\cdot\text{h}=4$ 度。

每月的用电量=电能表本月的读数−电能表上月的读数。

实验：认识、了解单相感应式电能表，练习单相感应式电能表的读数。

2）新型电能计量仪表

电能表功能逐渐多样化，已由单一的计量仪表向多功能、模块化、智能化、系统化方向发展。

（1）分时计费电能表。分时计费电能表利用有功电能表或无功电能表中的脉冲信号，分别计量用电高峰和用电低谷时段内的有功电能与无功电能，以便对用户在用电高峰、用电低谷时段内的用电收取不同费用。图5.64（a）所示为单相电子式多用户分时计费电能表。

（2）多费率电能表。多费率电能表是一种机电一体化式的电能表，它采用以专用单片机为主电路的设计，除具有普通三相电能表的功能外，还具有峰、尖、平、谷等时段电能计量，以及连续时间或任意时段的最大需量指示功能，而且具有断相指示、频率测试等功能；有利于发、供电部门实行峰谷分时电价，限制高峰负荷。这种电能表可广泛用于发电厂、变电所、厂矿企业。图5.64（b）所示为三相四线电子式多费率电能表，图5.64（c）所示为三相三线电子式多费率电能表。

（3）电子预付费式电能表。电子预付费式电能表是一种先付费后用电，通过先进的IC

卡进行用电管理的全新概念的电能表，因为采用了 IC 卡，所以也称为电卡式电能表。这种电能表采用微电子技术进行数据采样、处理及保存，主要由电能计量及微处理器控制两部分组成。图 5.64（d）所示为单相电子预付费式电能表。

除此之外，还有如图 5.64（e）所示的单相电子式载波电能表等。

（a）单相电子式多用户分时计费电能表　　　　（b）三相四线电子式多费率电能表　　　　（c）三相三线电子式多费率电能表

（d）单相电子预付费式电能表　　　　　　　（e）单相电子式载波电能表

图 5.64　新型电能计量仪表

4. 问题讨论

（1）若需要你为学校电工实验室配置一只电能表，应该怎样选择？

（2）利用单相电能表可以估测用电器的有功功率，你知道如何估测吗？

5.8.2　提高功率因数的意义与方法

1. 提高功率因数的意义

具有感性负载的电路的功率因数一般比较低。异步电动机的功率因数在额定负载时为 0.6～0.8，在轻载时更低。所有感性负载在建立磁场的过程中都存在无功功率，因为励磁电流是不断变化的，磁场能量不断增减，电感和电源之间不停地进行能量交换，因此都需要无功功率。变压器需要无功功率，否则无法工作；电动机也需要无功功率，否则无法转动。为了使发电机的容量得到充分利用，从经济的角度出发，必须减小无功功率，以提高功率因数。

为了提高感性负载对电源的利用率，要设法提高功率因数，如何提高功率因数呢？由数学知识可知，减小 φ 可以增大功率因数。如何减小 φ 呢？

2. 提高功率因数的方法

1）正确选用设备的容量

通过降低用电设备的无功功率，可以提高功率因数，即提高用电设备本身的功率因数。例如，正确选用电动机和变压器的容量。由于电动机和变压器在轻载或空载时功率因数低，在满载时功率因数较高，所以选用的电动机和变压器的容量不宜过大，并且应尽量避免轻载运行。

2）在感性负载上并联电容

由于电容是储能元件，且在任意时刻 $\dot{U}_\text{C}$ 与 $\dot{U}_\text{L}$ 都是反相的，所以在感性负载电路中电容可以用来提供容性成分，从而减小感性负载的作用。同时为了不影响电路的正常工作（保证额定电压），在用电设备中常采用并联补偿电容的方法提高功率因数。

图 5.65（a）所示为感性负载电路，为了提高功率因数，在电路中并联一个容量为 C 的电容。在并联电容前，设电源电压的初相为 $0°$，在电压 $\dot{U}$ 的作用下，通过感性负载的电流 i 在相位上滞后电源电压 φ。在并联电容后，通过电容的电流 i_C 在相位上超前电源电压 $90°$，电路中总电流 i' 为 i_C 与 i 的矢量和，如图 5.65（b）所示。此时 i' 与电源电压 $\dot{U}$ 的相位差为 φ'。从图 5.65（b）中可以看到，φ' 比 φ 小，即 $\cos\varphi'$ 比 $\cos\varphi$ 大。

另外，从如图 5.65（b）所示的矢量图中还可以看到，电路不仅提高了功率因数，而且电路的总电流 i' 比原总电流 i 小，这是因为电容中的 i_C 与感性负载中电流的无功分量相位相反，无功功率在电容和电感之间互相补偿，减小了原感性负载与电源之间的无功功率。由于电路中的电流减小，所以热损耗和电路的电压降也减小了。

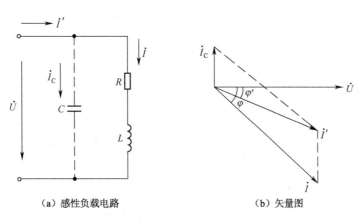

（a）感性负载电路　　　　　　　　（b）矢量图

图 5.65　提高功率因数的方法

在实践中，可以根据下式计算补偿电容：

$$C = \frac{P}{\omega U^2}(\tan\varphi_1 - \tan\varphi_2) \tag{5-47}$$

式中，P 是感性负载的有功功率；ω 和 U 分别是电源的角频率、电路端电压的有效值；φ_1 和 φ_2 分别是并联电容前、后的阻抗角。

【例 5.18】 某电动机的有功功率为 1kW，功率因数 $\cos\varphi_1 = 0.6$。将该电动机接在 220V 工频电源上，欲将功率因数提高到 $\cos\varphi_2 = 0.9$，问应并联多大容量的电容。

解： 由题意可知，$U = 220$V，$\omega = 314$rad/s。

因为有

$$\cos\varphi_1 = 0.6$$

所以有

$$\varphi_1 \approx 53°, \quad \tan\varphi_1 \approx 1.33$$

又因为有

$$\cos\varphi_2 = 0.9$$

所以有

$$\varphi_2 \approx 25.8°, \quad \tan\varphi_2 \approx 0.484$$

根据式（5-47）可得

$$C = \frac{P}{\omega U^2}(\tan\varphi_1 - \tan\varphi_2)$$

$$= \frac{1000}{314 \times 220^2} \times (1.33 - 0.484)$$

$$= 55.7 \times 10^{-6}(\text{F})$$

$$= 55.7(\mu\text{F})$$

所以应并联一个容量为 55.7μF、耐压值大于 311V 的电容。

应当指出，若要将功率因数提高到接近 1，则需要并联容量很大的电容，这样反而不经济。在一般情况下，保证功率因数不低于 0.85 即可。

节约电能

电力部门可以通过提高功率因数的方法来尽量减小电源无功功率，从而节约电能。为提高功率因数，变电站和用电设备都尽可能加装无功补偿设备，通过安装补偿电容、同步补偿器等，补偿电网的无功功率，减小电路损失。国家要求高压系统工业用户的功率因数应达到 0.95，其他用户的功率因数应达到 0.9，农业用户的功率因数应达到 0.8。同时为了鼓励用户提高功率因数，国家制定了根据功率因数调整电价的制度。

5.8.3　实验：提高感性电路的功率因数

1. 实验目的

（1）学习功率表和功率因数表的使用方法，并会用功率表和功率因数表测量交流电路的功率及功率因数。

（2）掌握提高感性电路功率因数的方法，进一步理解提高功率因数的意义。

2. 实验器材

（1）单相调压器（0.5～1kVA，0～250V）一台。

（2）日光灯电路元件一套。

（3）容量分别为 $C_1 = 1\mu F$、$C_2 = 2\mu F$ 的电容（耐压值均为450V）各一个。

（4）交流电压表（0～250V 或万用表）一只。

（5）交流电流表（0～0.5～1A）三只。

（6）功率表和功率因数表各一只。

3. 实验原理

前面讨论过，感性负载并联电容后能提高功率因数。从矢量图［见图5.65（b）］中可以看出，在并联电容前，电路中的电流 i 滞后电源电压 φ；在并联电容后，电路中的总电流 i' 滞后电源电压 φ'，φ' 比 φ 小许多，即 $\cos\varphi'$ 比 $\cos\varphi$ 高许多。电路不仅提高了功率因数，而且总电流 i' 比原总电流 i 减小了。由于电路中的电流减小了，所以热损耗和电路的电压降也减小了。

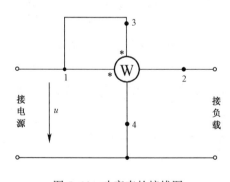

图 5.66　功率表的接线图

可以用功率表测量荧光灯的功率。功率表的接线图如图5.66所示（前接法），功率表的电流回路引出端为1和2，它们应与负载串联；电压回路引出端为3和4，它们应与负载并联。其中，1端与3端标有"＊"号，是同名端，在接线时这两端应连在一起。这样连接时，若功率表指针正向偏转，则表示电源向负载传送功率。若将1端与2端对调，电流将由2端流向1端，功率表指针将反向偏转。

在一般情况下，功率表是多量程的，在使用时要注意选用合适的量程。

功率表的读数方法有如下两种。

（1）使用说明书附有分格常数表：分格常数是指在不同的电流和电压量程时表盘标尺每一格代表对应的瓦数，单位是瓦每格。被测功率 $P=Ca$，式中，C 为分格常数；a 为指针偏转格数。

（2）功率表没有分格常数表：先计算出分格常数 $C = \dfrac{U_N I_N}{a_m}$，式中，U_N、I_N 分别为功率表的电压量程和电流量程；a_m 为功率表标尺的满刻度格数。再用 $P = Ca$ 算出功率。

4. 实验步骤

通过并联电容提高荧光灯电路功率因数的实验电路如图 5.67 所示。

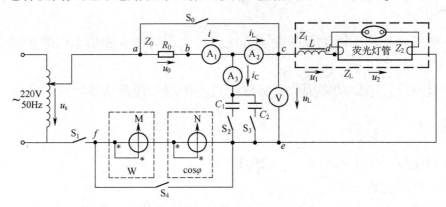

图 5.67 通过并联电容提高荧光灯电路功率因数的实验电路

（1）按图 5.67 连接实验电路。

在闭合开关 S_1 前，先将开关 S_0、S_4 闭合，将开关 S_2、S_3 断开。在未测量实验数据时，交流电流表、交流电压表、功率表、功率因数表、电容不连接在电路中；在需要测量电路数据时，再接入上述仪器仪表，目的是防止仪器仪表受到荧光灯电路接通时产生的较大启动电流的冲击。

（2）调节单相调压器，使输出电压 $U_S = 220V$，闭合开关 S_1，接通荧光灯电路并预热，点亮荧光灯。

（3）断开开关 S_0，读取电流表 A_1、A_2、A_3 的数值，并分别记入表 5.7 中的 I、I_L、I_C 栏。用交流电压表分别测量 af、ab、cd、de、ce 间的电压，并将其分别记入表 5.7 中的 U_S、U_L、U_0、U_1、U_2 栏。

（4）断开开关 S_4，将功率表的移动端 M 分别接到 a 点、c 点和 d 点，读取功率表数据，记入表 5.7 中的 P_a、P_c 和 P_d 栏。

（5）将功率因数表的移动端 N 与 c 点相接，读取功率因数表数据，记入表 5.7 中的 $\cos\varphi$ 栏。

（6）测量并联电容 $C_1 = 1\mu F$ 时的数据。开关 S_1 闭合不动，将开关 S_2 闭合，将开关 S_3 断开，重复步骤（3）～（5），并将实验数据记入表 5.7。

（7）测量并联电容 $C_2 = 2\mu F$ 时的数据。开关 S_1 闭合不动，将开关 S_3 闭合，将开关 S_2 断开，重复步骤（3）～（5），并将实验数据记入表 5.7。

（8）测量并联电容 $C = 3\mu F$（$C = C_1 + C_2$）时的数据。开关 S_1 闭合不动，将开关 S_2、S_3 闭合，重复步骤（3）～（5），并将实验数据记入表 5.7。

（9）根据测量数据，按照公式 $\cos\varphi = P/(UI)$ 计算功率因数，并将计算值记入表 5.7。

表 5.7　提高功率因数实验数据记录表

分项			未并联电容	并联电容 $C_1=1\mu F$	并联电容 $C_2=2\mu F$	并联电容 $C=3\mu F$
测量值	电压/V	U_S (af 间)				
		U_L (ab 间)				
		U_0 (cd 间)				
		U_1 (de 间)				
		U_2 (ce 间)				
	电流/A	I (A₁)				
		I_L (A₂)				
		I_C (A₃)				
	功率/W	P_a (a 点)				
		P_c (c 点)				
		P_d (d 点)				
	功率因数	$\cos\varphi$				
计算值	$\cos\varphi$					

5. 问题讨论

（1）比较实验数据，理解并联电容提高感性电路功率因数的方法。

（2）在荧光灯正常发光后，能否拆除启辉器？为什么？

（3）是否并联电容的容量 C 越大，$\cos\varphi$ 就越高？

（4）$\cos\varphi$ 能否提高到 1？为什么？

（5）如果没有功率因数表，应该怎样得到并联电容前、后的功率因数呢？

活动与练习　▶▶▶▶

5.8-1　完成"实验：电能计量仪表"的实验报告（报告内容参见"活动与练习 3.5-3"）。

5.8-2　是否可以采用串联电容的方法提高功率因数？为什么？

5.8-3　在 $f=50Hz$、$U=220V$ 的电源上，接一个感性负载，感性负载有功功率 $P=10kW$，功率因数 $\cos\varphi=0.6$。若要使功率因数提高到 0.8、0.9 和 0.95，试问分别需要并联容量多大的电容？

5.8-4　完成"实验：提高感性电路的功率因数"的实验报告（报告内容参见"活动与练习 3.2-9"）。

*5.9　谐振

前面提到，购物消费使用的银联卡、乘坐公交车使用的交通卡等都是通过由电容和电感组成的谐振回路来接收信号的。本单元将讨论 RLC 正弦交流电路的一般情况。谐振现象是指在一定条件下，RLC 正弦交流电路中出现的一种特殊现象。谐振可分为串联电路的谐振和并联电路的谐振。

5.9.1　串联电路的谐振

1. 串联谐振的条件

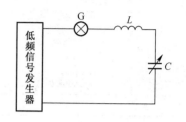

观察与思考 ▶▶▶▶

串联谐振实验电路如图 5.68 所示。①让可调电容保持某一适当容量，保持电源电压不变，改变电源频率，使其由低逐渐变高，观察灯泡 G 亮度的变化情况。②让电源电压的大小及频率保持某一适当值，调节可调电容，使其容量由小逐渐变大，再观察灯泡 G 亮度的变化情况。

图 5.68　串联谐振实验电路

在实验①中，当逐渐增大电源频率时，灯泡先由暗逐渐变亮，当电源频率增大到某一数值时，灯泡最亮，若继续增大电源频率，灯泡将由亮逐渐变暗；在实验②中，当调节可调电容时，灯泡亮度同样发生变化，当电容由小增大到某一数值时，灯泡最亮，若继续增大电容，灯泡将由亮逐渐变暗。

对上述实验现象进行分析可知，当灯泡最亮时，RLC 串联电路中的总阻抗最小，电流最大，这种现象叫作谐振现象。那么，RLC 串联电路满足什么条件可以出现谐振现象呢？

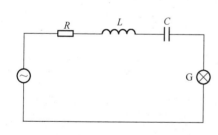

如图 5.69 所示，在 RLC 串联电路中，总阻抗 $Z = \sqrt{R^2 + X^2} = \sqrt{R^2 + (X_L - X_C)^2}$。由此可知，当 $X = 0$ 时 Z 最小，也就是当 $X_L = X_C$ 时，电路出现谐振现象，这就是串联谐振的条件。

图 5.69　RLC 串联电路

2. 串联谐振的频率

RLC 串联电路发生谐振时的频率称为谐振频率，通常用 ω_0 表示谐振角频率，用 f_0 表示谐振频率。

因为在谐振时，满足条件 $X_L = X_C$，所以有

$$\omega L = \frac{1}{\omega C} \text{ 或 } 2\pi fL = \frac{1}{2\pi fC}$$

由此可得

$$\omega_0 = \frac{1}{\sqrt{LC}} \tag{5-48}$$

$$f_0 = \frac{1}{2\pi\sqrt{LC}} \tag{5-49}$$

由式（5-48）和式（5-49）可以看出，谐振频率的大小只与 L 和 C 有关，与 R 无关，

它反映的是电路本身固有的性质。只要电路中的电感和电容确定了，电路的谐振频率也就确定了。因此，又称谐振频率为电路的固有频率。在实际应用中，常常通过改变电路参数（L 或 C），来使电路在某一频率下发生谐振。

3. 串联谐振电路的特点

经分析可得，RLC 串联电路在发生谐振时具有以下特点。

（1）谐振时，总阻抗最小，且为纯电阻。

总阻抗为

$$Z = \sqrt{R^2 + X^2} = \sqrt{R^2 + (X_L - X_C)^2}$$

因为谐振时有

$$X_L = X_C, \quad X = X_L - X_C = 0$$

所以总阻抗 $Z = R$，总阻抗最小，电路呈电阻性。

（2）谐振时，电流最大，且与电源电压同相。

因为谐振时总阻抗 Z 最小，所以在电源不变的条件下，电流最大，其有效值为

$$I_0 = \frac{U}{R}$$

式中，I_0 称为谐振电流。

同时，由于电路呈电阻性，所以谐振电流与电源电压相位相同。

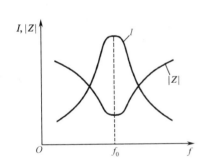

图 5.70　串联谐振曲线

阻抗和电流随频率变化的曲线称为串联谐振曲线，如图 5.70 所示。串联谐振曲线显示，当外加电压频率等于电路固有频率时，电路的总阻抗最小，电流最大。

（3）谐振时，电抗 $X = 0$，但感抗 X_L 和容抗 X_C 不为零。此时，感抗和容抗称为谐振电路的特性阻抗，用字母 ρ 表示，即

$$\rho = \omega_0 L = \frac{1}{\omega_0 C} = \sqrt{\frac{L}{C}} \tag{5-50}$$

式（5-50）说明，特性阻抗 ρ 是由电路参数 L 和 C 决定的，它与谐振频率的大小无关。ρ 的单位是 Ω。

（4）在电子技术中，经常用谐振电路的特性阻抗与电路中电阻的比值来说明电路的性能，这个比值叫作电路的品质因数，用字母 Q 表示，即

$$Q = \frac{\rho}{R} = \frac{\omega_0 L}{R} = \frac{1}{\omega_0 C R} = \frac{1}{R}\sqrt{\frac{L}{C}} \tag{5-51}$$

式（5-51）说明 Q 的大小由电路参数 R、L、C 决定。

品质因数是一个无量纲物理量，其大小通常为几十到几百。

谐振时，电阻、电感和电容两端的电压分别为

$$U_R = I_0 R = \frac{U}{R} R = U$$

$$U_L = I_0 X_L = \frac{U}{R}\omega_0 L = U\frac{\rho}{R} = QU$$

$$U_C = I_0 X_C = \frac{U}{R\omega_0 C} = U\frac{\rho}{R} = QU$$

由此可见，电路在发生谐振时，电阻两端的电压等于电源电压，电容和电感两端的电压相等且为电源电压的 Q 倍。因此，串联谐振又称为电压谐振。

当 $Q \gg 1$ 时，$U_L = U_C \gg U$，即电感和电容两端的电压远大于电源电压。在电子技术领域常常利用 RLC 串联谐振电路获得较高的电压。

【例5.19】 在 RLC 串联谐振电路中，$L = 0.05\text{mH}$，$C = 200\text{pF}$，$Q = 100$，交流电压有效值 $U = 1\text{mV}$。试求：①电路的谐振频率 f_0；②谐振时电路中的谐振电流 I_0；③电容两端的电压 U_C。

解：（1）谐振频率为

$$f_0 = \frac{1}{2\pi\sqrt{LC}} = \frac{1}{2\times\pi\times\sqrt{0.05\times10^{-3}\times200\times10^{-12}}} \approx 1.59\times10^6(\text{Hz}) = 1.59(\text{MHz})$$

（2）因为 $Q = \dfrac{\rho}{R} = \dfrac{1}{R}\sqrt{\dfrac{L}{C}}$，所以有

$$R = \frac{1}{Q}\sqrt{\frac{L}{C}} = \frac{1}{100}\sqrt{\frac{0.05\times10^{-3}}{200\times10^{-12}}} = 5(\Omega)$$

$$I_0 = \frac{U}{R} = \frac{1}{5} = 0.2(\text{mA})$$

（3）电容两端的电压为

$$U_C = QU = 100\times1\times10^{-3} = 0.1(\text{V})$$

4. 串联谐振电路的利用与防护

1）串联谐振电路的利用

串联谐振电路常被用作选频电路。在 RLC 串联电路中，如果有几个不同频率的电源同时作用，如图 5.71 中的 e_1、e_2、e_3，那么每个电源都将在电路中产生一定的电流。这种情况就像收音机中的信号接收电路，各地广播电台发射的不同频率的无线电波，都将在信号接收电路的线圈中产生感应电动势，从而形成一定的电流。假设 e_1、e_2、e_3 是不同频率的无线电波在信号接收电路的线圈中产生的感应电动势，由于信号接收电路是一个 RLC 串联谐振电路，它对作用在信号接收电路中的不同频率信号可以进行选择。如果调节

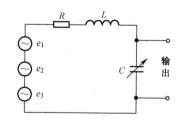

图 5.71 选频电路

可调电容的容量 C，使电路对 e_1 谐振（频率为 f_1），那么对于 e_1 来讲，电路呈现的阻抗最小，在电路中产生的电流最大，在电容两端得到一个较高的输出电压，这时就可以收听频率为 f_1 的电台，这个过程叫作调谐。同时，对于 e_2、e_3 来讲，由于电路未对这些感应电动势的频率产生谐振，所以电路对它们呈现的阻抗很大，相应的在电路中形成的电流很小，因此电容两

端输出的电压也很小。所以说，利用串联谐振电路可以在不同的频率中选择需要的频率信号，这称为选频特性或选择性。

2）串联谐振电路的防护

在供电系统中，由于电源本身电压很高，所以不允许电路发生谐振，以免在电感或电容两端产生高电压，从而引起电气设备损坏或造成人身伤亡事故等。例如，把 $L = 406\text{mH}$、$R = 2.5\Omega$ 的电感与 $C = 25\mu\text{F}$ 的电容串联到 $U = 220\text{V}$、$f = 50\text{Hz}$ 的交流电源上，这时电路的谐振频率 $f_0 = \dfrac{1}{2\pi\sqrt{LC}} \approx 50(\text{Hz})$，接近电源频率，所以电路发生谐振。此时 $U_L = U_C = \dfrac{2\pi fLU}{R} = \dfrac{2 \times 3.14 \times 50 \times 0.406 \times 220}{2.5} \approx 11219(\text{V})$。显然，超过 1 万伏的电压很可能击穿电容和电感的绝缘介质，从而造成危害。所以，电力电路要避免出现串联谐振现象。

5.9.2　并联电路的谐振

1. RLC 并联谐振电路

图 5.72（a）所示为 RLC 并联谐振电路。如果使 $X_L = X_C$，则 $I_L = I_C$，由如图 5.72（b）所示的矢量图可知，此时 $\dot{i}_L$ 与 $\dot{i}_C$ 大小相等、相位相反，它们的矢量和为零，即 $\dot{i}_L = -\dot{i}_C$，总电流等于电阻电流，且与电压同相，即

$$\dot{i} = \dot{i}_R + \dot{i}_L + \dot{i}_C = \dot{i}_R$$

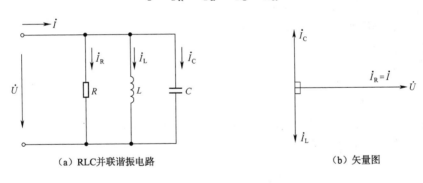

（a）RLC并联谐振电路　　　　（b）矢量图

图 5.72　RLC 并联谐振电路及矢量图

此时电路发生谐振。根据谐振条件 $\omega L = \dfrac{1}{\omega C}$ 可以求出谐振的角频率，即 $\omega_0 = \dfrac{1}{\sqrt{LC}}$，谐振的频率 $f_0 = \dfrac{1}{2\pi\sqrt{LC}}$。

在 RLC 并联谐振电路中，总阻抗最大，即 $Z = R$，这是因为电感支路的电流与电容支路的电流完全补偿（但 $I_L = I_C \neq 0$）。

图 5.72（a）所示的 RLC 并联谐振电路属于纯电阻、纯电感和纯电容的并联谐振电路，在实际中，由于电感不可避免地存在电阻，因此更为常见的并联谐振电路是如图 5.73（a）

所示的电感与电容并联谐振电路。

2. 电感与电容并联谐振电路

1）谐振条件与谐振频率

同 RLC 并联谐振电路一样，在如图 5.73（a）所示的电感与电容并联谐振电路中，谐振时电路仍呈电阻性，即总电流 $\dot{i}$ 与总电压 $\dot{U}$ 同相，矢量图如图 5.73（b）所示。

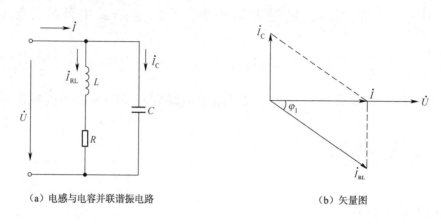

（a）电感与电容并联谐振电路　　　　　　　（b）矢量图

图 5.73　电感与电容并联谐振电路及矢量图

由图 5.73（b）可知，$\dot{i} = \dot{i}_{RL} + \dot{i}_C$，若电路处于谐振状态，应有

$$I_C = I_{RL}\sin\varphi_1$$

式中，$I_C = \dfrac{U}{X_C}$；$I_{RL} = \dfrac{U}{\sqrt{R^2 + X_L^2}}$；$\sin\varphi_1 = \dfrac{X_L}{\sqrt{R + X_L^2}}$；$X_L = \omega L$；$X_C = \dfrac{1}{\omega C}$。

经进一步推导，可得

$$\omega C = \frac{\omega L}{R^2 + \omega^2 L^2} \qquad (5-52)$$

若电感的感抗 ωL 远大于自身的电阻 R，即 $\omega L \gg R$，$\omega^2 L^2 \gg R^2$，则式（5-52）分母中的 R^2 可以忽略不计，于是可得

$$\omega C \approx \frac{\omega L}{\omega^2 L^2} = \frac{1}{\omega L}$$

即

$$\omega = \omega_0 \approx \frac{1}{\sqrt{LC}} \ \text{或} \ f = f_0 \approx \frac{1}{2\pi\sqrt{LC}}$$

由此可见，电感与电容并联电路的谐振条件为 $\omega C = \dfrac{\omega L}{R^2 + \omega^2 L^2}$，谐振角频率 $\omega_0 \approx \dfrac{1}{\sqrt{LC}}$。

2）谐振电路的特点

电感与电容并联谐振电路具有以下特点。

（1）电路的总阻抗最大且呈电阻性，但此时的总阻抗 Z_0 是特性阻抗的 Q 倍，即

$$Z_0 = Q\rho = \frac{L}{RC}$$

（2）电路中的总电流最小且与端电压同相，谐振电流为

$$I_0 = \frac{U}{Z_0} = \frac{U}{Q\rho}$$

（3）电感中的电流 I_{RL} 与电容支路的电流 I_C 近似相等，且为总电流（谐振电流 I_0）的 Q 倍，即

$$I_{RL} = I_C = QI_0$$

由于在并联谐振电路中，电感支路的电流等于或近似等于电容支路的电流，且为总电流的 Q 倍，因此并联谐振电路也称为电流谐振电路。

【例 5.20】　在电感与电容并联的电路中，已知 $L = 100\mu H$，$C = 100pF$，$Q = 100$，信号源端电压 $U = 2V$。当发生谐振时，求：①谐振频率 f_0；②总电流 I_0；③支路电流 I_{RL}、I_C；④回路消耗的功率。

解：（1）谐振频率为

$$f_0 \approx \frac{1}{2\pi\sqrt{LC}} = \frac{1}{2\pi \times \sqrt{100 \times 10^{-6} \times 100 \times 10^{-12}}} \approx 1.59 \times 10^6 (Hz) = 1.59(MHz)$$

（2）谐振时，回路总阻抗为

$$Z_0 = Q\rho = Q\sqrt{\frac{L}{C}} = 100 \times \sqrt{\frac{100 \times 10^{-6}}{100 \times 10^{-12}}} = 100 \times 10^3 (\Omega) = 100(k\Omega)$$

回路中的总电流，即谐振电流为

$$I_0 = \frac{U}{Z_0} = \frac{2}{100} = 0.02(mA)$$

（3）支路电流为

$$I_{RL} = QI_0 = 100 \times 0.02 = 2(mA)$$
$$I_C = QI_0 = 100 \times 0.02 = 2(mA)$$

（4）回路消耗的功率为

$$P = I_0^2 Z_0 = (0.02 \times 10^{-3})^2 \times 100 \times 10^3 = 4 \times 10^{-5}(W) = 0.04(mW)$$

5.9.3　实验：串联谐振电路

 做中学　▶▶▶▶

1. 实验目的

（1）熟悉实现 RLC 串联电路谐振的方法。

（2）观察 RLC 串联电路的谐振状态，学会测定谐振频率的方法。

（3）练习绘制 RLC 串联电路的谐振曲线。

2. 实验器材

（1）低频信号发生器一台。

（2）交流电流表一只。

（3）晶体管毫伏表一只。

（4）电阻（$R = 100\Omega$）一个。

（5）电感（$L = 3300\mu H$）一个。

（6）电容（$C = 3300pF$）一个。

（7）电容器箱一个。

3. 实验原理

RLC 串联谐振实验电路如图 5.74 所示。

（1）在 RLC 串联电路中，当 $X_L = X_C$ 时电路发生谐振，实现电路谐振的方法有两种。

① 在电路各元件参数不变的情况下，改变低频信号发生器输出信号的频率。

当电路中各元件参数确定后，电路本身的固有频率随之确定，通过调整低频信号发生器输出信号的频率，使 $\omega L = \dfrac{1}{\omega C}$，实现谐振。谐振频率等于谐振时低频信号发生器输出信号的频率，即 $f = f_0 = \dfrac{1}{2\pi\sqrt{LC}}$。

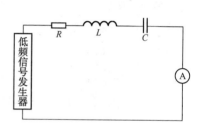

图 5.74　RLC 串联谐振实验电路

② 在低频信号发生器输出信号的频率不变的情况下，改变电路参数（L 或 C）。

保持低频信号发生器输出信号的频率不变，通过调整电路参数（L 或 C），使 $\omega L = \dfrac{1}{\omega C}$，实现电路谐振。谐振频率等于谐振时信号源的频率，即 $f = f_0 = \dfrac{1}{2\pi\sqrt{LC}}$。

（2）当 RLC 串联电路谐振时，电路的总阻抗 Z 最小且呈电阻性，电路中电流 I 最大且与电压同相；电阻两端电压 U_R 为低频信号发生器端电压 U，电感两端电压 U_L 和电容两端电压 U_C 相等且为低频信号发生器端电压 U 的 Q 倍。

（3）RLC 串联电路的电流与频率的关系曲线称为串联谐振曲线。测出不同频率对应的电流值，并在 I-f 坐标系中画出对应曲线，即可得到串联谐振曲线。当电路谐振时，低频信号发生器输出信号的频率与电路固有频率相等，电流达到最大值。

4. 实验步骤

（1）按图 5.74 连接实验电路，其中电容先采用固定电容。

（2）调节低频信号发生器的输出电压至 2V，使其频率在 40～60kHz 范围内变化，观察交流电流表的读数，当电流表的读数为最大值时，电路发生谐振。

（3）在电路发生谐振时，记录低频信号发生器端电压 U，谐振频率 f_0，测量并记录电阻、电感和电容两端的电压及电流表的读数，计算电路品质因数 Q，将各数据填入表 5.8 的 "改变低频信号发生器输出信号的 f" 栏。

（4）将电容换为电容器箱（用来改变容量使电路发生谐振），调节低频信号发生器的输出电压至 2V，设置频率为 50kHz。改变电容器箱的容量，观察电流表读数，当电流表读数为最大值时，电路发生谐振。

（5）在电路发生谐振时，记录低频信号发生器端电压 U，谐振频率 f_0，测量并记录电阻、电感和电容两端的电压及电流表的读数，计算电路品质因数 Q，将各数据填入表 5.8 的 "改变电路参数 C" 栏。

表 5.8　串联谐振实验测量数据（一）

实现谐振的方法	端电压 U/V	f_0/kHz	U_R/V	U_L/V	U_C/V	I_0/mA	Q
改变低频信号发生器输出信号的 f							
改变电路参数 C							

（6）以步骤（2）中的谐振频率为中心频率，将频率依次增大/减小 5kHz，并将与之对应的电流值填入表 5.9。实验中应注意，在改变频率时，应始终保持低频信号发生器端电压 $U=2\text{V}$ 不变。

（7）根据表 5.9 中的数据，在图 5.75 中画出 RLC 串联电路的谐振曲线。

表 5.9　串联谐振实验测量数据（二）

f/kHz	f_0-20	f_0-15	f_0-10	f_0-5	f_0	f_0+5	f_0+10	f_0+15	f_0+20
I/mA									

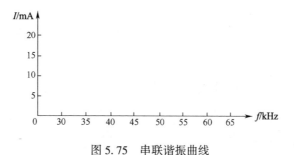

图 5.75　串联谐振曲线

5. 问题讨论

（1）实现 RLC 串联电路谐振的方法有哪些？

（2）实验中，还可以通过观察谁的值判断电路是否发生谐振？

（3）根据元件实际参数计算 RLC 串联电路谐振频率 f_0，与实验得出的谐振频率对比，分析产生误差的原因。

（4）将表 5.8 中的电压数据与谐振特征进行对比，分析产生误差的原因。

（5）根据元件实际参数计算电路的特性阻抗 ρ 和品质因数 Q，并与实验得出的品质因数

Q 进行对比，分析产生误差的主要原因。

 活动与练习 ▶▶▶▶

5.9-1　某电感和电容的串联电路发生谐振，如果电感的电阻不能忽略，电感两端的电压与电容两端的电压是否相等？如果不相等，比较二者的大小。

5.9-2　已知 $R = 10\Omega$、$L = 0.13\text{mH}$、$C = 558\text{pF}$ 的 RLC 串联电路，外加电压 $U = 5\text{mV}$，试求电路发生谐振时的电流、品质因数及电感和电容两端的电压。

5.9-3　由 $R = 1\Omega$、$L = 2\text{mH}$ 的电感与电容组成串联电路，接在电压 $U = 10\text{V}$、角频率 $\omega = 2500\text{rad/s}$ 的电源上，问电容为多大时电路发生谐振？谐振时的电流 I_0、电容两端的电压 U_C、电感两端的电压 U_{RL} 及品质因数 Q 各为多少？

5.9-4　在图 5.72 中，当电源频率比谐振频率高或低时，电路呈什么性？如果电路已经发生谐振，在增大或减小电路参数 R、L 或 C 时，电路性质有什么变化？

5.9-5　已知在电阻、电感与电容并联的谐振电路中，$R = 50\Omega$，$L = 0.25\text{mH}$，$C = 10\text{pF}$。求谐振角频率 ω_0、特性阻抗 ρ、品质因数 Q 和谐振阻抗 Z_0。

5.9-6　由 $L = 640\mu\text{H}$、$R = 20\Omega$ 的电感与 $C = 400\text{pF}$ 的电容分别组成串联和并联两种电路，分别求两者谐振时的阻抗 Z_0 和谐振频率 f_0。

5.9-7　完成"实验：串联谐振电路"的实验报告（报告内容参见"活动与练习3.2-9"）。

5.10　实验：照明电路配电板的安装

 做中学 ▶▶▶▶

1. 实验目的

（1）进一步了解电能表，了解开关、保护装置等器件的外部结构、性能和用途。
（2）熟悉照明电路配电板的组成。
（3）练习安装照明电路配电板。

2. 实验器材

（1）单相感应式电能表、低压断路器、漏电保护器、闸刀开关各一个。
（2）配电板一块；单股导线2m。
（3）电工工具一套。

3. 实验步骤与要求

1）了解照明电路配电板的组成

（1）电能表。

我们已经初步认识了单相感应式电能表，下面对它进行进一步了解。

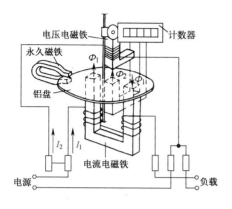

图 5.76　单相感应式电能表结构
原理示意图

a. 单相感应式电能表的基本构造。

图 5.76 所示为单相感应式电能表结构原理示意图。当电能表的电压电磁铁和电流电磁铁上的线圈中通过交变电流时，产生的交变磁场在铝盘中感应出涡流，涡流与线圈产生的磁场相互作用产生转动力矩，使铝盘转动，并带动累积计算机构转动。涡流与永久磁铁相互作用产生一个制动力矩，该力矩和转动力矩共同作用，控制铝盘的转速，用电量越大，铝盘转速越快。

b. 单相感应式电能表安装的注意事项。

①单相感应式电能表应安装在干燥且没有震动处，否则会影响测量的准确度，缩短单相感应式电能表的寿命。

②安装的单相感应式电能表不能倾斜，否则会影响铝盘正常转动。

③单相感应式电能表的安装高度不得低于 1.4m，以 2m 左右为宜。

c. 单相感应式电能表的接线。

正确接线是单相感应式电能表正常工作的关键。一般单相感应式电能表的盒盖背面印有接线图，如图 5.77 所示。面对单相感应式电能表，1、3 为输入端（1 接相线，3 接中性线），应接电源进线；2、4 为输出端（2 为相线，4 为中性线），应接户内用电线路。

（2）低压断路器。

低压断路器又称自动空气开关或自动空气断路器，如图 5.78 所示。它是低压配电网络和电力拖动系统中常用的配电电器，集控制和多种保护功能于一体，在正常情况下可用于实现不频繁地接通和断开电路，以及替代总熔丝盒和动力电源总开关。当电路发生短路、过载和失压等故障时，它能自动切断故障电路，从而保护电路和电气设备。低压断路器的触头分为弧触头和主触头，其动作过程如图 5.79 所示。

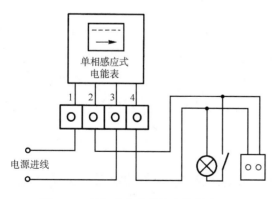

图 5.77　单相感应式电能表的接线电路

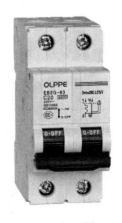

图 5.78　低压断路器

低压断路器应垂直于配电板安装，电源引线应接到上端，负载引线应接到下端。当低压断路器用作电源总开关或电动机控制开关时，在电源进线侧必须加装闸刀开关或熔断器等，以形成一个明显的断开点。

（a）触头断开位置

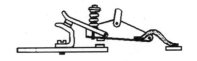
（b）弧触头先闭合

（c）主触头后闭合

1—弧触头；2—主触头；3—触头压力弹簧。

图 5.79　低压断路器的触头动作过程

（3）漏电保护器。

漏电保护断路器简称漏电保护器或漏电开关，如图 5.80 所示。漏电保护器是近年开发出来的一种安全用电低压电器。小容量的漏电保护器多是单相二极的，通常作为移动电具或家用电器的安全开关；大容量的漏电保护器多是三相三极或三相四极的，通常作为低压电气设备的安全开关。前者用于保障人身安全，后者用于保障人身安全和电气火警防护。

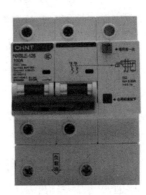

图 5.80　漏电保护器

漏电保护器对电气设备的漏电流极其敏感，当人体接触使用中的用电器时，产生的漏电流只要达到 10~30mA，漏电保护器就能在极短的时间内切断电源，从而有效地防止触电事故的发生。

单相电气设备可选用二极漏电保护器；三相电气设备应选用三极或四极漏电保护器。

漏电保护器的电流参数有主触点的额定电流及额定漏电动作电流。漏电保护器的额定电流必须大于被保护电气设备的额定电流。如果主要用于防火，那么可选用漏电动作电流为 50~100mA 的漏电保护器；如果主要用于保障人身安全，那么可选用漏电动作电流小于 30mA 的漏电保护器。

（4）闸刀开关。

闸刀开关又称开启式负荷开关，如图 5.81 所示。在家用配电板上，闸刀开关主要用于控制用户电路的通断，常用的是 10A、15A、20A、30A、60A 的二极胶盖闸刀开关，它用瓷质材料制作底板，中间装闸刀、熔丝和接线桩，上面用胶盖封装。闸刀开关底座上端有一对接线桩，该接线桩与静触点相连，规定与电源进线相接；底座下端也有一对接线桩，该接线桩通过熔丝与动触点（刀片）相连，规定与电源出线相接。这样当闸刀开关被拉下时，刀片和熔丝均不带电，装换熔丝比较安全。在安装闸刀时，手柄要朝上，不能倒装，也不能平装，以免刀片及手柄因自重下落，引起误合闸，造成事故。

图 5.81 闸刀开关

2）练习安装照明电路配电板

照明电路配电板是连接电源与照明设备的中间装置，它不仅可以分配电能，而且还具有对照明设备进行控制、测量、指示及保护等作用。将测量仪表和控制装置、保护装置等按照规定要求安装在配电板的板面上便可组成照明电路配电板。

（1）配电板板面制作。

可用厚 15~20mm 的坚硬木板或塑料板制作配电板板面，或者在市场上选购配电板板面。板面背侧四周加上厚 50mm 的框边，以容纳导线，其具体尺寸视器件多少而定（本实验选 340mm×260mm 左右的配电板板面）。

（2）配电板板面安排。

选用电能表和低压断路器制作简单的照明电路配电板，如图 5.82 所示。电能表一般装在配电板板面的左边或上方，低压断路器装在配电板板面的右边或下方。图 5.83 所示为家用配电箱配置效果图。

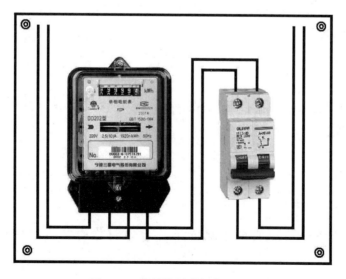

图 5.82 简单的照明电路配电板

（3）安装接线。

按照工艺要求确定电能表、低压断路器位置，用铅笔做上记号，并在需要穿线的位置钻孔，用木螺钉将器件固定在确定位置。按照电能表、低压断路器的接线方法进行接线（电能表：1、3接电源进线，1接相线；2、4接户内用户线，2接相线。断路器：左接中性线，右接相线）。接线方式分板后配线（暗敷）与板面配线（明敷）两种，板后配线是将接线端头从孔中穿出，并与相应接线桩连接。

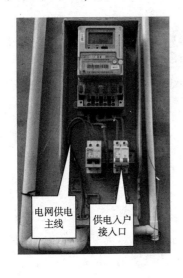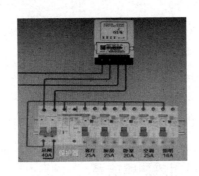

图 5.83　家用配电箱配置效果图

工艺要求如下。

① 在照明电路配电板上按设计好的方案进行安装，器件安装位置必须正确，倾斜度不超过 5mm，同类器件的安装方向要保持一致。

② 器件安装要牢固，稍用力摇晃无松动感。

③ 接线要正确、线头压接要牢固，稍用力拉扯无松动感。

④ 走线应横平竖直、分布均匀，弯曲部分应自然圆滑。同一平面内走线尽量避免交叉，当必须交叉时应在交叉点架空跨越，两线间距不应小于 2mm。

⑤ 文明安装，爱护器材。

4. 问题讨论

设计一个由单相感应式电能表、漏电保护器、闸刀开关组成的照明电路配电板的安装方案。若有机会，进行实践。

 活动与练习 ▶▶▶▶

5.10-1　参观、查看一些照明电路配电板，和你制作的电路配电板相比多了哪些器件？其作用是什么？

5.10-2　完成"实验：照明电路配电板的安装"的实验报告（报告内容参见"活动与练习 3.5-3"）。

单元小结

1. 正弦交流电

正弦交流电是指电流（或电压、电动势）的大小和方向随时间按正弦规律变化的交流电。

2. 正弦交流电的三要素及其相关量

三要素		角频率、最大值和初相
相关量	最大值与有效值	$I_{\mathrm{m}} = \sqrt{2}I$，$U_{\mathrm{m}} = \sqrt{2}U$，$E_{\mathrm{m}} = \sqrt{2}E$
	角频率与周期、频率	$\omega = \dfrac{2\pi}{T}$，$\omega = 2\pi f$，$T = \dfrac{1}{f}$
	初相与相位差	$\Delta\varphi = \varphi_1 - \varphi_2$

3. 正弦交流电的表示方法

表示方法	表达式	描述
瞬时值表示法	$i = I_{\mathrm{m}}\sin(\omega t + \varphi_i)$ $u = U_{\mathrm{m}}\sin(\omega t + \varphi_u)$ $e = E_{\mathrm{m}}\sin(\omega t + \varphi_e)$	瞬时值表达式也称为解析式，可用波形图描述
旋转矢量表示法	$\dot{I} = I\angle\varphi_i$ 或 $\dot{I}_{\mathrm{m}} = I_{\mathrm{m}}\angle\varphi_i$ $\dot{U} = U\angle\varphi_u$ 或 $\dot{U}_{\mathrm{m}} = U_{\mathrm{m}}\angle\varphi_u$ $\dot{E} = E\angle\varphi_e$ 或 $\dot{E}_{\mathrm{m}} = E_{\mathrm{m}}\angle\varphi_e$	旋转矢量表示法可用矢量图描述

4. 单一参数的交流电路及其串联交流电路

电路类型	电路图	矢量图	阻抗	电压与电流的关系		功率
				数量关系	相位差	
纯电阻正弦交流电路	R ~	$\dot{U}$ $\dot{I}$	R	$I = \dfrac{U}{R}$	$\varphi = \varphi_u - \varphi_i$ $= 0$	$P_{\mathrm{R}} = U_{\mathrm{R}}I\,(\mathrm{W})$

续表

电路类型	电路图	矢量图	阻抗	电压与电流的关系		功率
				数量关系	相位差	
纯电感正弦交流电路			$X_L = 2\pi fL = \omega L$	$I = \dfrac{U}{X_L}$	$\varphi = \varphi_u - \varphi_i$ $= 90°$	$P_L = 0$ $Q_L = U_L I(\text{Var})$
纯电容正弦交流电路			$X_C = \dfrac{1}{2\pi fC} = \dfrac{1}{\omega C}$	$I = \dfrac{U}{X_C}$	$\varphi = \varphi_i - \varphi_u$ $= 90°$	$P_C = 0$ $Q_C = U_C I(\text{Var})$
RL 串联电路			$Z = \sqrt{R^2 + X_L^2}$	$I = \dfrac{U}{\sqrt{R^2 + X_L^2}}$	$\varphi = \arctan\dfrac{U_L}{U_R}$ $= \arctan\dfrac{X_L}{R}$	$P = UI\cos\varphi(\text{W})$ $Q_L = UI\sin\varphi(\text{Var})$ $S = UI(\text{VA})$
RC 串联电路			$Z = \sqrt{R^2 + X_C^2}$	$I = \dfrac{U}{\sqrt{R^2 + X_C^2}}$	$\varphi = -\arctan\dfrac{U_C}{U_R}$ $= -\arctan\dfrac{X_C}{R}$	$P = UI\cos\varphi(\text{W})$ $Q_C = UI\sin\varphi(\text{Var})$ $S = UI(\text{VA})$
RLC 串联电路			$Z = \sqrt{R^2 + X^2}$ $= \sqrt{R^2 + (X_L - X_C)^2}$	$I = \dfrac{U}{Z}$	$\varphi = \arctan\dfrac{U_L - U_C}{U_R}$ $= \arctan\dfrac{X_L - X_C}{R}$	$P = UI\cos\varphi(\text{W})$ $Q = Q_L - Q_C$ $= UI\sin\varphi(\text{Var})$ $S = UI(\text{VA})$

5. 谐振

1) 串联谐振

项目	描述
谐振条件	$X_L = X_C$
谐振频率	$f_0 = \dfrac{1}{2\pi\sqrt{LC}}$，$\omega_0 = \dfrac{1}{\sqrt{LC}}$
特性阻抗	$\rho = \omega_0 L = \dfrac{1}{\omega_0 C} = \sqrt{\dfrac{L}{C}}$
品质因数	$Q = \dfrac{\rho}{R}$
谐振特点	谐振时，总阻抗最小，且为纯电阻，$Z = Z_0 = R$； 谐振时，电流最大，且与电源电压同相，$I = I_0 = \dfrac{U}{R}$； 谐振时，电感与电容两端的电压相等且为电源电压的 Q 倍，$U_L = U_C = QU$； 谐振时，电阻两端的电压等于电源电压，$U_R = U$

2）并联谐振

项目	RLC 并联谐振电路	电感与电容并联谐振电路
谐振条件	$X_L = X_C$，$\omega_0 L = \dfrac{1}{\omega_0 C}$	$\omega C = \dfrac{\omega L}{R^2 + \omega^2 L^2}$
谐振频率	$\omega_0 = \dfrac{1}{\sqrt{LC}}$，$f_0 = \dfrac{1}{2\pi \sqrt{LC}}$	$\omega_0 \approx \dfrac{1}{\sqrt{LC}}$，$f_0 \approx \dfrac{1}{2\pi \sqrt{LC}}$（$X_L \gg R$）
谐振特点	总阻抗最大且呈电阻性，$Z_总 = Z_0 = R$； 总电流最小且与电压同相； $i = i_0 = i_R$； $I_L = I_C \neq 0$	$Z_总$ 最大且呈电阻性，$Z_总 = Z_0 = Q\rho$； 总电流最小且与电压同相； $I_0 = \dfrac{U}{Z_0} = \dfrac{U}{Q\rho}$； $I_{RL} = I_C = QI_0$

🛠 基本技能　▶▶▶▶

（1）熟悉电工实验室工频电源配置、了解交流电仪器仪表，如信号发生器、交流电压表、交流电流表、钳形电流表、万用表、单相调压器、试电笔的结构及使用方法。

（2）掌握信号发生器、毫伏表和示波器的使用方法。

（3）能对交流串联电路进行观察与测量。

（4）认识常用、新型电光源，掌握荧光灯电路的安装和故障排除方法。

（5）掌握单相感应式电能表的使用方法，了解新型电能计量仪表，掌握提高电路功率因数的意义及方法。

（6）能对串联谐振电路进行观察与测定。

（7）了解照明电路配电板的组成，并能进行安装。

单元复习题

5-1　正弦交流电的三要素是＿＿＿＿＿＿、＿＿＿＿＿＿和＿＿＿＿＿＿。角频率的单位是＿＿＿＿＿＿，相位的单位是＿＿＿＿＿＿或＿＿＿＿＿＿。

5-2　在纯电感正弦交流电路中，电流相位＿＿＿＿＿＿电压相位＿＿＿＿＿＿；在纯电容正弦交流电路中，电流相位＿＿＿＿＿＿电压相位＿＿＿＿＿＿。

5-3　已知正弦交流电流 $i = 5\sqrt{2}\ \sin(1000t + 30°)$（A），此正弦交流电流的有效值为＿＿＿＿＿＿，角频率为＿＿＿＿＿＿，初相为＿＿＿＿＿＿，其矢量表达式为＿＿＿＿＿＿。

5-4　把一个"220V，100W"的灯泡分别接到 220V 的交流、直流电源上，灯泡亮度是否有区别？（　　）

A. 没有　　　　　B. 有　　　　　C. 不一定

5-5　在纯电阻正弦交流电路中，下列各式中正确的是（　　）。

A. $i = \dfrac{U}{R}$　　　B. $I = \dfrac{u}{R}$　　　C. $I_m = \dfrac{U_m}{R}$　　　D. $\dot{I} = \dfrac{\dot{U}}{R}$

电工技术基础与技能（电气电力类）（第3版）

5-6　在 RLC 串联电路中，下列各式中正确的是（　　）。

A. $\varphi = \arctan \dfrac{I_C - I_L}{I_R}$　　　　　　　　B. $\varphi = \arctan \dfrac{U_L - U_C}{U_R}$

C. $\varphi = \arctan \dfrac{X_L - X_C}{R}$　　　　　　　　D. $\varphi = \arctan \dfrac{P}{S}$

5-7　已知在某正弦交流电路中，总电流与总电压的相位差为−30°，则该电路呈（　　）。

A. 感性　　　　　B. 容性　　　　　C. 电阻性　　　　　　D. 无法确定

5-8　写出下列正弦量的矢量表达式或瞬时值表达式。

（1）$u = 220\sin(\omega t - 30°)$（V）。

（2）$u = 220\sqrt{2}\sin(314t + 45°)$（V）。

（3）$\dot{I} = 311\angle\dfrac{\pi}{2}$（A）。

（4）$\dot{E} = 314\angle -\pi$（A）。

5-9　如图 5.84 所示，正弦交流电流的频率为 50Hz，试写出该电流的瞬时值表达式、矢量表达式，并求 $t = 0.02$s 时的电流。

5-10　在如图 5.85 所示的电路中，若正弦交流电压的有效值不变，当频率升高 1 倍时，各电流表的指示值将怎样变化？

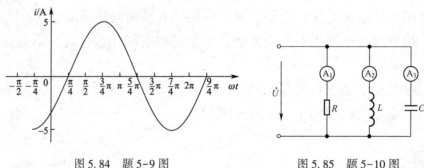

图 5.84　题 5-9 图　　　　　　　　图 5.85　题 5-10 图

5-11　如图 5.86 所示，已知电路中电压表的读数 $U_1 = U_2 = 10$V，分别求出各电路的总电压 U，并画出矢量图。试通过数字仿真进行验证。

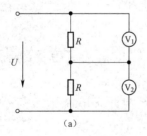 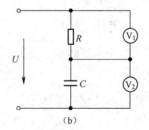 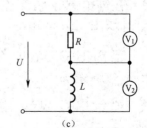

（a）　　　　　　　　　　（b）　　　　　　　　　　（c）

图 5.86　题 5-11 图

5-12　在 $u = 200\sin 314t$（V）的交流电源上，串联了 $R = 30\Omega$ 的电阻、$L = 255$mH 的电感、$C = 79.6\mu$F 的电容，试求电路中电流的瞬时值表达式，并画出电流与端电压的矢量图。

5-13 在 RLC 串联电路中，已知 $R = 1\Omega$，$L = 2\text{mH}$，$C = 80\mu\text{F}$，电源电压 $U = 10\text{V}$，求：①电路的谐振频率 f_0；②谐振时的电流 I_0；③电路的品质因数 Q；④电容两端的电压 U_C；⑤通过数字仿真进行验证。

教学微视频　　　　　　　◀◀◀◀ 扫一扫

三相正弦交流电路

大亚湾核电站

　　日常生活中使用较多的单相交流电通常是从三相交流电中获得的。三相交流电有很多优点：三相交流发电机使用、维护方便，运转时震动小；三相交流电动机结构简单，工作稳定可靠，旋转力矩大；三相输电比单相输电节约材料等。因此，电力生产和输送一般采用的是三相交流电。如今，发电形式多种多样，火电、水电和核电是世界电力的三大支柱，另外还有风电、太阳能电等。上图是我国大亚湾核电站。

本单元综合教学目标

1. 理解三相对称电源、相序、对称负载与不对称负载等概念。
2. 认识并熟悉三相电源星形连接的特点，能绘制其相电压与线电压关系矢量图。
3. 熟悉我国电力系统的供电制。
4. 了解三相对称星形连接负载的电压、电流关系，以及中性线的作用。

职业岗位技能综合素质要求

1. 熟悉三相负载星形连接的方法及三相正弦交流电路电压与电流的测量方法。

2. 能验证三相负载在星形连接时，线电压与相电压、线电流与相电流之间的关系。

3. 强化仿真技术应用，发展抽象化思维。

4. 强化岗位安全责任，增强数字化技术与应用的信息意识。

5. 能利用 NI Multisim 完成三相正弦交流电路仿真实验。

数字化核心素养与课程思政目标

1. 提高理论、实操与仿真实验的多元化一体融合应用能力。

2. 增强仿真软件相关技术信息意识，发展相关思维。

3. 要以不忘初心、挺膺担当的姿态，增强数字化应用意识，实现个人价值。

4. 培养战胜教育数字化实践中遇到的困难的信心与决心。

6.1　三相交流电源

6.1.1　三相交流电源的概念

三相交流电源由三个单相交流电源按一定方式组合而成，三个单相交流电源间满足一定的关系。

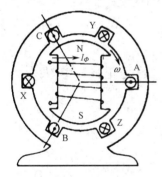

三相交流电是由三相交流发电机产生的。图 6.1 所示为三相交流发电机示意图，它主要由定子和转子构成。定子上嵌有三组线圈 AX、BY、CZ，分别称为 A 相绕组、B 相绕组、C 相绕组，它们在空间中相隔 120°。转子是一对磁极的电磁铁，当它以匀角速度转动时，三个绕组依次切割磁感线，各绕组中产生相应的正弦交流电动势。

1. 三相交流对称电动势

图 6.1　三相交流发电机示意图

三相交流电动势由三个单相交流电动势组成。如果三相绕组的形状、尺寸、匝数均相同，则三个单相交流电动势只是初相不同，最大值、角频率完全一样，由于三相绕组在空间中相隔 120°，所以三者的相位也相差 120°，这样的三相电动势称为三相交流对称电动势。通常用 e_A、e_B 和 e_C 代表三个单相交流电动势，三相交流对称电动势的表达式如下。

（1）瞬时值表达式：

$$\begin{cases} e_A = E_m\sin\omega t \\ e_B = E_m\sin(\omega t - 120°) \\ e_C = E_m\sin(\omega t + 120°) \end{cases} \tag{6-1}$$

三相交流对称电动势的波形图如图 6.2（a）所示。

（2）矢量表达式：

$$\begin{cases} \dot{E}_A = E\angle 0° \\ \dot{E}_B = E\angle -120° \\ \dot{E}_C = E\angle 120° \end{cases}$$

(6-2)

三相交流对称电动势的矢量图如图6.2（b）所示。

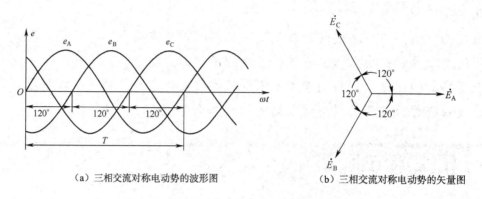

（a）三相交流对称电动势的波形图　　（b）三相交流对称电动势的矢量图

图6.2　三相交流对称电动势的波形图和矢量图

2. 三相交流对称电动势的相序

三相交流对称电动势随时间按正弦规律变化，它们达到最大值（或零值）的先后顺序叫作相序。在图6.2（a）中，最先达到最大值的是 e_A，其次是 e_B，再次是 e_C，即 e_B 滞后 e_A、e_C 滞后 e_B，它们的相序就是 A—B—C—A，称为正序；若相序是 A—C—B—A，则称为负序或逆序。

相序是由三相交流发电机的结构决定的，在一般情况下，采用的是正序。在供电系统中，通常用"黄""绿""红"三种颜色分别表示 A 相、B 相、C 相。

6.1.2　三相交流电源的连接

三相交流发电机具有三个绕组，每个绕组都有两个接线端——首端和末端。三相绕组的首端分别为 A、B、C，末端分别为 X、Y、Z。这三相绕组有两种连接方式，可以构成两种供电制。

1. 三相电源的星形连接

将三相交流发电机三相绕组的末端 X、Y、Z 连接在一起，构成一个公共端点，称为中性点（零点），用 O 表示，三相绕组的首端 A、B、C 分别单独引出，这种连接方式称为星形（Y 形）连接，如图6.3所示。从首端引出的 A、B、C 三根传输线称为相线（俗称火线），从中性点引出

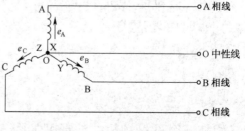

图6.3　三相电源的星形连接

的传输线称为中性线，中性线通常用黑色或白色表示，这样就是三相电源四根传输线的三相四线供电制。

2. 三相电源的三角形连接

三相交流发电机的三相绕组彼此之间首末端相连的连接方式称为三角形（△形）连接，如图6.4所示。若三相电源采用三角形连接时，就是三相电源三根传输线的三相三线供电制。对于采用三角形连接的电源，要求负载必须为对称负载，即 $Z_{ab} = Z_{bc} = Z_{ca}$，且发电机绕组回路不得产生环流，否则发电机将被烧毁。这对负载有很高要求，因此三相电源的三角形连接在实际中很少被采用，供电系统中三相变压器的三相绕组有时采用这种连接方式。

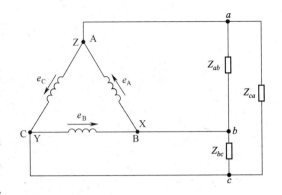

图6.4　三相电源的三角形连接

3. 相电压和线电压

1）相电压

相线与中性线之间的电压称为相电压。相电压的有效值矢量分别用 $\dot{U}_A$、$\dot{U}_B$ 和 $\dot{U}_C$ 表示，有效值分别用 U_A、U_B 和 U_C 表示，瞬时值分别用 u_A、u_B 和 u_C 表示，如图6.5（a）所示。

2）线电压

相线与相线之间的电压称为线电压。线电压的有效值矢量分别用 $\dot{U}_{AB}$、$\dot{U}_{BC}$ 和 $\dot{U}_{CA}$ 表示，有效值分别用 U_{AB}、U_{BC} 和 U_{CA} 表示，瞬时值分别用 u_{AB}、u_{BC} 和 u_{CA} 表示，如图6.5（b）所示。

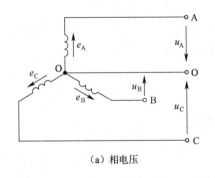 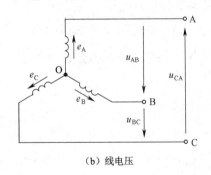

（a）相电压　　　　　　　　　　　　（b）线电压

图6.5　相电压与线电压

3）相电压与线电压的关系

三相三线制电源由于没有中性线，所以不存在相电压，只有线电压。因此，这里涉及的相电压与线电压的关系是对三相四线制电源而言的。

在三相四线制电源中，设 A 相绕组的端电压（相电压）有效值矢量为 $\dot{U}_A = U\angle 0°$，则 $\dot{U}_B = U\angle -120°, \dot{U}_C = U\angle 120°$。

相电压与线电压关系矢量图如图6.6所示。通过矢量平行四边形定则可以求得各线电压有效值矢量为

$$\dot{U}_{AB} = \dot{U}_A - \dot{U}_B = U_{AB}\angle 30° = \sqrt{3}\,U_A\angle 30°$$

$$\dot{U}_{BC} = \dot{U}_B - \dot{U}_C = U_{BC}\angle 30° = \sqrt{3}\,U_B\angle 30°$$

$$\dot{U}_{CA} = \dot{U}_C - \dot{U}_A = U_{CA}\angle 30° = \sqrt{3}\,U_C\angle 30°$$

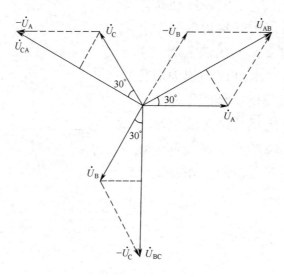

图6.6　相电压与线电压关系矢量图

即 $U_{AB} = \sqrt{3}\,U_A$，$\dot{U}_{AB}$ 相位超前 $\dot{U}_A$ 相位 30°；$U_{BC} = \sqrt{3}\,U_B$，$\dot{U}_{BC}$ 相位超前 $\dot{U}_B$ 相位 30°；$U_{CA} = \sqrt{3}\,U_C$，$\dot{U}_{CA}$ 相位超前 $\dot{U}_C$ 相位 30°。

　　由此可得，对于三相四线制电源，线电压有效值是相电压有效值的 $\sqrt{3}$ 倍；各线电压在相位上彼此相差 120°，线电压比相应的相电压超前 30°。通常用 U_l 表示线电压，用 U_φ 表示相电压，则 $\dot{U}_{yl} = \sqrt{3}\,U_{y\varphi}\angle 30°$。

　　目前，我国市网低压供电线路大多采用三相四线制供电方式，相线与中性线之间的相电压有效值为220V，相线与相线之间的线电压有效值为380V。

你知道吗

电能的输送

　　发电厂生产的电能先经升压变电所被提升为几百千伏（如110kV、220kV、500kV）的高压电，有的被提升为1 000kV的特高压电；然后高压输电线路将高压电送至用电地区的高压变电所，高压变电所将高压电的电压降为几十千伏（如35kV、10kV）（有时要经多次降压）；之后低压输电线路将电能送至低压配电变电所，电能再次被降压后被分配到各用电户，如图6.7所示。

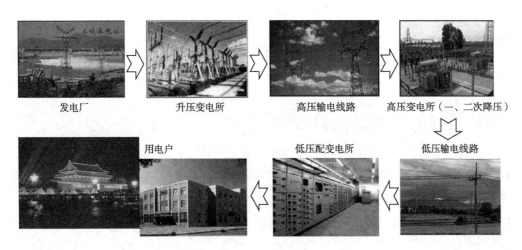

图 6.7　电能的输送

读一读 ▶▶▶▶

　　额定电压是电力系统及电力设备规定的正常电压，即与电力系统及电力设备某些运行特性有关的标称电压。电力系统各点的实际运行电压允许在一定程度上偏离其额定电压，在这一允许偏离范围内，各种电力设备及电力系统仍然能正常运行。目前我国电压等级划分如下。

　　·安全电压（通常为 36V 以下）。

　　·低压（又分为 220V 和 380V）。

　　·高压（10~220kV）。

　　·超高压（330~750kV）。

　　·特高压（交流为 1000kV、直流为 ±800kV 以上）。

想一想 ▶▶▶▶

　　（1）为什么远距离输电要采用高电压？

　　（2）输电电压是不是越高越好？

活动与练习 ▶▶▶▶

　　6.1-1　已知三相对称电压中 A 相电压的瞬时值 $u_A = 311\sin(314t+30°)$（V），试写出其他各相电压的瞬时值表达式，并画出其波形图。

　　6.1-2　写出题 6.1-1 中各电压的矢量表达式，并画出其矢量图。

　　6.1-3　什么是三相对称电源？什么是相序？

　　6.1-4　我国电力系统的供电制有哪几种？

6.2 三相交流负载

6.2.1 对称负载与不对称负载

三相正弦交流电路的负载是由三部分组成的，每一部分叫作一相负载。在实际使用中，既有由三个单相负载组成一个整体的三相负载，如三相交流电动机 [见图6.8（a）]、三相电炉等；也有由彼此独立的三个单相负载组成的三相负载，如三相照明电路组成的负载 [见图6.8（b）]。

（a）三相交流电动机

（b）三相照明电路组成的三相负载

图6.8　三相负载

若每一相负载的阻抗相等、性质相同，即 $Z_a = Z_b = Z_c$（$R_a = R_b = R_c$，$X_a = X_b = X_c$），则称该三相负载为三相对称负载，如三相交流电动机。若各相负载的阻抗大小或性质不完全相同，则称该三相负载为三相不对称负载，如三相照明电路组成的三相负载。对于使用单相电源的单相负载，在使用时应尽可能将它们均分成三组，分别接在三相电源的各相上，构成三相电源的三相负载，如图6.9所示。

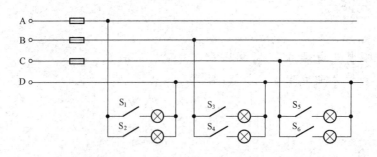

图6.9　三相照明电路应尽可能均分到三相电源的各相上

问题与思考 ▶▶▶▶

三相负载由三个单相负载组成，那么三个单相负载如何连接组成三相负载呢？三相负载在接入电源后其中的电流有怎样的关系呢?

6.2.2　三相对称负载的星形连接

1. 电压、电流关系

三相负载的各相分别接在三相电源的一根相线与中性线之间的接法称为三相负载的星形连接，如图 6.10 所示，其中 Z_a、Z_b、Z_c 为各负载的阻抗。

各相负载两端的电压称为负载的相电压，分别用 $\dot U_a$、$\dot U_b$ 和 $\dot U_c$ 表示。在忽略输电线上的电压降时，负载的相电压等于电源的相电压，三相负载的线电压等于电源的线电压。线电压与相电压的关系是 $U_l = \sqrt{3}\,U_\varphi$。

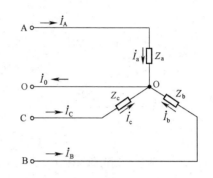

图 6.10　三相负载的星形连接

星形负载在接入电源后就产生了电流。把流过各相负载的电流称为相电流，分别用 $\dot i_a$、$\dot i_b$ 和 $\dot i_c$ 表示；把流过各相线的电流称为线电流，分别用 $\dot i_A$、$\dot i_B$ 和 $\dot i_C$ 表示。通常用 $i_{y\varphi}$ 表示星形接法的相电流，用 i_{yl} 表示星形接法的线电流。

由于三相对称负载是接在三相对称电源上的，因此流过三相对称负载各相的电流分别为

$$\dot i_a = \frac{\dot U_a}{Z_a} = I_a \angle 0°, \quad \dot i_b = \frac{\dot U_b}{Z_b} = I_b \angle -120°, \quad \dot i_c = \frac{\dot U_c}{Z_c} = I_c \angle 120°$$

因为 $U_a = U_A$，$U_b = U_B$，$U_c = U_C$，且 $U_A = U_B = U_C = U_{y\varphi}$，所以有

$$I_a = I_b = I_c = I_{y\varphi}$$

由图 6.10 还可以看出，流过每相负载的相电流与其对应相线中的线电流处于同一支路，因此，在星形接法中，相电流等于线电流，即

$$i_{y\varphi} = i_{yl}(I_a = I_A, I_b = I_B, I_c = I_C)$$

根据节点电流定律，在如图 6.10 所示的电路中，中性线电流 $\dot i_0$ 应为

$$\dot i_0 = \dot i_a + \dot i_b + \dot i_c \qquad (6-3)$$

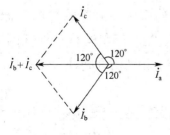

图 6.11　星形连接三相对称负载的电流矢量图

由于三个相电流是对称的，因此它们的矢量和为零，即中性线内的电流为零，如图 6.11 所示。既然中性线内的电流为零，就可以把中性线省掉，构成星形连接的三相三线制电路。省去中性线后，三个相电流借助各端线及每相负载互成回路。此时，三相四线制同三相三线制一样，各相负载承受的电压仍为对称的相电压，线电压与相电压的关系仍为 $U_l = \sqrt{3}\,U_\varphi$。

【例 6.1】　在如图 6.9 所示的照明电路中，各灯泡阻值均为 20Ω，电源电压 $U_\varphi = 220\text{V}$。试求:开关全部闭合时的各相电流、

线电流和中性线电流。

解： 三相负载完全相同，阻抗相等、性质相同，是星形连接三相对称负载。

每相负载阻抗为

$$Z_a = Z_b = Z_c = Z_\varphi = \frac{20}{2} = 10(\Omega)$$

相电流为

$$I_a = I_b = I_c = I_\varphi = \frac{U_\varphi}{Z_\varphi} = \frac{220}{10} = 22(A)$$

线电流为

$$I_A = I_B = I_C = I_l = I_\varphi = 22(A)$$

中性线电流为

$$I_0 = 0$$

2. 中性线的作用

如图 6.12 所示，先把额定电压为 220V，功率分别为 100W、60W 和 40W 的三个灯泡进行星形连接，然后接到三相四线制电源上，为说明问题，设在中性线上装有开关 S_0。当闭合开关 S_0、S_A、S_B、S_C 时，每个灯泡两端的电压为相电压，等于灯泡的额定电压 220V，每个灯泡都能正常发光。当闭合开关 S_0、S_A、S_B，断开开关 S_C 时，如图 6.13（a）所示，功率为 60W 的灯泡熄灭；功率为 100W 和 40W 的灯泡两端的电压仍等于三相电源的相电压，这两个灯泡仍然正常发光。上述两种情况只是各相

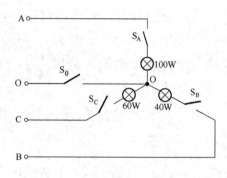

图 6.12　星形连接不对称负载

电流的数值不同，中性线电流不等于零。也就是说，在三相四线制供电系统中当某一相发生故障时，其他两相的工作并不受影响。

在断开开关 S_C 后再断开开关 S_0，这时就没有中性线了，电路变成不对称星形三相三线制无中性线电路，如图 6.13（b）所示。此时，功率为 40W 的灯泡比功率为 100W 的灯泡亮得多，这是由于没有中性线，功率分别为 100W 和 40W 的两个灯泡串联起来以后，接到了两根相线上，即加在两个串联灯泡两端的电压是线电压（380V），又由于功率为 100W 的灯泡的电阻比功率为 40W 的灯泡的电阻小，它两端的电压就小，因此功率为 100W 的灯泡较暗；功率为 40W 的灯泡两端的电压大于 220V，会更亮（可能会烧毁灯泡）。若在没有中性线时 C相（功率为 60W 的灯泡）发生短路，如图 6.13（c）所示，则 A 相和 B 相都将承受 380V 的电压，此时功率分别为 100W 和 40W 的灯泡将被烧毁。

由此可知，在三相不对称负载的星形连接中，中性线对于电路的正常工作是非常重要的。在三相四线制电路中，中性线的作用不仅是使用户得到两种不同的工作电压，更重要的是使不对称负载两端的电压保持对称，从而保证电路安全可靠地工作。为了防止不正常现象及事故的发生，规定三相四线制电路中的中性线不准安装熔断器和开关。在某些场合，为加强机械强度，避免断裂造成断路，中性线采用的是钢芯导线。同时，在连接三相负载时，应

尽量做到三相平衡，以减小中性线电流。为了保证安全，通常要把中性线接地，使它的电位与大地相同。

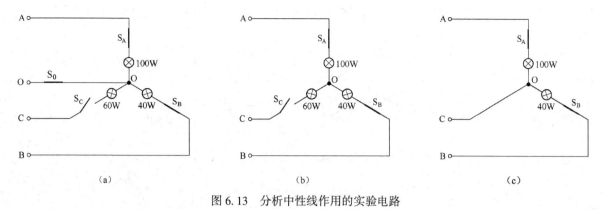

图 6.13　分析中性线作用的实验电路

6.2.3　实验：测量三相对称负载星形连接电压、电流及其仿真实验

1. 实验目的

（1）练习三相负载采用星形连接的方法，以及三相正弦交流电路中测量电压与电流的方法。

（2）验证三相负载在采用星形连接时线电压与相电压、线电流与相电流之间的关系。

（3）理解三相四线制供电系统中中性线的作用。

（4）进一步熟悉利用 NI Multisim 进行三相正弦交流电路的仿真设计与数据分析。

2. 实验器材

（1）三相负载（灯箱，包含两个"220V、10W"的白炽灯）三个。

（2）交流电压表（0～500V）（或万用表）一只。

（3）交流电流表（0～1A）四只。

（4）闸刀开关（500V/5A）一个；单相开关一个。

（5）实验电路板一块；工具一套；导线若干。

（6）计算机仿真实验室相关设备。

3. 实验原理

三相负载星形连接：线电压等于相电压的 $\sqrt{3}$ 倍，线电流等于相电流，即

$$U_1 = \sqrt{3}\,U_\varphi,\ I_1 = I_\varphi$$

三相对称负载：中性线电流等于零，即 $I_0 = 0$。

4. 实验步骤与要求

（1）将三个灯箱进行星形连接，如图6.14所示，指导教师检查无误后接通电源。

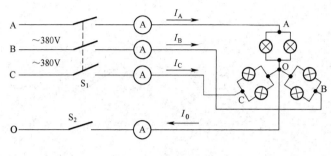

图 6.14　实验电路

（2）分别测量三相对称负载有中性线时的线电压与相电压、线电流与相电流、中性线电流，将测量结果记录在表6.1中。

（3）分别测量三相不对称负载（断开一相负载）有中性线时的线电压与相电压、线电流与相电流、中性线电流，将测量结果记录在表6.1中。

表6.1　三相正弦交流电路实验测量数据记录表

测量内容	线电压			相电压			线电流			相电流			中性线电流
	U_{AB}	U_{BC}	U_{CA}	U_A	U_B	U_C	I_A	I_B	I_C	I_a	I_b	I_c	I_0
三相对称负载													
三相不对称负载													

（4）断开一相负载后接通电源，将开关S_2通断几次，观察其余两相灯箱亮度的变化。
注意事项如下。

① 实验过程中不可触及裸露的导电部位，防止发生意外事故。

② 严格遵守电工实验室安全操作规程。在连接电路时，先接设备，后接电源；在拆卸电路时，先拆电源，后拆设备。

5. 三相对称负载星形连接仿真实验

（1）打开 NI Multisim，绘制三相对称负载星形连接仿真电路，添加三相电源、电阻、电压表、电流表、地等，并用导线连接，最后仿真运行，保存文件。三相对称负载星形连接仿真电路及运行结果如图6.15所示。本实验中的主要元器件、仪表相关参数设置参考步骤（2）～（4）。

（2）与三相电源设置相关的中英文对话框如图6.16所示。

（3）与电流表设置相关的中英文对话框如图6.17所示。

（4）同理，设置电压表为交流电压表。限于篇幅，其他参数设置不再叙述。

（5）将仿真测量结果记入表6.1。

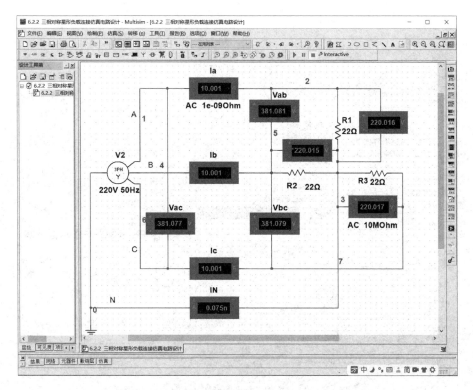

图 6.15 三相对称负载星形连接仿真电路及运行结果

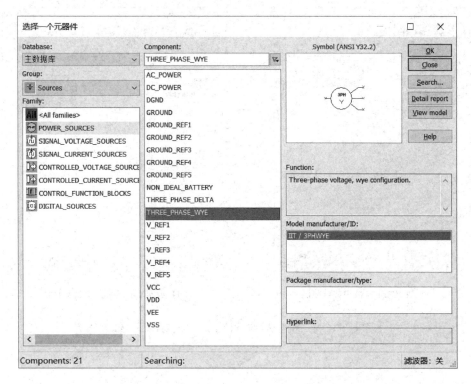

（a）添加三相电源中文对话框

图 6.16 与三相电源设置相关的中英文对话框

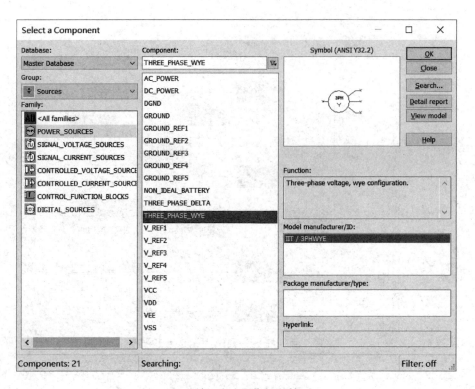

（b）添加三相电源英文对话框

（c）设置三相电源值中文对话框

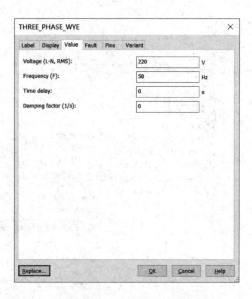

（d）设置三相电源值英文对话框

图 6.16　与三相电源设置相关的中英文对话框（续）

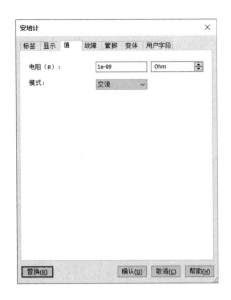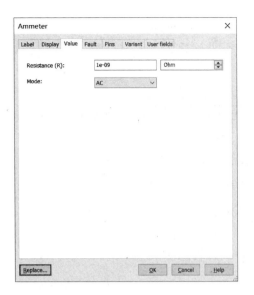

(a) 设置电流表为交流电流表的中文对话框   (b) 设置电流表为交流电流表的英文对话框

图 6.17 与电流表设置相关的中英文对话框

6. 问题讨论

（1）用仿真实验数据说明三相对称负载在采用星形连接时的线电流、相电流和中性线电流关系。

（2）负载在采用星形连接（有中性线）时，断开一相负载后，开关 S_2 在通断时灯箱的亮度变化说明了什么？总结中性线的作用。

（3）仿真实验测量数据会有误差，分析仿真实验误差产生的原因。

活动与练习 ▶▶▶▶

6.2-1 什么是对称负载和不对称负载？

6.2-2 采用星形连接的三相对称负载的线电流、相电流和中性线电流有什么关系？

6.2-3 规定三相四线制电路的中性线不准安装熔断器和开关，这是为什么？

6.2-4 简述中性线的作用。

6.2-5 为什么三相电动机的电源可用三相三线制，而照明电路的电源必须用三相四线制？

6.2-6 完成"实验：测量三相对称负载星形连接电压、电流及其仿真实验"的实验报告（报告内容参见"活动与练习 3.2-9"）。

6.3 三相正弦交流电路的功率

6.3.1 三相功率的基本关系

同单相交流电路的功率一样，由于三相负载既有耗能元件又有储能元件，因此三相正弦交流电路的功率有有功功率 P、无功功率 Q 和视在功率 S，并且无论哪种功率，其三相功率都是三个单相功率之和，即

$$P_{总} = P_A + P_B + P_C，Q_{总} = Q_A + Q_B + Q_C，S_{总} = S_A + S_B + S_C$$

由单相交流电路可得

$$P = UI\cos\varphi，Q = UI\sin\varphi，S = UI$$

对于三相正弦交流电路来说，每个单相电路的功率为

$$P = U_\varphi I_\varphi \cos\varphi，Q = U_\varphi I_\varphi \sin\varphi，S = U_\varphi I_\varphi$$

由此可得，三相正弦交流电路的功率如下。

有功功率：

$$P_{总} = P_A + P_B + P_C$$
$$= U_A I_A \cos\varphi_A + U_B I_B \cos\varphi_B + U_C I_C \cos\varphi_C$$

无功功率：

$$Q_{总} = Q_A + Q_B + Q_C$$
$$= U_A I_A \sin\varphi_A + U_B I_B \sin\varphi_B + U_C I_C \sin\varphi_C$$

视在功率：

$$S_{总} = S_A + S_B + S_C$$
$$= U_A I_A + U_B I_B + U_C I_C$$

式中，U_A、U_B、U_C 分别为各相负载承受的相电压；I_A、I_B 和 I_C 分别为流过各相负载的相电流；φ_A、φ_B 和 φ_C 分别为各相负载两端的相电压与流过负载的相电流的相位差（这一点要特别注意）。

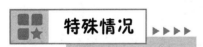

无论是三相对称负载还是三相不对称负载，上述计算方法都适用，但对于三相对称负载，功率的计算可相应简便一些。

6.3.2 对称负载的三相正弦交流电路的功率

由于三相对称负载的三个单相负载的相电压和相电流的有效值（U_φ 和 I_φ）及相位差

（φ）完全相同，因此对称负载的三相正弦交流电路的功率是单相电路功率的 3 倍：

$$\begin{cases} P = 3U_\varphi I_\varphi \cos\varphi \\ Q = 3U_\varphi I_\varphi \sin\varphi \\ S = 3U_\varphi I_\varphi \end{cases} \qquad (6-4)$$

在电力测量技术上，测量线电压、线电流比较方便，因此三相正弦交流电路的功率常用线电压 U_1 和线电流 I_1 来表示。

当负载采用星形连接时，$I_1 = I_\varphi$，$U_1 = \sqrt{3}\,U_\varphi$，结合式（6-4）可得

$$\begin{cases} P = \sqrt{3}\,U_1 I_1 \cos\varphi \\ Q = \sqrt{3}\,U_1 I_1 \sin\varphi \\ S = \sqrt{3}\,U_1 I_1 \end{cases} \qquad (6-5)$$

【例 6.2】　有一个三相对称负载，每相电阻 $R = 6\Omega$，感抗 $X_L = 8\Omega$，电源线电压 $U_1 = 380\text{V}$。试计算负载采用星形连接时的三相负载的有功功率。

解：每相负载的阻抗为

$$Z_\varphi = \sqrt{R^2 + X_L^2} = \sqrt{6^2 + 8^2} = 10(\Omega)$$

负载采用星形连接，负载相电压为

$$U_\varphi = \frac{U_1}{\sqrt{3}} = \frac{380}{\sqrt{3}} \approx 219(\text{V})$$

线电流等于负载的相电流，即

$$I_1 = I_\varphi = \frac{U_\varphi}{Z_\varphi} = \frac{219}{10} \approx 22(\text{A})$$

负载的功率因数为

$$\cos\varphi = \frac{R}{Z_\varphi} = \frac{6}{10} = 0.6$$

三相负载的有功功率为

$$P = \sqrt{3}\,U_1 I_1 \cos\varphi = \sqrt{3} \times 380 \times 22 \times 0.6 \approx 8688(\text{W}) \approx 8.7(\text{kW})$$

活动与练习 ▶▶▶▶

6.3-1　三相正弦交流电路的功率有哪几种？如何计算对称负载三相正弦交流电路的功率？

6.3-2　有一台三相电动机，每相绕组的等效电阻 $R = 28\Omega$，等效电抗 $X_L = 21\Omega$。绕组采用星形连接，并联在线电压为 380V 的三相电源上，试求电动机消耗的有功功率。

6.3-3　有一台三相电动机，绕组采用星形连接，已知线电压为 380V，线电流为 6.1A，总功率为 3.3kW，试求电动机每相绕组的参数。

单元小结

1. 三相交流对称电动势

三个最大值相等、角频率相同、相位彼此相差120°的单相交流电动势按一定方式组合成三相对称交流电动势。三相交流对称电动势的瞬时值表达式为

$$e_A = E_m \sin\omega t, e_B = E_m \sin(\omega t - 120°), e_C = E_m \sin(\omega t + 120°)$$

正序为 A—B—C—A（黄—绿—红—黄）。

2. 供电方式

低压供电线路采用三相四线制供电方式供电。

供电电压有两种：线电压有效值为380V，相电压有效值为220V。

3. 三相交流电源的连接

（1）相电压（U_φ）：相线与中性线之间的电压。

（2）线电压（U_l）：相线与相线之间的电压。

项目	描述
星形（Y形）连接	线电压是相电压的$\sqrt{3}$倍； 线电压超前相应的相电压30°； $\dot{U}_{yl} = \sqrt{3}\,U_{y\varphi}\angle 30°$； $U_l = \sqrt{3}\,U_\varphi$
三角形（△形）连接	$\dot{U}_l = \dot{U}_\varphi$，$U_l = U_\varphi$

4. 三相正弦交流电路的负载

（1）三相对称负载：$Z_a = Z_b = Z_c (R_a = R_b = R_c, X_a = X_b = X_c)$。

对于星形连接的三相负载 $\dot{I}_{y\varphi} = \dot{I}_{yl}$，各相电流彼此间的相位差为120°；$I_\varphi = \dfrac{U_\varphi}{Z_\varphi}$，中性线电流为零，即 $I_0 = 0$。

（2）不对称负载：三相负载的阻抗大小或性质不完全相同。

（3）在三相四线制电路中，中性线的作用是使不对称负载两端的电压保持对称。

5. 三相正弦交流电路的功率

项目	有功功率	无功功率	视在功率
三相正弦交流电路的总功率	$P_总=P_A+P_B+P_C$	$Q_总=Q_A+Q_B+Q_C$	$S_总=S_A+S_B+S_C$
每个单相负载的功率	$P=U_\varphi I_\varphi\cos\varphi$	$Q=U_\varphi I_\varphi\sin\varphi$	$S=U_\varphi I_\varphi$
三相对称负载的总功率	$P=3U_\varphi I_\varphi\cos\varphi$	$Q=3U_\varphi I_\varphi\sin\varphi$	$S=3U_\varphi I_\varphi$
	$P=\sqrt{3}\,U_1 I_1\cos\varphi$	$Q=\sqrt{3}\,U_1 I_1\sin\varphi$	$S=\sqrt{3}\,U_1 I_1$

注：φ 为各相负载两端的相电压与流过负载的相电流的相位差。

单元复习题

6-1 三相交流对称电动势由三个_____电动势组成，它们的_____相等，_____相同，彼此间的相位差为_____。

6-2 三相四线制供电方式可以提供_____种电压。相线俗称_____。相线与中性线间的电压称为_____电压，相线与相线间的电压称为_____电压，它们之间的数量关系为_____，相位关系为_____。

6-3 三相四线制电源的中性线有什么重要作用？在什么情况下可以省掉中性线？若三相照明电路的中性线断了，会产生什么后果？

6-4 判断下列结论是否正确。

（1）在三相四线制供电系统中，无论负载是否对称，负载的相电压都是对称的。

（2）在三相四线制供电系统中，中性线常用黑色或白色表示，而 A 相线、B 相线、C 相线分别用红色、绿色、黄色表示。

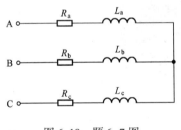

图 6.18 题 6-7 图

6-5 已知三相对称电源中，B 相电压的瞬时值表达式为 $u_B=311\sin(314t+30°)$（V），试写出其他各相电压的瞬时值表达式和矢量表达式。

6-6 某三相正弦交流电路，当对称负载采用星形连接时，线电压为 380V，负载电阻为 10Ω、感抗为 15Ω，求负载的线电流。

6-7 有一星形连接的三相对称负载，如图 6.18 所示，已知各相电阻 $R=6\Omega$，电感 $L=25.5$mH，把它接到线电压 $U_1=380$V、$f=50$Hz 的三相对称电源上，求通过每相负载的电流及负载消耗的总功率 $P_总$。

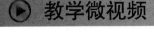 教学微视频   ◄◄◄◄ 扫一扫

单元 **7**

用电保护

电业人员在维修线路，保障用电安全

　　电在造福人类的同时对人及物也有很大的潜在危险。在生产、生活用电中，如果我们严格遵守电气安全操作规程，采取有效的预防措施，就可以大幅减少或避免触电事故的发生。保护接地和保护接零就是为保护人身安全、保证电气设备正常运行而采取的技术措施。上图所示为电业人员在维修线路，保障用电安全。

　　通过本单元，我们来学习保护接地的原理、保护接零的方法及其应用；学习电气安全操作规程、触电现场的处理方法等基础知识和基本技能。

本单元综合教学目标

1. 了解保护接地的原理。
2. 掌握保护接零的方法，了解其应用。
3. 了解电气安全操作规程，学会保护人身与设备安全，防止发生事故。

4. 初步掌握触电事故现场处理方法。

职业岗位技能综合素质要求

1. 熟悉带地线插座的安装方法。
2. 掌握触电事故现场救护方法：人工呼吸急救法和胸外心脏按压急救法。
3. 树立自信心，有与人协作的工作能力，有认真、细致的工匠精神。

数字化核心素养与课程思政目标

1. 自信自强，守正创新，培育符合社会主义核心价值观的审美标准。
2. 培养学生通过网络恰当地选择和使用数字技术资源的能力。
3. 注重培养学生的实践思维和数字社会责任感。
4. 认真学习贯彻党的二十大精神，自觉践行社会主义核心价值观。

7.1　保护接地和保护接零

当线路或电气设备因绝缘损坏而发生漏电或被击穿（俗称碰壳）时，平时不带电的金属外壳及与之相连的其他金属部分就会带电，人体在触及这些意外带电部位时，可能发生触电事故。减少或避免这类触电事故发生的技术措施主要有保护接地、保护接零等。

7.1.1　保护接地

1. 接地的概念

接地是指从电网运行和人身安全需求出发，人为地把电气设备的某一部位与大地进行良好的电气连接。根据接地目的不同，接地分为工作接地和保护接地。

1）工作接地

工作接地是指为了保证电网在正常情况或事故情况下能可靠地工作而对电气回路中的某一点进行接地。例如，电源（发电机或变压器）中性点接地、电压互感器一次侧中性点接地等，都属于工作接地。

2）保护接地

保护接地是指为了保障人身安全，避免发生触电事故，将电气设备在正常情况下不带电的金属部分与大地进行电气连接。电气设备在采取了保护接地时，人体触及漏电设备外壳时的接触电压明显降低，进而大大地降低触电的风险。

2. 保护接地的原理

1）中性点不接地系统中电气设备不接地的危险

中性点不接地系统人体触电示意图如图 7.1 所示，图中的电动机外壳未接地。当电动机正常运行时，电动机外壳不带电，人体触及电动机外壳无危险。当电动机的绝缘损坏时，其外壳带电，这时若人体触及电动机外壳，将有电流经人体和电网对地绝缘阻抗形成回路。此时，流经人体的电流超过两倍的安全电流（30mA）。对触电者而言，这是相当危险的。

2）中性点不接地系统中保护接地的原理

在采取了保护接地的中性点不接地系统中，若有人触及碰壳设备外壳，如图 7.2 所示（图中 R_e 表示接地体的电阻，简称接地电阻），单相接地短路电流就会沿接地装置和人体这两条并联支路流过。一般来说，人体电阻大于 1000Ω，接地电阻按规定不能大于 4Ω。由并联电路特点可知，两条并联支路的电流大小与电阻成反比，所以流经接地装置的电流很大，而流经人体的电流很小，且低于安全电流。这样就减小了设备在发生碰壳后人体触电的风险。

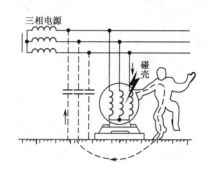 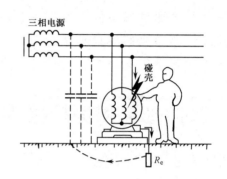

图 7.1　中性点不接地系统人体触电示意图　　图 7.2　中性点不接地系统中保护接地的原理图

3. 保护接地的局限性

在中性点不接地系统中，采用保护接地可以有效地防止或降低间接触电的风险。但是在中性点直接接地系统中，采用保护接地的效果如何呢？下面以三相四线制低压供电系统为例进行分析。

中性点直接接地系统人体触电示意图如图 7.3 所示，图中 R_0 为电源工作接地电阻，R_e 为保护接地电阻。在一般情况下，R_0 和 R_e 都不超过 4Ω。假如电动机发生了单相碰壳，取人体电阻为 1700Ω，经计算分析，此时，加于人体的电压约为 110V，流经人体的电流约为 65mA，是安全电流（30mA）的两倍多。但通过线路的故障电流却不是很大，在多数情况下，不足以使电路中的过流保护装置动作，电动机外壳将长时间带电，这对人体而言很危险。因此，保护接地存在一定局限性。

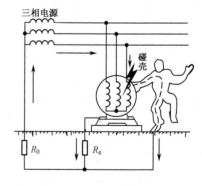

图 7.3　中性点直接接地系统
人体触电示意图

 问题与思考 ▶▶▶▶

在中性点不接地系统中，采取保护接地可以有效地防止或降低人体触及碰壳设备外露导

电部分时的风险。可是，在中性点直接接地系统中，只采取保护接地很难保证人身安全。那么，有没有其他措施呢？

7.1.2 保护接零

1. 保护接零的概念

所谓保护接零，是指把电气设备平时不带电的外露可导电部分（如金属外壳）与电源的中性线连接起来。这时的中性线与大地有良好的电气连接，称为保护中性线或保护中性零线，记为 PEN 线。

采用保护接零的中性点直接接地的低压配电系统如图 7.4 所示。

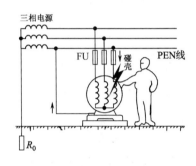

图 7.4 采用保护接零的中性点直接接地的低压配电系统

在采用保护接零的中性点直接接地的低压配电系统中，所有用电设备的金属外壳与构架都与中性线有良好的连接。由图 7.4 可知，在正常运行时，中性线不带电，人体在触及设备外壳时无触电风险。当某一相绝缘损坏，导致相线碰壳，外壳带电时，由于外壳进行了保护接零，因此该相线和中性线构成回路，单相短路电流很大，足以使线路上的保护装置（如熔断器）迅速动作，从而将漏电设备与电源断开，避免人体触电。由此可见，保护接零的关键在于线路的保护装置能否在碰壳故障发生后灵敏地动作，迅速切断电源。

2. 保护接零的应用

保护接零适用于中性点直接接地的低压配电系统。在中性点直接接地的低压配电系统内采用保护接零时，应注意以下问题。

（1）在由同一台变压器供电的系统中，不宜将一部分设备保护接零，另一部分设备保护接地，即在同一个供电系统中，不宜将保护接地和保护接零混用。如果在同一个供电系统中，将一部分设备采用保护接零，另一部分设备采用保护接地，如图 7.5 所示，当采用保护接地的电气设备发生碰壳，且故障电流不足以使电路中的保护装置动作时，不仅会使采用保护接地的电动机外壳带危险的电压，而且会使所有采用保护接零设备的外壳也带危险的电压。在保护装置未动作的情况下，设备外壳将长时间带电。对接触电气设备的人而言，这是很危险的。因此，在由同一台变压器供电的系统中不允许将保护接地和保护接零混用。

（2）在采用保护接零的系统中，采用工作接地的装置必须可靠，接地的电阻值必须符合要求（一般要求不大于 4Ω）。如果工作接地回路断开，则相当于在中性点不接地的三相四线制系统中采用了保护接零，如图 7.6 所示，其后果是当系统发生单相接地故障时，保护装置不会动作，中性线及所有采用保护接零的设备外壳都将带危险的电压，同时系统非故障相的对地电压也将升高（最大可达线电压），使触电的风险增大，还可能导致两相接地短路。此外，工作接地回路断开，还将使高压窜入低压时失去防护。

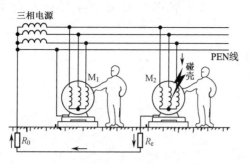
图 7.5　保护接零和保护接地混用

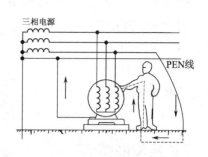
图 7.6　中性点不接地的三相四线制系统中采用保护接零

（3）保护接零必须有灵敏可靠的保护装置与之配合。因为保护接零的保护原理是借助PEN 线将碰壳设备的故障电流扩大为短路电流，进而迫使线路的保护装置迅速动作，切断电源。如果没有灵敏可靠的保护装置与之配合，那么保护接零将起不到保护作用。

除此之外，还有如下要求。

（1）在采用保护接零的同时，应装设足够的重复接地装置。

（2）设备与保护线或 PEN 线之间的连接处应牢固可靠，接触良好。

（3）有保护接零要求的单相移动式用电设备应使用三孔插座供电。

（4）禁止在保护线或 PEN 线上安装熔断器或单独的断流开关。

（5）中性线横截面应确保在低压配电系统内任何一处短路时，能够承受的短路电流大于 $2.5 \sim 4$ 倍的熔断器额定电流及 $1.25 \sim 2.5$ 倍的低压断路器额定电流，且其横截面积不小于相线横截面积的一半。

（6）所有电气设备的保护线或 PEN 线均应以并联方式接到 PEN 干线上，如图 7.7（a）、（c）所示；严禁串联，如图 7.7（b）、（d）所示。图 7.7 中 PEN 线为保护中性线，XS 为插座，M 为电动机。

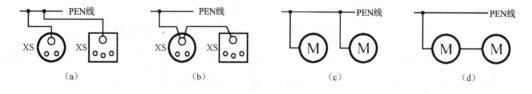

（a）　　　　　　（b）　　　　　　（c）　　　　　　（d）

图 7.7　保护接零的正确接法与错误接法

 活动与练习 ▶▶▶▶

7.1-1　举例说明什么是保护接地，什么是保护接零。

7.1-2　比较分析当电动机一相碰壳时，如图 7.1 所示的无保护接地的中性点不接地系统和如图 7.2 所示的有保护接地的中性点不接地系统工作状况的不同之处。

7.1-3　简述保护接地的原理。

7.1-4　简述保护接零的方法。

7.2 电气安全操作规程和触电事故现场处理

7.2.1 电气安全操作规程

电气电力工作人员在进行作业时将直接或间接与带电体接触，易发生危险。电气安全操作规程是用来保障电气设备正常运行和作业人员生命安全的，工作人员必须严格遵守，切实执行。电气安全操作一般包括如下 6 个方面。

1. 正确使用电工工具

工作时应穿绝缘鞋、戴绝缘手套。在使用电工钳、电工刀、螺钉旋具、活扳手等基本电工工具时，手要握住绝缘手柄，以防触电；对于无绝缘手柄的电工工具，不可带电作业；在用电工钳剪断导线时不可同时剪断两根导线，以防造成短路。

2. 严格执行各项制度

在发电厂（变电所）的电力线路或电气设备上作业时，应切实做好各项保证电气安全的措施，严格执行国家行业标准的各项制度。

1）工作票制度

工作票是准许在电气设备（或线路）上作业的书面命令，明确了工作人员的工作责任、工作范围、工作时间、工作地点及工作情况发生变化时如何进行联系等。

2）工作许可制度

工作许可制度是对工作票制度的完善，未经工作许可人（值班人员）允许，不准执行工作票。

3）工作监护制度

工作人员在作业过程中必须有监护人进行指导和监管，以便及时纠正不安全的操作或误动作。

4）工作终结制度

工作终结制度是指在工作结束时，工作负责人、作业人员及值班人员按规定完成特定工作内容之后，工作票方告终结的制度。

3. 关于倒闸操作

倒闸是指拉开或合上某些断路器和隔离开关，拉开或合上直流操作回路，拆除或装设某些继电保护装置和自动装置，拆除或装设临时地线，以及检查设备的绝缘装置等。

在倒闸操作过程中，应严格遵守相关规定，不能随意操作。

（1）在进行倒闸操作时必须执行操作票制度。

（2）倒闸操作必须由两个人进行（单人值班的变电所可由一个人执行，但不能进行登杆操作，不能进行重要和特别复杂的操作）。

（3）倒闸操作应按如下顺序进行。

① 停电拉闸时必须先用断路器切断电源；在检查确认断路器在断开位置后，先拉负荷侧隔离开关，后拉母线侧隔离开关。在拉开三相单投闸刀时，需要用绝缘棒操作，先拉中间一相，后拉左右两相。

② 在送电时，应先合母线侧隔离开关，再合负荷侧隔离开关，最后合断路器。在合上三相单投闸刀时，需要用绝缘棒操作，先合左右两相，后合中间一相。

（4）操作者必须使用必要的、合格的绝缘安全用具和防护安全用具。

（5）严禁带负荷拉开、合上隔离开关，严禁带地线合闸。

（6）在雷雨天气，禁止进行倒闸操作和更换熔断体；在高峰负荷时避免进行倒闸操作。

4. 关于带电作业

在有电线路、设备带电部位及运行的电气设备外壳上进行作业均称为带电作业。

不允许在高电压等级的线路或设备上进行带电作业。带电作业必须由两个人进行，一个人工作，一个人监护。在进行带电作业时要扎紧袖口，使用安全绝缘工具进行操作，不允许用手直接接触带电体，不允许身体同时接触两相电线，也不允许同时接触相线与地线。

在下列情况下，禁止带电作业。

（1）阴雨天气。

（2）防爆、防火及潮湿场所。

（3）有接地故障的电气设备外壳上。

（4）在同杆多回路架设的线路上，下层未停电、检修上层线路，上层未停电且没有防止误碰上层的安全措施、检修下层线路。

5. 关于停电作业

停电作业包括全部停电作业和部分停电作业两种。

（1）对于10kV及以下的带电设备和线路，当其与人体距离小于0.35m时，应全部停电作业；当其与人体距离大于0.35m并小于0.7m时应装设遮拦，否则也应全部停电作业。

（2）在下列情况下必须停电作业。

① 检修的设备。

② 带电部分在工作人员的后面或两侧。

③ 无法设置必要的安全防护措施且影响工作的带电设备。

（3）在全部或部分停电的电气设备或线路上进行作业时，作业前必须采取断电、验电、装设携带型地线、装设遮拦和悬挂标示牌等安全措施。

① 断电。应将作业线路或设备做好全部或部分倒闸操作。必须将有可能送电的作业线路、设备的开关或闸刀全部断开，并且要使线路的各方面至少有一个明显的断开点。

② 验电。应按电压等级选用相应的试电笔进行验电。在验电前，应先验证试电笔是否良好。在验电时，要逐项进行，并且不能忽视对中性线、PEN线或地线的检测。

③ 装设携带型地线。为防止意外通电，应在停电作业的通电电源侧装设携带型地线。

④ 装设遮拦和悬挂标示牌。在停电作业中，对有可能碰触的带电导体或线路，在安全距离不够时，应安装遮拦及护罩；在一经合闸就可能把电送到作业线路或设备的开关闸刀手柄上，应悬挂"禁止合闸，有人工作"的标示牌。

（4）在为线路或电气设备送电前，必须收回并检查所有工作票，拆除安全装置，拉开接地刀闸，拆除临时地线及标示牌，并测量绝缘电阻，在合格后方可送电。

6. 关于移动电具的使用

移动电具是指无固定安装地点、无固定操作人员的生产设备及电动工具，如电焊机、移动水泵、电钻、电锤、手提磨光机等。

有金属外壳的移动电具必须有明显的接地螺钉和可靠的地线。电源线必须采用"不可重接电源插头线"，长度一般为 2m 左右。单相 220V 的移动电具应用三芯线，三相 380V 的移动电具应用四芯线，其中绿黄双色线为专用地线。移动电具的引线、插头、开关应完好无损。在使用前应用试电笔检查移动电具的外壳是否漏电。移动电具的绝缘电阻应不低于 2MΩ。

7.2.2　触电事故现场处理

在发生触电事故时，触电事故现场处理措施包括脱离电源、准确诊断和对症救护。

1. 迅速使触电者脱离电源

脱离电源的方法如 1.2.1 节中的"3. 触电事故现场处理措施"所述。

2. 立即准确诊断触电者的情况

需要立即确定触电者有无知觉、有无呼吸、有无心跳。

如果触电者尚未失去知觉或昏迷后已恢复清醒，则应让其在通风良好、湿度适宜的地方静卧休息，并注意观察。如果触电者处于昏迷状态，呼吸停止但有心跳，则需要进行人工呼吸；如果触电者有呼吸但没有心跳，则需要进行胸外心脏按压；如果触电者既无呼吸也无心跳，则应同时进行人工呼吸和胸外心脏按压。

3. 正确实行对症救护

1）人工呼吸急救法

人工呼吸急救法有很多种，其中口对口人工呼吸急救法效果最好，且简单易学、容易掌握。

操作要领 ▶▶▶▶

（1）使触电者仰卧，清理触电者口中异物，拉出触电者的舌头，使触电者呼吸道畅通。

（2）救护者在触电者头部侧，一只手扶住触电者头部，另一只手抬起触电者的下颌，使触电者张开嘴。

（3）救护者捏紧触电者的鼻子，自己深吸一口气后，直接或隔一层薄布紧贴触电者的嘴吹气，每次吹气要以触电者的胸部微微鼓起为宜，时间约为 2s。

（4）救护者在停止吹气后，立即将嘴移开，放松捏触电者鼻子的手，让触电者自己换气，时间约为 3s。

注意：每次吹气的速度要均匀，反复多次，直到触电者能自行呼吸为止。如果触电者的嘴不易掰开，救护者可捏紧触电者的嘴，向触电者的鼻孔吹气。

口对口人工呼吸急救法的实施步骤如图 7.8 所示。

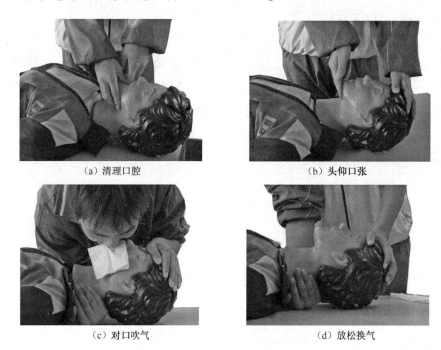

（a）清理口腔　　　　　　　　　　（b）头仰口张

（c）对口吹气　　　　　　　　　　（d）放松换气

图 7.8　口对口人工呼吸急救法的实施步骤

2）胸外心脏按压急救法

胸外心脏按压急救法适用于触电者心跳停止或不规则的情况，其目的是通过人工操作，使触电者心脏舒张、收缩，从而达到恢复触电者心跳的目的。

操作要领 ▶▶▶▶

（1）使触电者仰卧在硬板或平地上，保持呼吸道畅通，以保证挤压效果，找准压触部位（大约位于胸骨下半段和脊椎骨之间）。

（2）救护者跪在触电者的一侧或骑在其腰部两侧，两手相叠放在压触部位。

（3）掌根用力垂直向下挤压。对于成人，下压深度为 3～4 cm；对于儿童，压胸仅用一只手即可，下压深度较成人浅。

（4）按压后，掌根迅速放松，但不要离开胸部，让触电者的胸部自动复原。对于成人，每分钟挤压 60 次为宜；对于儿童，每分钟应挤压约 90 次。

　　注意：当心脏按压有效果时，会摸到触电者颈动脉的搏动，如果按压时摸不到触电者颈动脉的搏动，则应加大按压力量，减缓按压速度，再观察是否有脉搏跳动，直至触电者面色开始好转，呼吸、心跳恢复。按压时要注意压触部位和用力大小，以免造成触电者肋骨骨折。

　　胸外心脏按压急救法的实施步骤如图 7.9 所示。

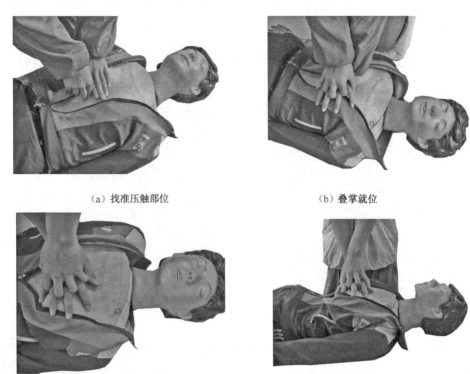

(a) 找准压触部位　　　　　　　　(b) 叠掌就位

(c) 掌根下压　　　　　　　　(d) 放松复位

图 7.9　胸外心脏按压急救法的实施步骤（续）

 **活动与练习** ▶▶▶▶

7.2-1　简要说明电气安全操作规程主要包括哪几个方面。

7.2-2　简述口对口人工呼吸急救法实施步骤。

7.2-3　简述胸外心脏按压急救法实施步骤。

7.3　实验：插座安装、触电事故现场救护

做中学 ▶▶▶▶

1. 实验目的

（1）熟悉带地线插座的安装方法。

（2）掌握触电事故现场救护方法：人工呼吸急救法和胸外心脏按压急救法。

2. 实验器材

（1）电工工具一套；万用表一只；单相、三相插座各一套；电源、电线若干。
（2）人体模型一具。

3. 实验准备

根据电源相数的不同，插座分为三相（四孔）插座和单相（二孔和三孔）插座，其外形如图7.10所示。

（a）三相（四孔）插座　　　　（b）单相（二孔和三孔）插座

图7.10　插座外形

电源的入户线一般有三根，即相线、中性线和地线。单相三孔插座接线图如图7.11所示。按照单相插座的接线规定，面对插座正面，应为"左零（中性线）、右相、上接地"，将导线分别与插座的接线柱相接并用螺钉旋具拧紧即可。图7.11所示的单相三孔插座接线图是插座背面，且是上下倒置的。这里要注意接线的颜色，分清相线、中性线，按照标准规定地线应使用黄绿双色线。

图7.11　单相三孔插座接线图

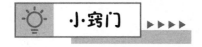 小窍门 ▶▶▶▶

单相插座接线口诀

单相插座有多种，常分两孔和三孔。两孔并排分左右，三孔组成品字形。
接线孔旁标字母，L为火N为零。三孔之中还有E，保证安全要接地。
面对插座定方向，各孔接线有规定。左接零来右接相，保护地线接正中。

4. 实验步骤与要求

1）插座安装（单相三孔）

（1）插座接线：按照单相插座的接线规定，将导线分别与插座的接线柱相接，用螺钉旋具拧紧，注意相线、中性线、地线不要接错。

图 7.12　通电检验

（2）通电检验：接通电源，先将万用表置于交流 250V 挡，两个表笔分别插入相线与中性线孔内，如图 7.12 所示，万用表指针应指示 220V 左右；再将中性线一端的表笔拔出，并插入地线的孔，同样万用表指针应指示 220V 左右，如果显示为零，就说明地线没有接好。在操作时要注意安全。

2）触电事故现场救护

学生在教师指导下，利用人体模型，按照口对口人工呼吸急救法和胸外心脏按压急救法的操作要领进行模拟训练。

完成"实验：插座安装、触电事故现场救护"的实验报告。

单元小结

（1）减少或避免触电事故发生的技术措施主要有保护接地、保护接零。

① 保护接地：将电气设备在正常情况下不带电的金属部分与大地进行电气连接。

在采取了保护接地的中性点不接地系统中，若有人触及碰壳设备外壳，单相接地短路电流就会沿接地装置和人体这两条并联支路流过。因为人体电阻 R_b 远大于接地电阻 R_e，所以人体电流 I_b 远小于接地电流 I_e，减小了人体触电的风险。

② 保护接零：把电气设备平时不带电的外露可导电部分与电源的中性线连接起来。

采用保护接零的中性线与大地有良好的电气连接。当某一相绝缘损坏，导致相线碰壳，外壳带电时，该相线和中性线构成回路，单相短路电流很大，足以使线路上的保护装置（如熔断器）迅速动作，从而将漏电设备与电源断开，避免人体触电。

（2）电气电力工作人员必须遵守相关的电气安全操作规程，防止事故发生，确保人身及设备的安全。

（3）在发生触电事故时，触电事故现场处理措施包括脱离电源、准确诊断和对症救护。

（4）进行救护的方法有人工呼吸急救法和胸外心脏按压急救法。

单元复习题

7-1　为什么说保护接地有一定的局限性？

7-2 为什么保护接零必须有灵敏可靠的保护装置与之配合？

7-3 为什么在由同一台变压器供电的系统中不允许保护接地和保护接零混用？

7-4 电气设备的保护线或 PEN 线应以什么方式接到 PEN 干线上？

7-5 电气安全操作规程中有哪些制度？

7-6 倒闸操作有什么规定？倒闸操作应按怎样的顺序进行？

7-7 什么是带电作业？在哪些情况下禁止带电作业？

7-8 在什么情况下必须停电作业？在停电作业前要执行哪些安全措施？

7-9 在使用移动电具时应注意什么？

7-10 口对口人工呼吸急救法的操作要领是什么？

7-11 胸外心脏按压急救法的操作要领是什么？

单元 8

综合实验：万用表的组装与调试

万用表是万用电表的简称，集多种功能于一体。前面我们初步了解了万用表的种类、特点、功能及使用方法，用它实际测量过电流、电压、电阻等。万用表是检测电路的重要工具之一。随着经济和生产力的不断发展，万用表的品种越来越多，已成为生活和生产的必备工具。上图所示为 MF47 型模拟式万用表。

MF47 型模拟式万用表

本单元综合教学目标

1. 能识读万用表的基本电路、内部结构。
2. 能对万用表电路元器件进行识别与检测，并完成装配。
3. 能对万用表进行校验。

职业岗位技能综合素质要求

1. 能对万用表电路元器件进行识别与测量，能装配、调试万用表。
2. 掌握电烙铁的基本使用方法，能对元器件进行手工焊接。
3. 掌握万用表的整机装配过程，会利用比较法校验、调试万用表。
4. 树立信心，有团队意识及与人协作的工作能力，有严谨、细致的工匠精神。

数字化核心素养与课程思政目标

1. 培养学生对技术精益求精、终身学习、与时俱进的精神。
2. 理实一体，培养学生守正创新、自强不息的精神，以及符合社会主义核心价值观的审美标准。
3. 培养学生合法合规地通过网络搜索相关技术资源的学习能力。
4. 培养学生的实战应用思维和数字社会责任感。
5. 认真学习贯彻党的二十大精神，自觉践行社会主义核心价值观。

做中学 ▶▶▶▶

本单元选择适合中职教学的 MF47 型模拟式万用表，来进行万用表的组装与调试综合实验。

1. 实验任务

（1）识读万用表的基本电路。
（2）认识万用表的内部结构。
（3）对万用表电路元器件进行识别与检测。
（4）将一套散件装配成完好的万用表。
（5）对万用表进行校验与调试。

2. 实验器材

（1）MF47 型模拟式万用表散件一套（见万用表装配器材清单）。
（2）万用表、单相调压器、直流稳压电源、标准直流电流表、标准直流电压表、标准交流电压表、标准电阻各一件。（取标准表的准确度高于被校表两个等级。）
（3）一字形和十字形螺钉旋具各一把；尖嘴钳、镊子、小刮刀、剪刀、电烙铁（30W 左右）各一把；焊锡、松香若干。

3. 实验步骤与要求

（1）在教师指导下识读万用表的基本电路。
（2）对元器件、材料进行清点、识别与检测。
（3）装配万用表，步骤如下。
① 元器件安装前的准备工作。
② 在电路板上安装、焊接元器件。
③ 进行整机组合。
（4）万用表校验与调试。

8.1 万用表的基本电路与内部结构

 观察与思考 ▶▶▶▶

8.1.1 万用表的基本电路

模拟式万用表利用一只灵敏的磁电式直流电流表（微安表）作为表头。当微小电流通过表头时，指针就会偏转，指示对应值。因为表头不能通过大电流，所以必须并联或串联一些电阻，以进行分流或分压，组成不同量程的测量电路，再进行测量。

1. 直流电流测量电路

直流电流测量电路（见图 8.1）通常采用的是闭路式分流电路，它利用转换开关接入不同的分流电阻，以实现不同量程电流的测量。该电路的特点是转换开关的接触电阻引起的测量误差小。

2. 直流电压测量电路

直流电压测量电路（见图 8.2）通常采用的是共用式附加电阻的分压电路，它利用转换开关切换接入不同的分压电阻，以实现不同量程电压的测量。该电路的特点是高量程的附加电阻共用了低量程的附加电阻，可以节省绕制材料，有利于降低成本，但是低量程的附加电阻一旦损坏，所有量程都将不能使用。

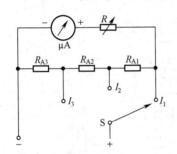

图 8.1　直流电流测量电路

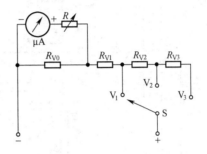

图 8.2　直流电压测量电路

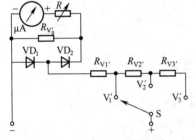

图 8.3　交流电压测量电路

3. 交流电压测量电路

交流电压测量电路如图 8.3 所示，因为表头是直流表，所以在测量交流电压时需要加装整流电路，以将交流整流成直流。通常采用二极管半波（或全波）整流及其共用式附加电阻的分压电路。整流后获得的是交流信号的平均值，不是有效值，为了读数方便，交流电压最好与直流电压共用一个刻度，为此交流电压测量电路与直流电压测量电路各用一套附加电阻，适当减小交流电压的附加电阻，增大表头电流。

4. 电阻测量电路（见图 8.4）

在表头上并联和串联适当的电阻，同时串联一节电池，使电流通过被测电阻，根据电流的大小，就可测出电阻的阻值。改变分流电阻的阻值，就能改变电阻的量程。需要注意的是，欧姆刻度与电流刻度是相反的，而且是不均匀的。另外，当表头总内阻增大后，流过表头的电流势必减少，在 $R_x = 0$ 时，指针不能指到欧姆零刻度，为此在扩大量程的同时必须增大流过表头的电流，通常采用的方法是选择高阻挡，

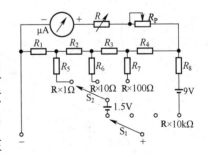

图 8.4　电阻测量电路

以提高测试电压，如 R×10kΩ 挡就接入了电压较高的叠层干电池，提高电池电压后，选择高阻挡时表的电阻虽然增大，但仍然可以保持流过表头的电流达到满偏值。

MF47 型模拟式万用表的总电路图如图 8.5 所示。

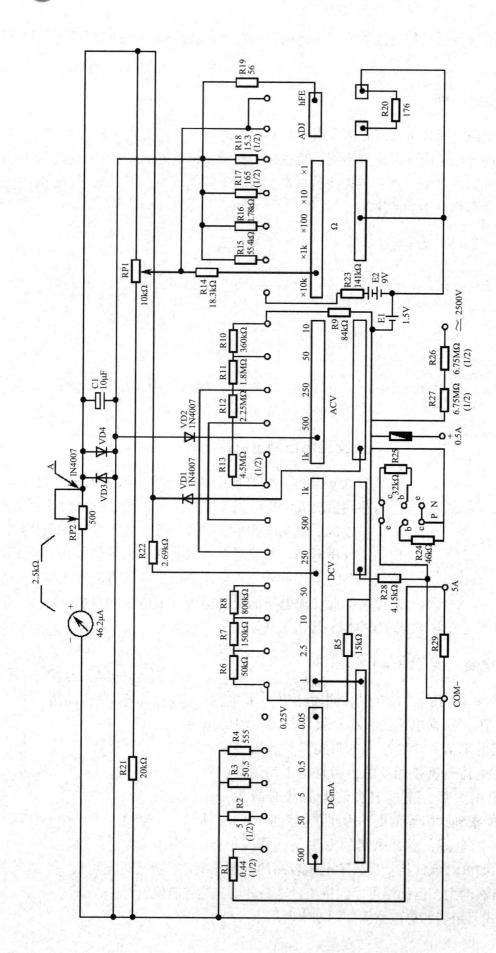

图 8.5　MF47 型模拟式万用表的总电路图

（本图纸中凡电阻的阻值未注明者单位均为 Ω，功率未注明者均为 1/4W。）

8.1.2　万用表的内部结构

MF47 型模拟式万用表的内部结构如图 8.6 所示，它主要由测量机构（表头）、测量线路（电路板）、转换装置（转换开关）三部分组成。

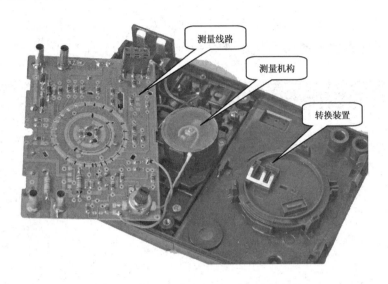

图 8.6　MF47 型模拟式万用表的内部结构

1. 测量机构（表头）

万用表表头一般采用的是灵敏度高、准确度好的磁电式直流微安表，是万用表的关键部件。万用表性能的好坏在很大程度上取决于表头的性能。表头的基本参数包括表头内阻、灵敏度、直线性，这是表头的三项重要技术指标。表头内阻是指动圈所绕漆包线的直流电阻，严格上讲还应包括上、下两盘游丝的直流电阻。内阻高的万用表性能好，多数万用表表头的内阻为几千欧。表头灵敏度是指表头指针偏转满刻度时的电流，这个电流越小，说明表头灵敏度越高，表头特性越好。通常，表头灵敏度为几微安到几百微安。表头直线性是指表针偏转幅度与通过表头的电流幅度呈线性关系。

2. 测量线路（电路板）

测量线路是万用表的重要组成部分。正是因为有测量线路，万用表才成为多量程电流表、电压表、欧姆表的组合体。

万用表测量电路主要由电阻、电容等元件组成。测量交流电的电路使用了整流器件，以将交流电变换成直流电，进而实现对交流电的测量。

3. 转换装置（转换开关）

转换装置是用来选择测量项目和量程的，主要由转换开关、接线柱、旋钮、插孔等组成。转换开关由固定触点和活动触点两部分组成。通常将活动触点称为刀，将固定触点称为掷。万用表的转换开关是多刀多掷的，而且各刀之间是联动的。当转换开关转到某一位置时，活动触点就和某个固定触点闭合，相应的测量电路被接通。转换开关的具体结构因万用表型号的不同而有所差异。

 活动与练习 ▶▶▶▶

8.1-1 试读万用表的基本电路和 MF47 型模拟式万用表的总电路图。

8.1-2 简述万用表的内部结构及各部分的作用。

8.2 万用表的装配与调试

万用表的装配与调试是理论联系实际的过程，是在了解万用表基本工作原理的基础上进行的。学生通过对万用表进行装配与调试，初步学会排除万用表常见故障的方法；通过使用常用电工工具和电工仪表，锻炼动手能力。在此过程中要求学生注意培养耐心细致、一丝不苟的工作作风，以及团结合作、勤俭节约、安全生产意识。

 做中学 ▶▶▶▶

8.2.1 万用表的装配

1. 清点元器件并识别

根据材料清单，核对每个元器件的型号与规格。

① 电阻（单位为 Ω），29 个（其中，R29 为康铜丝分流器，级别为 0.05）。R1～R28 的阻值如表 8.1 所示。

表 8.1 R1～R28 的阻值

电阻	阻值	电阻	阻值	电阻	阻值	电阻	阻值	电阻	阻值	电阻	阻值
R1	0.44Ω	R6	50kΩ	R11	1.8MΩ	R16	1.78kΩ	R21	20kΩ	R26	6.75MΩ
R2	5Ω	R7	150kΩ	R12	2.25MΩ	R17	165Ω	R22	2.69kΩ	R27	6.75MΩ
R3	50.5Ω	R8	800kΩ	R13	4.5MΩ	R18	15.3Ω	R23	141kΩ	R28	4.15kΩ
R4	555Ω	R9	84kΩ	R14	18.3kΩ	R19	56Ω	R24	46kΩ		
R5	15kΩ	R10	360kΩ	R15	55.4kΩ	R20	176Ω	R25	32kΩ		

② 可调电阻，一个，RP2，最大电阻为 500Ω。

③ 电位器，一个，RP1，电阻为 10kΩ；配套旋钮，一个。

④ 电容，一个，C1，10μF/16V。

⑤ 二极管，四个，VD1/VD2/VD3/VD4，型号均为 1N4007。

⑥ 熔断器夹，二个；0.5A 熔断器，一个。

⑦ 细导线，五根，其中长线三根、短线二根。长线分别为从电路板 1.5V 电池负极到 2 号电池负极一根；从电路板 1.5V 电池正极到 2 号电池正极一根；从电路板 9V 电池正极到 9V 扣式电池正极一根。短线分别为 9V 扣式电池负极到 1.5V 正极一根；电路板上短路线（J₁）一根。

⑧ 晶体管插座，一个；配套插片，六个。

⑨ 螺钉（用于后盖固定），二个，M3×6。

⑩ 电池夹（已装在机壳内），四个。

⑪ V 形电刷，一个。

⑫ 表笔插管，四个。

⑬ 电路板，一块。

⑭ 表笔，一副。

⑮ 机壳，一套。

其中，①～⑬ 如图 8.7 所示，⑭⑮ 如图 8.8 所示。

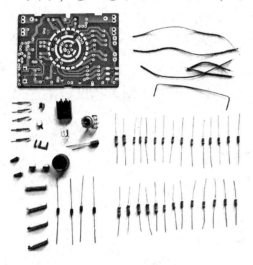   

图 8.7　MF47 型模拟式万用表电路元器件　　　图 8.8　MF47 型模拟式万用表机壳与表笔

2. 检测元器件

在使用每个元器件前都要检测其参数是否在规定的范围内。对于极性电容、二极管，要检测其极性；对于电阻，要检测其阻值。

1）判断极性电容极性

在极性电容表面标有"–"的一端是负极。如果极性电容上没有标明极性，那么可以根据引脚的长短来判断其极性——长脚为正极，短脚为负极，如图 8.9（a）所示。

如果引脚已经剪短，并且极性电容上没有标明极性，那么可以用万用表来判断其极性。判断方法是选择万用表的欧姆挡，将极性电容的两个引脚搭接在两个表笔之间，如图 8.9（b）所示。看指针回摆停下时指示的阻值，若指示的阻值大（漏电流小），则黑表笔连接端为极性电容的正极，红表笔连接端为极性电容的负极；若指示的阻值小（漏电流大），则黑表笔连接端为极性电容的负极，红表笔连接端为极性电容的正极。

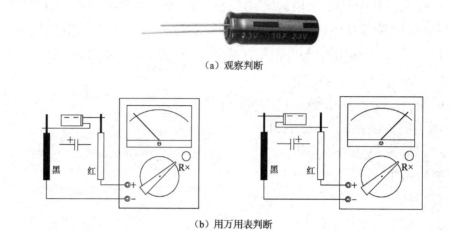

（a）观察判断

（b）用万用表判断

图 8.9　极性电容极性的判断

2）判断二极管极性

二极管管体黑色的一端为正极，另一端为负极，如图 8.10（a）所示。二极管的极性也可以用万用表的欧姆挡来判断。将二极管的两个引脚搭接在两个表笔之间，如图 8.10（b）所示。观察万用表指针的偏转情况，如果指针偏向右边，显示阻值很小，则表示黑表笔连接端为正极，红表笔连接端为负极；如果指针偏向左边，显示阻值很大，则表示红表笔连接端为正极，黑表笔连接端为负极。

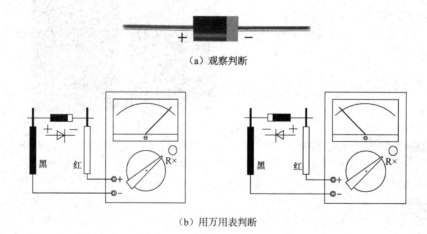

（a）观察判断

（b）用万用表判断

图 8.10　二极管极性的判断

3）检测电阻阻值

电阻阻值用万用表的电阻挡进行检测。根据电阻的标称电阻值（色环或直接标注值）选择合适的量程，使指针指在中央刻度线左右 1/3 范围内。注意，每次换挡都要进行欧姆调零，如图 8.11 所示。

4）检测电位器好坏

电位器实质上是一个滑动变阻器，电位器的 1、3 端为固定触点，2 端为活动触点，1、3

端之间的电阻应为 10kΩ。转动电位器的旋钮，测量 1、2 端或 2、3 端之间的电阻，阻值应在 0~10kΩ 范围内变化，如图 8.12 所示。如果没有阻值或阻值不改变，则说明电位器已经损坏。

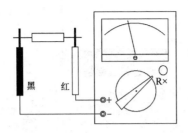

图 8.11　电阻阻值的检测

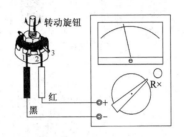

图 8.12　电位器的检测

3. 元器件安装前的准备

1）将元器件引脚弯制成形

选好弯折处，右手用镊子或尖嘴钳夹紧元器件引脚，用左手拇指与食指将引脚弯成直角或其他角度，如图 8.13（a）所示。注意：不可用左手捏元器件本体，右手紧贴元器件本体进行弯制，这样做引脚容易在弯制过程中被齐根折断。引脚之间的距离根据电路板孔距而定，引脚修剪后的长度约为 8 mm。当孔距很小时，元器件应垂直安装，为了将元器件的引脚弯成美观的圆形，可用螺钉旋具辅助弯制，如图 8.13（b）所示。

（a）左手拇指与食指弯制引脚　　　　　（b）用螺钉旋具辅助弯制

图 8.13　元器件引脚弯制方法

元器件引脚弯制后的形状如图 8.14 所示。

如果安装孔距较小、元器件较大，则可将引脚往回弯折少许，如图 8.14（a）所示；电容的引脚可以弯成直角，将电容水平安装，如图 8.14（b）所示；电容、二极管在垂直安装时可将引脚弯成如图 8.14（c）所示的形状；二极管也可以水平安装，此时其引脚形状如图 8.14（d）所示；有的元器件安装孔距较大，应根据电路板上的对应孔距进行弯折，如图 8.14（e）所示。

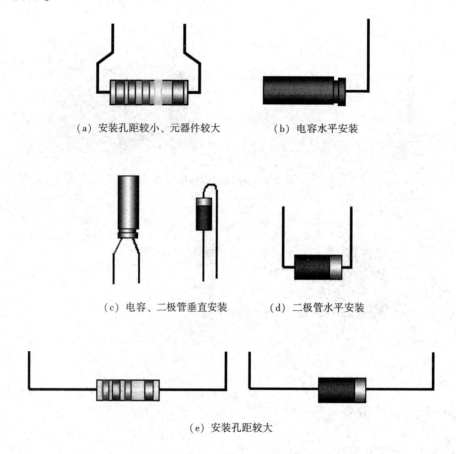

（a）安装孔距较小、元器件较大　　　　　（b）电容水平安装

（c）电容、二极管垂直安装　　　　　（d）二极管水平安装

（e）安装孔距较大

图 8.14　元器件引脚弯制后的形状

2）清理元器件引脚表面

有的元器件引脚上有油污或绝缘漆，有的元器件在长期存放后其引脚表面会形成氧化层，这不仅会使元器件难以焊接，而且会影响焊接质量。因此，在使用元器件前要清理其引脚表面。清理方法一般是用砂纸擦拭，也可以用小刀或断锯条轻刮元器件引脚表面，去除氧化层、油污或绝缘漆。

4. 安装、焊接元器件

1）电烙铁的使用

用电烙铁焊接电路板一般采用笔握法，在使用时将电烙铁放在操作手一侧。通电后应将电烙铁插在烙铁架上，并注意烙铁头不要碰到电线和其他易燃物品，不要用手触摸电烙铁的发热金属部分，以免烫伤或触电。

要随时去除烙铁头上的黑色氧化层；要及时把焊锡丝点到烙铁头上，以保护烙铁头；烙铁头上不宜挂锡过多，否则不易焊接。

在焊接时先将烙铁头放在电路板上的焊接处加热，大约 2s 后，送焊锡丝（不能太多，以免造成堆焊；也不能太少，以免造成虚焊），当焊锡熔化发出光泽时应立即将焊锡丝移开，再将电烙铁移开。焊点高度一般在 2mm 左右，直径应与焊盘一致，引脚应高出焊点 0.5mm。

　　注意，要把握好加热时间和送锡量，不可在一个点长时间加热，否则会使电路板的印制电路脱离基板，从而损坏电路板。

　　2）元器件的插放

　　将弯制成形的元器件按 MF47 型模拟式万用表的总电路图插到电路板上，电路板如图 8.15 所示。该万用表的转换开关是由静触点、动触点（电刷）和旋钮（含旋转轴）三部分组成的，其中静触点直接印制在电路板上，如图 8.15 的中央部分所示。

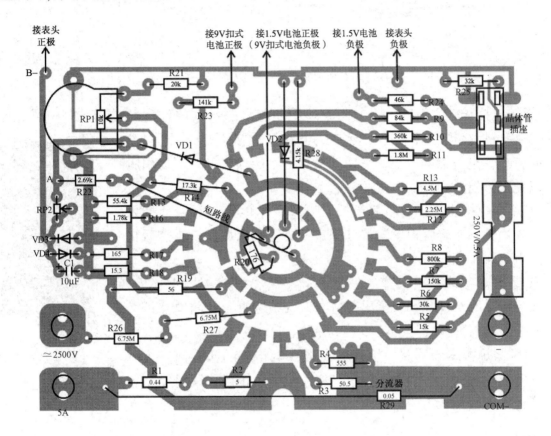

图 8.15　MF47 型模拟式万用表的电路板

　　① 电容、电阻、二极管、可调电阻、熔断器夹、短路线（J₁），以及从电路板通向电池正、负极的三条线都是从电路板印字的一面插入，从另一面焊接的。

　　② 元器件不能插错位置；在插放二极管、极性电容时要注意极性；在插放电阻时要求排列整齐，读数方向应保证一致（横向排列的元器件从左向右读，竖向排列的元器件从下向上读），电阻排列方向如图 8.16 所示。

　　3）元器件的焊接

　　插放好元器件后，要调整元器件高度，以保证各个元器件焊接高度一致。先焊水平放置的元器件，后焊垂直放置的元器件和体积较大的元器件。焊接顺序如下：连接线→二极管→电阻 R1～R28→电阻 R29（电阻丝）→可调电阻→极性电容 C1→电位器→四个表笔插管→晶体管插座→熔断器夹。

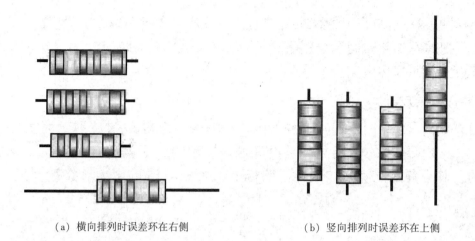

（a）横向排列时误差环在右侧　　　　（b）竖向排列时误差环在上侧

图 8.16　电阻排列方向

① 焊接连接线、二极管、固定电阻、可调电阻、极性电容：注意焊接质量，避免虚焊。

② 安装与焊接电位器：电位器要从电路板焊接面插入并焊接。在安装时应捏住电位器的外壳，平稳地插入，不能捏住电位器的引脚安装，以免电位器被损坏。

③ 安装与焊接表笔插管：表笔插管同样要从电路板焊接面插入电路板，先用尖嘴钳轻轻捏紧，将其固定，要注意保持垂直，然后将两个固定点焊接牢固。

④ 安装与焊接晶体管插座：晶体管插座装在电路板的焊接面。先向插座内插入 6 个插片，将露出部分向两边扳成直角，与电路板上对应的 6 个焊盘对齐并焊接，如图 8.17 所示。

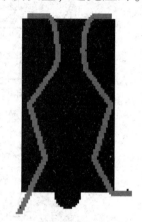

⑤ 安装与焊接熔断器夹：熔断器夹装在电路板的印字面。按电路板所示安装位置安装并焊牢。注意，安装位置要正确，同时要注意其方向，否则无法装上熔管。

图 8.17　安装与焊接晶体管插座

5. 整机装配

1）安装电刷

V 形电刷有一个缺口，缺口应该放在左下角。电路板中间与内侧的电刷轨道较窄，中间与外侧的电刷轨道较宽，与电刷相对应，当缺口在左下角时电刷上面两个接触点相距较远，下面两个接触点相距较近，如图 8.18 所示。电刷四周都要卡入电刷安装槽，用手轻按，看是否有弹性，以及是否能自动复位。

2）安装电路板

正确安装电刷后方可安装电路板。电路板用三个固定卡固定在面板背面，将电路板水平放在固定卡上，依次卡入即可。

注意，在安装电路板前应先将表头连接线焊好（注意表头的正、负极）。另外，还要检查电路板焊点的质量及高度，特别是电刷在外侧两圈轨道中的焊点。由于电刷要从轨道中通过，所以焊点高度不能超过 2mm，直径不能太大，否则会影响电刷的正常转动，甚至刮断电刷。

图 8.18　安装电刷

3）安装 1.5V 电池夹

先将一根红导线和一根黑导线分别焊在两个 1.5V 电池夹的焊位上（注意电池的正、负极，红导线接正极，黑导线接负极），再将红、黑两根导线分别焊到电路板的对应焊盘上。

4）焊接 9V 扣式电池

将 9V 扣式电池的两根导线分别焊到电路板的对应焊盘上（红正、黑负）。

5）安装后盖

在安装后盖时，左手拿面板，稍高；右手拿后盖，稍低，将后盖从下向上推入面板，拧上螺钉。注意，在拧螺钉时用力不可太大或太猛，以免损坏螺孔。

8.2.2　万用表的调试

万用表装配好以后，需要进行调试，以使各挡测量准确度达到技术指标要求。

1. 用比较法校验

对万用表的准确度通常用比较法进行校验，即用标准表或标准电阻与校验表进行对比校验。一般取标准表准确度比校验表高两级（仪表基本误差百分数的数值就是仪表的准确度等级）。标准表量程与校验表量程相同。

1）表头灵敏度的校验

表头灵敏度校验电路如图 8.19 所示。先将粗调电位器滑动端调至最下端，将细调电位器滑动端调至阻值最大处；然后接通电压为 U 的直流电源；再分别调节粗调电位器与细调电位器，使表头指针满刻度偏转。此时，标准表的读数 I_0 应等于表头灵敏度 I_m。若 $I_0 > I_m$，则说明表头灵敏度偏低。

2）基准点灵敏度的校验

校验完表头灵敏度后，将表头接入万用表电路，进行基准点灵敏度的校验。

一般将直流电压接出点作为校验电流表灵敏度的基准点。基准点灵敏度校验电路如图 8.20 所示。调节粗调电位器和细调电位器，使标准表读数为校验表的满刻度值（以 50μA 挡为基准点）。微调与校验表表头串联的细调电位器，使 I_x（校验表读数）$= I_0$（标准表读数）。

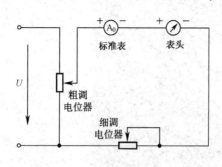

图 8.19　表头灵敏度校验电路

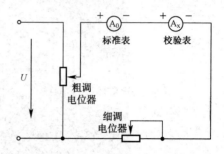

图 8.20　基准点灵敏度校验电路

3）直流电流挡的校验

通常从最大量程开始依次逐挡进行校验，校验电路同图 8.20 所示。调节粗调电位器和细调电位器，使指针先自零刻度增至满刻度，再由满刻度降至零刻度。按标度尺的主要分度选取读数。每次调节都要记录校验表与标准表的读数，求出绝对误差（$\Delta = I_x - I_0$），计算校验表的准确度等级，即 $\pm K\% = \dfrac{\Delta_m}{I_m} \times 100\%$ 。式中，Δ_m 为最大绝对误差；I_m 为校验表量程；K 为校验表的准确度等级。

4）直流电压挡的校验

通常从最小量程开始依次逐挡进行校验，校验电路如图 8.21 所示。校验方法与直流电流挡的校验方法相同，准确度等级计算公式只需要将 I_m 改为 U_m 即可。

5）交流电压挡的校验

交流电压挡的校验方法与直流电压挡的校验方法类似，校验电路如图 8.22 所示。

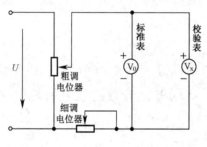

图 8.21　直流电压挡校验电路

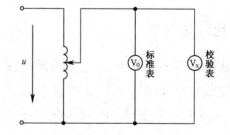

图 8.22　交流电压挡校验电路

6）电阻挡的校验

先调节电气调零电位器，看各电阻挡是否都能调到零刻度处；然后用接近中心阻值的标准电阻来校验各挡，若某挡不准，则可调换该挡的分流电阻。电阻挡校验电路如图 8.23 所示。

2. 用数字万用表简易校准

在没有校验设备的情况下，可用数字万用表进行简易校准。

图 8.23　电阻挡校验电路

注意：在进行简易校准前，要先进行机械调零，将指针调到零刻度处。

校准方法：将焊接完毕的万用表表头的负极线焊开，将万用表拨至 R×20k 挡，将红表笔接 A 处（图 8.5 与图 8.15 中的 A 处），将黑表笔接表头负极，调节可调电阻 RP2，使万用表显示值为 2.5kΩ，调好后焊接表头负极线。

至此，MF47 型模拟式万用表的组装与调试已全部完成。

8.2-1　完成实验报告。报告内容包括实验目的、实验任务、实验器材、实验步骤、经验体会、存在的问题、改进设想等。

8.2-2　与同学交流经验和体会，简述存在的问题和改进设想。

8.2-3　进一步整理自己的作品，使之成为一个实用的测量工具。

单元小结

基础知识 ▶▶▶▶

1. 万用表的基本电路

①直流电流测量电路；②直流电压测量电路；③交流电压测量电路；④电阻测量电路。

2. 万用表的内部结构

①测量机构（表头）；②测量线路（电路板）；③转换装置（转换开关）。

3. 万用表的装配程序

（1）清点元器件并识别。

（2）检测元器件。

① 判断极性电容极性；②判断二极管极性；③检测电阻阻值；④检测电位器好坏。

（3）元器件安装前的准备。

① 将元器件引脚弯制成形；②清理元器件引脚表面。

（4）安装、焊接元器件。

① 插板——找准位置，注意极性，排列整齐。

② 焊接——调整高度，保证焊接质量，避免虚焊。

（5）整机装配。

4. 万用表的校验调试

（1）用比较法校验——用标准表或标准电阻与校验表进行对比校验。

（2）用数字万用表简易校准。

单元复习题

8-1　万用表有哪些功能？

8-2　万用表由哪几部分组成？每一部分的作用是什么？

8-3　万用表包含哪几个基本电路？各自的作用和基本原理是什么？

8-4　安装元器件前要做什么准备工作？

8-5　如何判断二极管、极性电容的极性？

8-6　如何检测电阻阻值和电位器好坏？

8-7　元器件的安装与焊接有哪些要求？

8-8　如何对万用表进行调试与校验？

▶ 教学微视频　　　　　　　◀◀◀◀ 扫一扫

附录 A

NI Multisim 14.3 中英文菜单及元件库

附录 B

中华人民共和国 2022 年 5 月新实施的电气电力行业国家标准（部分）

扫码浏览查阅

参考文献

[1]   苏永昌,孙立津.电工原理[M].4版.北京:电子工业出版社,2007.

[2]   储克森.电工技术实训[M].2版.北京:机械工业出版社,2009.

[3]   赵勇.电工电子工艺实训[M].北京:高等教育出版社,2008.

[4]   曾祥富,邓朝平.电工技能与实训:电子电器应用与维修专业[M].3版.北京:高等教育出版社,2011.

[5]   姚文江.安全用电[M].3版.北京:中国劳动社会保障出版社,2001.

[6]   王建.维修电工技能训练[M].4版.北京:中国劳动社会保障出版社,2007.